新疆特色林果
水肥一体化技术研究

于坤 著

中国农业出版社

北京

图书在版编目（CIP）数据

新疆特色林果水肥一体化技术研究／于坤著． -- 北
京：中国农业出版社，2024．4
ISBN 978-7-109-31993-6

Ⅰ．①新… Ⅱ．①于… Ⅲ．①果树园艺－肥水管理－
研究－新疆 Ⅳ．①S66

中国国家版本馆 CIP 数据核字（2024）第 103830 号

中国农业出版社出版

地址：北京市朝阳区麦子店街 18 号楼
邮编：100125
责任编辑：国　圆
版式设计：杨　婧　责任校对：张雯婷
印刷：中农印务有限公司
版次：2024 年 4 月第 1 版
印次：2024 年 4 月北京第 1 次印刷
发行：新华书店北京发行所
开本：880mm×1230mm　1/32
印张：10
字数：260 千字
定价：68.00 元

目 录

第一章 有机肥与化肥配施对葡萄果实品质的影响

第一节 文献综述

一、国内外研究现状

土壤能在植株生长过程中提供水、肥、气、热等环境条件，保证土壤生产可持续性以及作物产量的主要因素是肥料的使用，这个观点已被大量试验证实。葡萄在生长发育过程中每个时期对肥料的需求种类及用量形成了一个规律，而肥料的使用与葡萄产量及品质有极大关系，因此按照葡萄需肥规律进行合理使用肥料，是确保产量、品质的重要前提。

（一）化肥的作用

化肥具有养分含量高、肥效快、易损失、无改土培肥等特点；有机肥中含有作物生长发育所需要的养分，但有一定的局限性。据统计，我国有机肥投入比例在 1949—2007 年下降了 76%。

2015 年我国化肥消费量约为 6 022 万 t，化肥的长期使用导致土壤肥力的降低及物理性状（微团聚体分散系数和水稳定结构破坏率提高）的改变，以及土壤容重增加和持水量的下降等一系列相关问题。Sun 等研究表明，长期使用化肥导致土壤中细菌丰度显著降低，土壤微生物群落失衡。张夫道发现生草灰化土单施化肥处理比原始土壤腐殖质含量降低 15%，黑钙土比原始土壤腐殖质含量降低 12%。Sarathchandra 等研究表明，随着施用 N 而不是 P，土壤微生物群落、线虫种群功能多样性持续下降。Zou、Guo 和 Blake 等研究表明，N 肥的大量使用增加了温室气体的排放（农田 N_2O 排放量：1980—1990 年增加了 75%），土壤 pH 下降了 0.5，造成了重金属（如铝）的移动，从而导致了环境的污染。近十几年来，化肥的增施对作物增产效应已经呈停滞状态。随着人们对食品安全问题的不断重视，为了减少过多施用化肥所产生的副作用，国外已开始采用法制途径等限制化肥的施用，而我国也相继出台了有关政策。

（二）有机肥的作用

国内外大量的研究表明，有机肥是"长效肥料"，可以丰富土壤有机质，提高土壤地力以及植株对有机营养的利用率，对土壤有改良效果，保护了农业生态平衡。Xin 等在 20 年的小麦-玉米轮作施肥试验中发现有机肥的使用对玉米产量影响较大，在该系统中 P 肥的利用率提高了 7.4%。Aguilera 等研究表明，有机肥料的使用显著降低了 N_2O 排放量（23%），与复合化肥对比，显著地减少了 N 损失。李志友等研究表明，生物有机肥下的蓝莓根区土壤 pH 减小了 14.94%，土壤容重减小了 16.32%，土壤有效养分增加幅度高于土壤全量养分变化幅度，土壤微生物活度增加了 50%。彭智良等研究表明，有机肥处理使烤烟叶片的总糖含量提高 1.91%～3.83%，K 含量提高 0.17%～0.41%，烟碱含量降低 0.12%～0.34%，改善了植株中糖碱、氮碱比，提高了烤烟品质。Qiu 等研究表明，生物有机肥（具有拮抗微生物的堆肥）使黄瓜枯萎病发病率降低 83%，产量损失减少 300%，丰富了有益菌的生成（木霉菌等），显著降低了镰刀菌属土传病原体，改善了土壤微生物结构。钟书堂等多年研究表明，生物有机肥使香蕉枯萎病发病率降低 30%，增产 145%，糖酸比提高 45%，提高土壤中细菌、芽孢杆菌、放线菌及真菌的数量，减少土壤尖孢镰刀菌，从而提高果实产量及品质。徐小菊等在大棚藤稔葡萄的施肥试验中，表明鸡粪、豆粕两种有机肥以及两者混合施用相较于单施化肥（复合肥），葡萄成熟期提早，提高了果实糖度、硬度等品质。王孝娣等研究三种不同有机肥作为基肥的试验中发现，羊粪、绿源生物有机肥与杨康微生物有机肥的施用提高了植株的光合能力，利于果树的生长，从而提高果实品质。苏培树等在巨峰葡萄的有机肥（膨果肥）施用下，能显著提高葡萄产量与品质。姜建初等在植株着色期施用花生饼肥，巨峰葡萄可溶性固形物提高2.3％，且成熟期提早了9d。高英杰和粟萍等长期对葡萄施用腐熟牛粪的研究表明，改善了农用地的土壤理化性质，提高了产量、含糖量和维生素C含量，从而改善了果实品质。国内外大量试验表明，长期施用有机肥可以保证农田肥效的持续性，还能显著提高腐殖酸的含量，降低土壤容重并提高土壤保水保墒能力，有效改善了土壤地力。

（三）有机肥与化肥配施的作用

化肥和有机肥配施，一方面可以改善土壤理化及生物学性质，提高土壤肥力；另一方面能为植物提供全面的营养物质，兼顾高产和稳产。

1. 有机肥与化肥配施对作物产量、品质的影响

该模式下对作物产量影响的研究结果不一。一部分研究表明该模式下作物产量高于单施这两者处理。Yadav等十几年连续定位试验表明，配施模式下作物产量显著高于单施两者肥料，并认为产生该结果的原因是有机肥的培肥作用以及自身带来了额外的营养元素；Yang等经过22年的研究表明，化肥（N 360 kg/hm^2＋P$_2$O$_5$ 240 kg/hm^2）加有机肥（秸秆）处理下显著提高了小麦、玉米产量（4 351.5 kg/hm^2、4 707.5 kg/hm^2），与单施化肥相比分别提高了370％、75％。Zhang等连续三年的研究发现化肥减施30％与有机肥结合下，与单施化肥相比第二、三年玉米平均增产

7%～15%。张昊青研究表明，有机肥与化肥（N 肥减少 13%）配施，黄土高原旱地冬小麦产量比单施化肥提高 18%；徐苗研究表明，化肥与各种有机肥配施促进了油葵生长，与单施化肥处理相比油葵产量提高了 2.41%～41.46%，而生物炭与化肥配施下油葵产量比单施化肥提高 10.89%～41.46%；赵佐平等经过 5 年定位试验研究发现，化肥与有机肥配施使苹果产量提高 42.3%。Amusan等经过两年的定位试验在热带地区研究表明，单施鸡粪处理可使玉米产量提高 60%，土壤有机质含量比单施化肥提高 45%；单独施用家禽粪和豆科植株残渣的玉米产量分别提高 63% 和 10%，而二者混合施用则产量提高了 72%。而也有试验表明，长期的有机肥与化肥配施对农作物增产增效没有明显效果。Dawe 等通过对亚洲 25 个长期定位试验研究发现并提出了一个观点，有机肥不能替代化肥而单独使用，其只能是肥料添加剂（使肥效持续供应）；林治安等经过 15 年长期试验验证，有机肥与化肥配施处理作物产量与单施化肥（等量 N 肥）处理没有明显差异，并认为长时间的培肥条件下土壤养分达到稳定状态不能成为产量的限制因素。

Mozafar 研究表明，秸秆有机肥与化肥配施可以提高大麦籽粒和菠菜中的维生素 B_{12} 含量，比单施化肥处理提高 2～3 倍。许凤婷研究结果表明，生长期进行芝麻饼与化肥追施对葡萄品质的提升优于其他处理，其糖酸比提高 6.5%，维生素 C 含量提高 16.19%。吴世磊研究表明，萌芽期和膨大期干鸡粪配施化肥显著提高夏黑葡萄果实风味，总糖含量、糖酸比和可溶性固形物分别提高 5.7%、9.1%、6.3%。蒲瑶瑶等研究表明蚯蚓粪肥与化肥处理下西瓜产量、可溶性糖、维生素 C 含量分别比单施化肥提高 33.63%、14.07%、17.52%。李晓婷等研究表明，农家有机肥与化肥处理促进了烤烟生长后期的发育，提高产量，降低了叶片中的铅、铬等重金属含量，从而提高烤烟品质。张蕊等设置 3 个梯度的海藻有机肥的试验表明，海藻有机肥 40 kg/株处理肥城桃的总糖、葡萄糖、蔗糖含量分别比未施有机肥处理提高 29.17%、16.52%、48.30%，并降低桃的总酸含量，提高了叶片中叶绿素和类胡萝卜素含量，叶片的光合作用增强，提高植株光合效率，从而加快了有机物的积累。

2. 有机肥与化肥配施对土壤的影响

土壤是作物生长的主要场所，适宜的土壤地力及其理化性质能够使作物健康生长。一些学者长期试验研究表明，有机肥与化肥配施可以提高土壤团聚体的稳定性，改变土壤结构，调节土壤的通气性，从而改善作物根际环境。Kazuyuki 等通过 6 年田间试验研究表明化肥与猪粪肥料(1∶1)配施平均 N 利用率为 36.3%，土壤有机质含量比单施化肥提高 18.5%。Liang 等长达 19 年研究表明，有机肥与化肥配施下小麦的氮素利用率为 62%，在 0～100 cm 土层^{15}N 含量保持为 38%，而玉米的氮素利用率为 85%。张云龙研究表明连续三年的有机肥与化肥（减施 30%）配施，使土壤有机质含量提高了 7.8%～16.8%，在 2014 年氮素利用率提高至 69%，使偏生产力提高至 47%。吕真真等多年研究发现，有机肥与化肥配施处理土壤容重比单施化肥降低 12.7%～20.6%，土壤孔隙度、土壤有机质分别提高 2.3%～17.4%、22.5%～41.8%，N、P 含量都有较大的提升。彭星星等研究表明，腐熟猪粪与化肥配施下随着腐熟猪粪含量的增加，土壤含水量比单施化肥提高 4.3%～9.8%，土壤有机碳含量提高 19.4%～36.4%。温延臣等研究表明，单施有机肥以及化肥与有机肥配施处理土壤容重比单施化肥降低 5%～11%，土壤孔隙度提高 4.1%～9.9%。近年来许多学者都通过试验证明，有机肥与化肥配施能够提高土壤孔隙度，降低土壤容重，改善土壤 pH（保持相对稳定），增加土壤的水稳性团聚体数量，有效改善土壤板结的现状，以及减少土壤中氨的挥发，减少 N、P、K 流失，从而使土壤质地松软，有利于植株对肥料养分（尤其微量元素的补给）的吸收以及地下部的生长发育，有效地降低化肥用量，降低生产成本的同时减少污染，并提高果实品质。

目前已有越来越多的研究者开始探讨不同施肥制度下微生物的变化。Ndayegamiye 等研究表明，有机肥与化肥配施明显提高了土壤中氨化细菌、硝化细菌、自生固氮菌等功能微生物及三大菌的数量（真菌、细菌、放线菌）。Tao 等研究认为化肥与有机或生物肥料配施的模式是调节土壤微生物群落结构的有效方式，其促进有益细菌而抑制病原体。Zhao 等研究表明，猪粪与减量化肥配施提高了土壤微生物量及群落的多样性。Li 等研究表明，有机肥与化肥配施显著增加了土壤枯草芽孢杆菌、木霉菌等种群数量，降低了有害菌的数量，等量施肥下 60% 化肥与生物有机肥配施比普通有机肥配施处理的木霉数量高 12.8%。程万莉研究表明，生物有机肥替换部分化肥改变了马铃薯根际微域，提高了土壤微生物数量及活性，从而改善了根际微生物群落多样性。宋以玲等研究表明，化肥减量配施生物有机肥可使油菜根际土壤细菌和放线菌分别比单施化肥处理提高 111.26%～210.76%、12.49%～34.09%，真菌降低 20.37%～39.68%，改变了土壤微生物群落结构和数量。大量试验证明，在有机肥配施下，有效地增加了土壤微生物种类以及提高了土壤酶（磷酸酶、脲酶、转化酶、脱氢酶等）的活性，而土壤酶促反应直接作用于土壤有机物的合成、能量转换以及植株的生长发育，提高肥料的利用率，有效地减少了化肥用量，给植株提供了适宜的土壤微生态环境。

（四）葡萄施用肥料技术研究

葡萄对养分的要求可以进行补充相对应的肥料，而不同肥料的用量、使用方式和使用时间又直接影响到葡萄的品质。资料显示，在葡萄生产管理中，每产出 100 g 葡萄果实则土壤需提供氮（N）0.3～0.6 kg，磷（P_2O_5）0.15～0.3 kg，钾（K_2O）0.36～0.72 kg，近似得出葡萄生长所需 N、P、K 肥的比例为 $1:0.5:(1\sim1.2)$。此外，葡萄对 Ca、Mg 元素和 K 肥的需求也很多，因此，其是喜肥的果树。

目前许多果农盲目使用化肥，不重视有机肥的使用，造成了有机肥低使用量的现象，使土壤的有机营养物质含量降低且影响了化肥的施用效果，从而出现葡萄生长过程中有机营养物质（微量元素）供给不足的状况，间接影响了果实生长、品质。有机肥具备养分全、缓效性等特点，能够增加土壤有机质、微生物数量及生物活性，从而提升了果实品质。有机肥料在葡萄种植中的作用是不可替代的，但目前针对干旱区滴灌条件下有机肥的使用标准并没有建立，相关应用基础研究也比较少。

新疆地区是我国种植面积较大的区域之一，目前大面积使用滴灌作为节水灌溉技术。但在滴灌条件下很多果农施肥过程中盲目使用化肥，忽视有机肥的使用。化肥与有机肥配施是目前生产中应用的最新模式，但针对目前该模式在干旱区葡萄上的研究报道还比较少。

二、研究目的与内容

（一）研究目的

滴灌条件下连续多年使用水溶性化肥导致干旱区土壤板结、地力下降及环境污染。有机肥的使用可以丰富土壤有机营养物质，促进农田地力可持续生产。生产中亟须对现有的滴灌水肥一体化模式进行进一步的优化，但目前关于增施有机肥与减少化肥用量在葡萄生产上的研究还比较少，针对干旱区滴灌条件下增施有机肥与减量滴施化肥的研究尚未见报道。基于以上原因本研究以 7 年生夏黑葡萄为试验材料，通过连续 3 年的定位试验，研究不同年限增施有机肥与减量滴施化肥对干旱区葡萄生长发育及品质的影响，以为生产中进一步优化滴灌水肥一体化技术，改善长期滴灌条件下的土壤地力，保持果园的优质高效可持续发展提供理论依据。

（二）研究内容

为了深入探讨有机肥与减量滴施化肥下葡萄果实品质提升的内在机制，本研究从以下几个方面进行阐述：

1. 有机肥与化肥配施对植株根际土壤肥力及其微生物的影响

研究有机肥与减量滴施化肥对夏黑葡萄植株生长发育过程中，葡萄根际土壤肥力及细菌多样性的影响；分析葡萄植株根际土壤肥力同施用有机肥与减量滴施化肥之间的关系。

2. 有机肥与化肥配施对果实生长、养分的影响

研究有机肥与减量滴施化肥对夏黑葡萄植株生长发育过程中，葡萄果实单粒重、纵横径、产量，叶片光合作用，葡萄叶片、根部氮（N）、磷（P）、钾（K）元素以及叶片微量元素含量的变化；分析葡萄植株生长发育、养分含量同有机肥与减量滴施化肥之间的关系。

3. 有机肥与化肥配施对果实品质的影响

研究有机肥与减量滴施化肥对夏黑葡萄植株生长发育过程中，葡萄可溶性固形物、可滴定酸、维生素C以及总酚含量的动态变化，果皮叶绿素、类胡萝卜素、花青苷含量的动态变化，葡萄果实糖组分（总糖、果糖、蔗糖、葡萄糖）及蔗糖代谢相关酶转化酶（中性转化酶、酸性转化酶）活性的动态变化；分析葡萄果实品质、糖代谢及相关酶活性同施用有机肥与减量滴施化肥之间的关系。

（三）技术路线

有机肥与化肥配施对葡萄果实品质的影响技术路线图见图1-1。

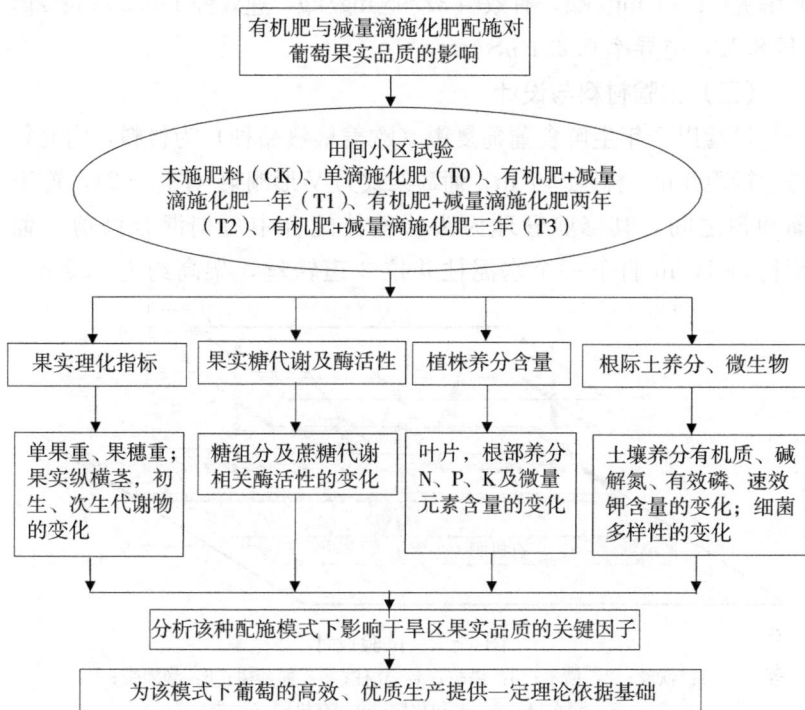

图1-1　有机肥与化肥配施对葡萄果实品质的影响技术路线图

第二节　有机肥与化肥配施对土壤理化性质及微生物多样性的影响

一、试验材料及试验设计

(一)试验区概况

试验于 2016—2018 年连续 3 年在新疆石河子农业科学研究院葡萄研究所（$45°19'N$，$86°03'E$）葡萄标准试验园进行，试验地区多年平均气温在 $6.5 \sim 7.2 \, ℃$，无霜期为 $168 \sim 171 \, d$，年日照时数为 $2\,721 \sim 2\,818 \, h$。供试的土壤为沙壤土，土壤有机质含量 $31.23 \, g/kg$，

碱解氮 51.11 mg/kg，有效磷 32.95 mg/kg，速效钾 130.35 mg/kg，
pH 8.12，电导率 0.221 μS/cm。

（二）试验材料与设计

试验以 7 年生鲜食葡萄夏黑（欧美早熟品种）为材料，南北行
向，行距 3 m，株距 0.7 m。葡萄架式为 V 形棚架（图 1-2），置于
葡萄树之间，其修剪管理为头状整枝配合中短梢混合修剪。葡
萄行每 10 m 打下一个水泥柱并拉 3 道铁丝，架高约为 1.5 m。

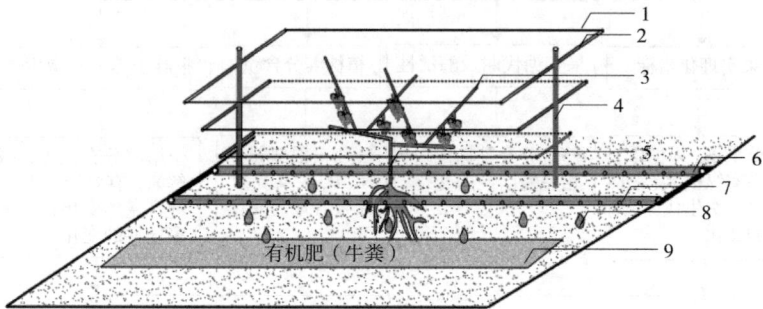

图 1-2　试验设计

1：铁丝；2：横木；3：果枝；4：立柱；5：葡萄树；6：滴灌带；
7：滴水口；8：水和化肥；9：有机肥（牛粪）

以发酵腐熟好的牛粪为有机肥肥源，其养分含量分别为：全
氮 2.48%、全磷 1.79%、全钾 2.50%。春季以基肥的形式施
入，位置距葡萄树体中心主干 30 cm、深度 25 cm 处施肥（单侧
施肥：统一选择葡萄行间一侧，避免葡萄株间相互影响）。化肥
（滴施）、尿素（N：46%）、磷酸一铵（N：12%、P_2O_5：
60%）、硫酸钾（K_2SO_4：50%），生长季追施。试验共设置 5 个
处理，分别为连续三年未施肥（CK）、连续三年单施化肥（T0）、
有机肥＋一年减量滴施化肥（T1）、有机肥＋连续两年减量滴施
化肥（T2）、有机肥＋连续三年减量滴施化肥（T3），各处理 3
次重复，共 15 个小区，每个小区 7 株，随机布设试验小区，具
体施入量见表 1-1。

滴灌水肥一体化装置按常规装置，包括水泵、过滤器、施肥罐、开关、单翼迷宫式滴灌带，其中单翼迷宫式滴灌带由新疆天业公司生产，内径 16 mm，壁厚 0.18 mm，滴头间距 30 cm，滴头设计流量 2.6 L/h，工作压力 0.05～0.1 Mpa。在滴水前，滴灌带统一布置于每行葡萄南北两侧 30 cm 处（图 1-2），增施有机肥恰好位于一侧滴灌带下方进行。生长期各处理间滴水施肥时间及田间管理与常规种植一致。试验于 2018 年进行取样测定。

表 1-1 施肥方案

处理	说明	基肥（有机肥，kg/hm²）			追肥（化肥，kg/hm²）		
		2016 年	2017 年	2018 年	尿素	磷酸一铵	硫酸钾
CK	连续三年未施肥	0	0	0	0	0	0
T0	连续三年单施化肥	0	0	0	525.0	375.0	675.0
T1	有机肥+减量滴施化肥一年	0	0	2 921.4	390.9	287.7	577.8
T2	有机肥+减量滴施化肥两年	0	2 921.4	0	390.9	287.7	577.8
T3	有机肥+减量滴施化肥三年	2 921.4	0	0	390.9	287.7	577.8

二、试验项目测定及方法

（一）夏黑葡萄根际土壤养分含量的测定

于花后 15 d、75 d 的 9～10 时之间进行根际土壤（地下 20～40 cm）的采样，将葡萄根、土分离，进行清洗、烘干处理。土壤有机质、pH、电导率以及元素含量的测定参考《土壤农化分析》。

（二）夏黑葡萄植株根际土壤微生物多样性的测定

于花后 15 d、75 d 的 9～10 时之间进行葡萄植株根际土壤（地下 20～40 cm）的采样（膨大前期、成熟期），将葡萄植株和根际土壤分

离，土壤进行速冻，放入-80 ℃冰箱备用。采用 E. Z. N. A. ®土壤 DNA
试剂盒提取样本；利用引物 520F（5′-AYTGGGYDTAAAGNG-3′）
与 806R（5′-TACNVGGGTATCTAATCC-3′）扩增其 V4 区基因片段。
利用 QIIME 等软件将最终的有效序列进行聚类；通过 OTUs 聚类和
物质分类分析。得到 Chao1、Shannon 指数，估算土壤根际微生物丰
度和多样性。

三、数据处理与分析

采用 Microsoft Excel 2016、Sigmaplot12.5 和 AutoCAD 2007
等软件对数据进行处理和绘图，采用 SPSS 19.0 统计分析软件对各
指标进行差异显著性检验。

四、结果与分析

（一）有机肥与化肥配施对土壤理化性质的影响

由图 1-3A 可知，夏黑葡萄花后 15 d、75 d（膨大期、成熟
期），植株根际土壤有机质含量各有机肥与减量滴施化肥（T1、
T2、T3）处理均显著高于不施肥（CK）和单施化肥（T0）处理。
花后 15 d，根际土壤有机质含量 T2 显著高于 T1、T3，T3 与 T1
差异不显著；T2 分别比 CK、T0 提高了 80.3%、28.8%，T3 分
别比 CK、T0 提高了 68.7%、20.5%，T1 分别比 CK、T0 提高了
68.0%、20.1%。花后 75 d，根际土壤有机质含量 T1 高于 T2、
T3，且差异显著，T2 与 T3 差异不显著；T1 分别比 CK、T0 提高
了 100.9%、38.7%，T2 分别比 CK、T0 提高了 85.4%、28.0%，
T3 分别比 CK、T0 提高了 79.1%、23.6%。说明有机肥与减量滴
施化肥可显著提高葡萄根际土壤有机质含量。

由图 1-3B 可知，夏黑葡萄花后 15 d、75 d（膨大期、成熟
期），植株根际土壤碱解氮含量除 T1 处理是增加趋势外，其余各
处理含量均呈下降趋势，且 CK 含量最低。花后 15 d，根际土壤碱

解氮含量从高到低为 T2、T0、T3、T1、CK，T2 处理显著高于各处理，T0 与 T3 差异不显著；T2 分别比 CK、T0 提高了 42.4%、7.0%。花后 75 d，根际土壤碱解氮含量从高到低为 T1、T2、T3、T0、CK，T1 处理显著高于各处理，T0 与 T3 差异不显著；T1 分别比 CK、T0 提高了 68.3%、13.9%，T2 分别比 CK、T0 提高了59.3%、7.7%。说明有机肥与减量滴施化肥可显著提高葡萄根际土壤碱解氮含量。

由图 1-3C 可知，夏黑葡萄花后 15 d、75 d（膨大期、成熟期），植株根际土壤有效磷含量除 T1 处理是增加趋势外，其余各处理含量均呈下降趋势，且 CK 含量最低。花后 15 d，根际土壤有效磷含量从高到低为 T2、T3、T1、T0、CK，T2 处理显著高于各处理，T1 与 T3、T0 与 T1 差异不显著；T2 分别比 CK、T0 提高了 142.6%、6.2%。花后 75 d，根际土壤有效磷含量从高到低为T1、T2、T3、T0、CK，T1 处理显著高于各处理，T0 与 T3 差异不显著；T1 分别比 CK、T0 提高了 100.0%、20.5%，T2 分别比CK、T0 提高了 89.0%、13.8%。说明有机肥与减量滴施化肥可显著提高葡萄根际土壤有效磷含量。

由图 1-3D 可知，夏黑葡萄花后 15 d、75 d（膨大期、成熟期），植株根际土壤速效钾含量除 CK 外，其余各处理含量均呈升高趋势，且 CK 含量最低。花后 15 d，根际土壤速效钾含量从高到低为 T2、T3、T1、T0、CK，T2 处理显著高于各处理，T0 与 T1差异不显著；T2 分别比 CK、T0 提高了 47.2%、33.4%，T3 分别比 CK、T0 提高了 41.9%、28.5%。花后 75 d，根际土壤速效钾含量从高到低为 T1、T2、T0、T3、CK，T1 处理显著高于各处理，T0 与 T2 差异不显著；T1 分别比 CK、T0 提高了 106.1%、7.3%，T2 分别比 CK、T0 提高了 95.7%、1.9%。说明有机肥与减量滴施化肥可显著提高葡萄根际土壤速效钾含量。

由表 1-2 可知，夏黑葡萄花后 15 d、75 d（膨大期、成熟期），植株根际土壤 pH、电导率除 CK 外，其余各处理含量均呈降低趋势，且 CK 值最高。花后 75 d，有机肥与减量滴施化肥（T1、T2、T3）处理电导率显著低于不施肥（CK）和单施化肥（T0）处理。花后 75 d，土壤 pH 中 T2 处理分别比 CK、T0 降低了 1.7%、1.5%，T3 分别比 CK、T0 降低了 1.1%、0.9%；土壤电导率 T1 处理分别比 CK、T0 降低了 30.6%、10.2%，T2 分别比 CK、T0 降低了 41.2%、24.0%，T3 分别比 CK、T0 降低了 36.8%、18.2%。说明有机肥与减量滴施化肥可以改善葡萄根际土壤环境。

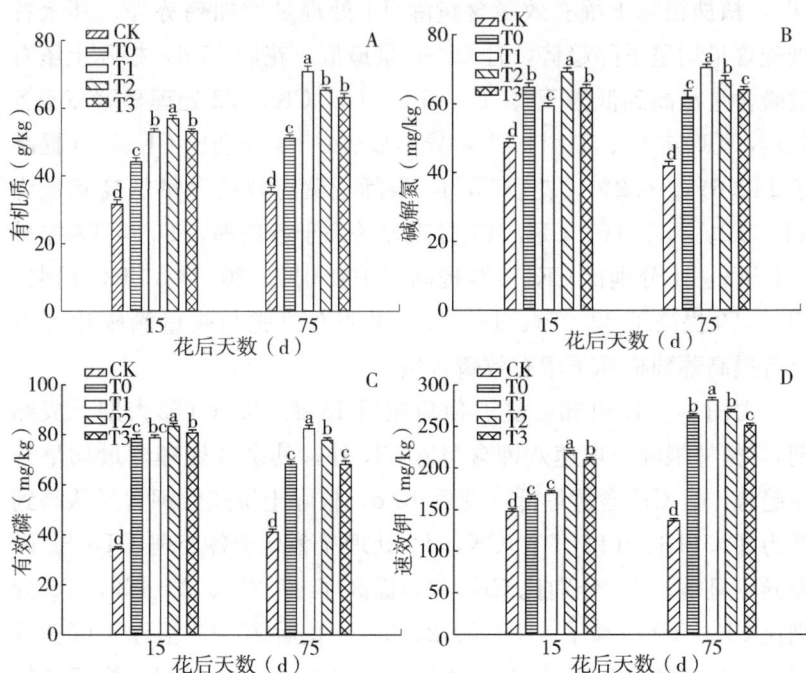

图 1-3　有机肥与化肥配施对根际土壤有机质、碱解氮、
有效磷、速效钾含量的影响

（图中不同小写字母表示差异达 5% 显著水平）

表 1 - 2 有机肥与化肥配施对土壤 pH、电导率的影响

花后天数（d）	处理	pH	电导率（μS/cm）
	CK	8.13±0.031a	0.254±0.019a
	T0	8.15±0.010a	0.231±0.017b
15	T1	8.07±0.015b	0.203±0.026bc
	T2	8.09±0.010b	0.175±0.018c
	T3	8.09±0.010b	0.191±0.012c
	CK	8.11±0.021a	0.291±0.028a
	T0	8.09±0.031a	0.225±0.016b
75	T1	8.04±0.012ab	0.202±0.021c
	T2	7.97±0.035b	0.171±0.040c
	T3	8.02±0.072ab	0.184±0.090c

注：同列数据后不同小写字母表示差异达 5% 显著水平。

（二）有机肥与化肥配施对根际土壤细菌多样性的影响

通过对 30 个土壤样品（即 5 个处理，3 次重复，2 个时期）进行高通量测序后得到了 663 159 个高质量的花后 15 d 序列和 607 938 个高质量的花后 75 d 序列。花后 15 d 序列的数目在每样品 32 965～60 512 之间。花后 75 d 序列的数目介于 39 847～41 686 之间。

由图 1 - 4A 可知，夏黑葡萄花后 15 d、75 d（膨大期、成熟期），根际土壤细菌群落多样性指标 Chao1 指数略有提高。花后 15 d，Chao1 指数 T1、T2 处理显著大于 CK、T0，T0 与 T3 差异不显著，T1 分别比 CK、T0 提高了 19.9%、17.8%，T2 分别比 CK、T0 提高了 19.8%、17.7%。花后 75 d，Chao1 指数 T2 处理显著大于各处理，分别比 CK、T0 提高了 9.5%、8.9%。说明有机肥与连续两年减量滴施化肥显著影响根际土壤细菌丰度。

由图 1 - 4B 可知，花后 15 d，Shannon 指数 T2、T3 处理显著大于 CK、T0，T0 与 T1 差异不显著，T2 分别比 CK、T0 提高了

2.6%、2.2%，T3 分别比 CK、T0 提高了 2.1%、1.8%。花后 75 d，Shannon 指数 T2 处理显著大于各处理，分别比 CK、T0 提高了 2.8%、1.2%。说明有机肥与连续两年减量滴施化肥显著影响根际土壤细菌群落多样性。

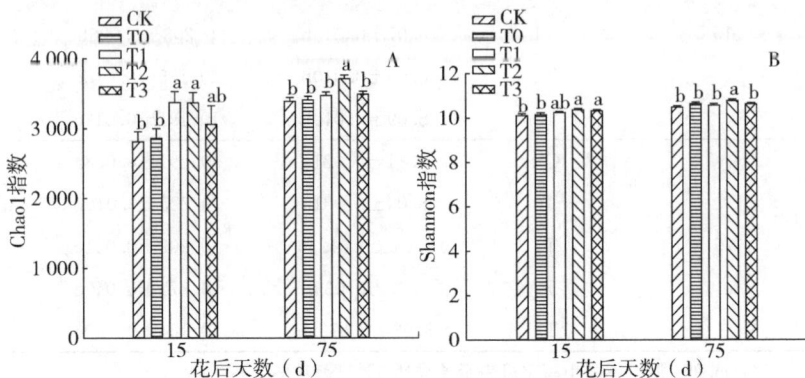

图 1-4　有机肥与化肥配施对土壤微生物多样性指数的影响

（图中不同小写字母表示差异达 5% 显著水平）

（三）有机肥与化肥配施对根际土壤细菌门水平的影响

由图 1-5A、B 可知，夏黑葡萄花后 15 d、75 d（膨大期、成熟期），各处理下最丰富的细菌群落有变形菌门、酸杆菌门、芽单胞菌门、放线菌门、绿弯菌门等。相对丰度大于 1% 的细菌门类分析表明，对土壤中的放线菌（Actinobacteria）、绿弯菌（Chloroflexi）、硝化螺旋菌（Nitrospirae）的影响较为显著。

由表 1-3 可知，夏黑葡萄花后 15 d、75 d（膨大期、成熟期），根际土壤细菌放线菌、绿弯菌、硝化螺旋菌门相对丰度略有提高，各处理均显著高于 CK。花后 15 d，放线菌门相对丰度 T0 处理显著大于 T1、T2、T3，T1 与 T2 差异不显著。花后 75 d，放线菌门相对丰度 T2、T3 处理显著大于 CK、T0，T3 略高于 T2，T2 分别比 CK、T0 提高了 34.0%、19.9%，T3 分别比 CK、T0 提高了 41.8%、26.9%。

花后 15 d，绿弯菌门相对丰度 T2 处理显著大于 T0、T1、

T3，T0 与 T3 差异不显著，T2 分别比 CK、T0 提高了 70.9%、15.4%。花后 75 d，绿弯菌门相对丰度 T2、T3 处理显著大于 CK、T0，T2 略高于 T3，T2 分别比 CK、T0 提高了 27.4%、21.1%，T3 分别比 CK、T0 提高了 22.2%、16.3%。

花后 15 d，硝化螺旋菌门相对丰度 T0 处理与 T2、T3 处理差异不显著。花后 75 d，放线菌门相对丰度 T2 处理略高于 T0。

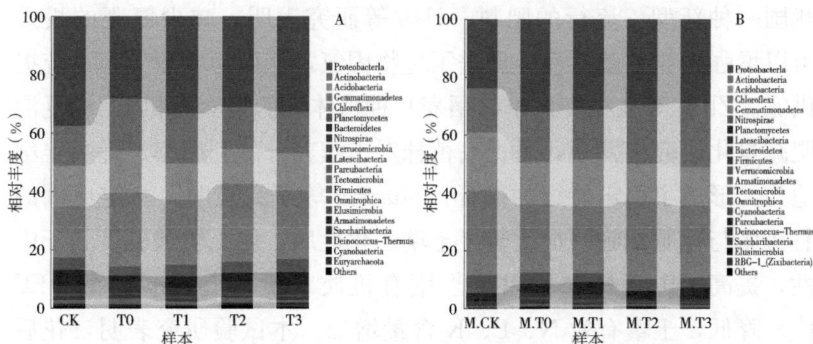

图 1-5　有机肥与化肥配施对土壤细菌优势门类相对丰度的影响

表 1-3　有机肥与化肥配施对 3 种细菌门相对丰度的影响

花后天数（d）	处理	放线菌门（%）	绿弯菌门（%）	硝化螺旋菌门（%）
	CK	12.4±0.902c	7.9±0.751c	2.7±0.404b
	T0	16.6±0.961a	11.7±0.964b	3.9±0.608a
15	T1	14.5±0.700b	8.6±0.751bc	2.7±0.600b
	T2	14.3±1.365b	13.5±1.079a	3.8±0.665a
	T3	13.8±0.851bc	10.9±0.451b	3.4±0.551ab
	CK	15.3±0.557c	11.7±0.666b	3.2±0.361c
	T0	17.1±0.710b	12.3±0.361b	4.0±0.351ab
75	T1	16.9±0.603b	12.6±0.500b	3.4±0.361bc
	T2	20.5±0.702a	14.9±0.551a	4.4±0.379a
	T3	21.7±0.379a	14.3±0.551a	3.8±0.458ab

注：同列数据后不同小写字母表示差异达 5% 显著水平。

五、讨论

（一）有机肥与化肥配施对土壤理化性质的影响

人们已经意识到，增加有机改良物质与减少无机肥料的施用可以优化土壤微生物，从而促进土壤微环境养分的内部循环，而因其养分释放缓慢、肥料有效性、利用率高与环境污染小等特点，成为我国一种新型、流行的肥料。Hsu 等研究表明，减少氮肥的投入可以增强固氮细菌活性，促进了生物固氮，从而为农业生态系统提供氮。Zhao 等在稻麦两季（稻麦）种植体系的猪粪有机-无机复混肥减量化研究中发现，可提高植株对土壤养分的利用率、提高土壤地力，形成了稳定持续的循环。Sharma 等研究表明，一定比例的有机肥与化肥配施明显改善了土壤理化性质，使土壤酸碱度趋于中性，提高了田间持水量以及土壤有机质含量，土壤电导率（EC值）降低，土壤有效 N、P、K 含量增加。本试验研究表明，花后15 d、75 d，各处理土壤 pH、EC 值随着葡萄成熟度的提高而降低；在花后75 d，T2、T3 土壤 pH 分别比 T0 降低了 1.5%、0.9%，T1、T2、T3 的 EC 值分别比 T0 降低了 10.2%、24.0%、18.2%，两个时期有机肥与减量滴施化肥处理（T1、T2、T3）土壤 pH 与 EC 值均低于单施化肥（T0）处理和 CK，使土壤酸碱环境趋于中性，这可能是土壤有机酸（草酸、乙酸、谷氨酸）的产生，土壤有机质含量的增加，进而改善了土壤结构。试验结果中，随着葡萄成熟度的提高（花后15 d、花后75 d），各施肥处理土壤有机质、碱解氮，速效 P、K 含量均有提高；其中花后15 d 时 T2、T3 处理各指标均高于 T0，T1 与 T0 土壤有机质显著高于 CK，其余各指标均无明显差异。花后75 d，T3 处理除土壤有机质显著高于 T0，其余各指标均与 T0 差异不大；相较于 T0，T1、T2、T3 土壤有机质含量分别提高了 38.7%、28.0%、23.6%，T1、T2 碱解氮含量提高了 13.9%、7.7%，T1、T2 有效磷含量提高了

20.5％、13.8％，T1、T2 速效钾含量提高了 7.3％、1.9％。这可能是由于有机肥的施入增加了氮的矿化以及 N_2-fixing 细菌这类微生物的存在，使其以有效氮方式积累；有机肥通过释放各种有机酸，使分解过程中的不溶性有机磷组分分解，从而显著提高土壤有效磷含量；改变了钾的形态之间的平衡，使其从相对可交换的钾转变成土壤中可溶性钾形态，从而提高了有效钾含量。有机肥的时效性，导致减量滴施三年化肥（T3）处理与单施化肥（T0）无明显差异；而随着葡萄成熟度的提高土壤养分也在提高，说明有机肥与减量滴施化肥可以维持土壤养分循环，供给植株。

（二）有机肥与化肥配施对土壤根际细菌多样性的影响

人们普遍认为土壤微生物在保证土壤健康、生产力、营养物质内部循环和可持续性方面发挥着至关重要的作用，如在生物固氮方面是多种细菌门直接驱动将其转化为生物可利用的铵。因此，了解土壤微生物群落及其对各种田间管理的响应，可以为我们提供适宜的管理策略，从而建立更加稳定和可持续的农业生态系统。Sharma 等结果显示有机肥的施入对油桃土壤真菌、细菌总数，放线菌和丛枝菌根真菌微生物量较对照均有所增加。Zhao 等研究发现 α-变形杆菌、γ-变形杆菌、硝化螺旋菌门、拟杆菌门、放线菌门在有机无机复混肥制度下相对丰度较大，富集程度特别高，该处理可增强土壤硝化、有机质循环等功能。本试验研究表明，花后 15 d，夏黑葡萄根际土壤细菌群落多样性指标 Chao1 指数 T1、T2 处理显著高于 T0、CK，分别比 T0 提高了 17.8％、17.7％，T3 略高于 T0；Shannon 指数 T2、T3 显著高于 CK、T0，分别比 T0 提高了 2.2％、1.8％，T1 略高于 T0；表明葡萄生长前期，有机肥与减量滴施化肥显著提高了根际土壤细菌丰度与土壤细菌群落多样性。花后 75 d，各处理 Chao1 指数、Shannon 指数略有提高，T2 处理 Chao1 指数、Shannon 指数均显著高于 CK、T0，分别比 T0 高了 8.9％、1.2％，T1、T3 与 T0 各指标差异不显著；表明葡萄成熟期各处理土壤微生物多样性有所增加，有机肥与减量滴施两年化肥处理显著提高了根际土壤细菌丰度及细菌群落多样性。而在细菌门水平上的研究发现，各处理下最丰富的细菌群落有变形菌门、酸杆菌门、芽单胞菌门、放线菌门、绿弯菌门等。其中两个时期的放线菌门、绿弯菌门、硝化菌门相对丰度呈增长趋势；花后75 d，T2、T3 处理下放线菌门与绿弯菌门丰度显著高于 CK、T0，分别比 T0 提高了 19.9%、21.1%，26.9%、16.3%，T2 处理硝化螺旋菌门略高于 T0；表明有机肥与减量滴施两年、三年化肥显著提高了放线菌门及绿弯菌门相对丰度，提高了土壤微生物库水平。这可能是由于有机肥的施入，增加了土壤有机物质，改善了土壤微环境（适宜的 pH），为土壤微生物提供了营养物质与能量，有利于微生物的增殖生长，土壤微生物群落多样性和丰富度在一定程度上得到提高，使农业生态系统趋于稳定循环，有助于生产的可持续性。

六、小结

有机肥与减量滴施化肥处理均不同程度的提高土壤有机质、碱解氮、有效磷、速效钾含量，改善了土壤酸碱度与电导率，提高了根际土壤细菌群落丰度、多样性。有机肥与减量滴施两年化肥对土壤地力的提高效果明显，减量滴施一年、三年化肥在一些指标上无明显差异，这结果可能是由于有机肥（春施基肥）的时效性，有机肥的效果有所降低。

第三节　有机肥与化肥配施对葡萄生长发育的影响

一、试验材料及试验设计

同本章第二节。

二、试验项目测定及方法

（一）夏黑葡萄生长动态的测定

利用游标卡尺对试验各小区随机选取 3 穗长势相同的葡萄；每穗葡萄选取上、中、下 3 粒测量其纵、横径并进行标记；花后 15 d 起，每 7 d 为一个周期，直至成熟期；取其平均值。

果实膨大速率：果实每个时段的膨大速率＝［时段末的纵径（横径）－时段初的纵径（横径）］/时段天数。

（二）夏黑葡萄果穗、果粒、产量的测定

于葡萄果实成熟期，试验各小区随机选择 3 穗具有代表性的果穗，测量穗重；每个果穗随机选取上、中、下三个部位各一粒果实，用电子天平测量果粒重量，计算其平均值并进行产量的估算。

（三）夏黑葡萄光合生理指标的测定

于葡萄果实膨大期，每个处理小区随机选择 2 株有代表性的植株，并取树体中部或中上部的结果枝为基准，对其选取标记叶片并进行光合参数的测定。通过使用美国 LI-COR 公司生产的 Li-6400 便携式光合作用测定系统，于上午 10～11 时测定数据，得到光合指标（P_n、G_s、C_i、T_r）。

（四）夏黑葡萄植株中养分含量的测定

于花后 15 d、75 d 的 9～10 时之间进行葡萄根际土壤（地下 20～40 cm）采样，将葡萄根、土分离，进行清洗、烘干处理。植株元素含量的测定参考《土壤农化分析》。

三、数据处理与分析

采用 Microsoft Excel 2016、Sigmaplot12.5 和 AutoCAD 2007 等软件对数据进行处理和绘图，采用 SPSS 19.0 统计分析软件对各指标进行差异显著性检验。

四、结果与分析

(一) 有机肥与化肥配施对葡萄纵径生长的影响

由表 1-4 可知，本试验中夏黑葡萄果实纵向膨大速率随着生长时间的变化呈"高-低-高-低"变化趋势，即葡萄纵径呈双 S 形增长。葡萄果实在花后 15 d 进入膨大期，花后 15～22 d（即膨大前期）葡萄纵向膨大速率最快，平均速率为 0.64 mm/d；随后速率逐渐降低并在花后 29～36 d 降至第一个低点，平均速率为 0.15 mm/d。之后葡萄纵径膨大速率进行第二次加快，在花后 36～43 d 到达第二次高点，平均速率为 0.53 mm/d，总体较第一次高点有所下降；之后随着葡萄生长，成熟果实纵径膨大速率逐渐降低。

表 1-4　有机肥与化肥配施对葡萄纵径膨大速率的影响

处理	膨大速率（mm/d）								平均膨大速率（mm/d）
	15～22 d	22～29 d	29～36 d	36～43 d	43～50 d	50～57 d	57～64 d	64～71 d	
CK	0.58b	0.24a	0.09b	0.51b	0.15c	0.27a	0.12b	0.05c	0.25a
T0	0.63b	0.24a	0.15ab	0.52b	0.31b	0.11b	0.10c	0.07b	0.27a
T1	0.62b	0.23a	0.15ab	0.57a	0.31b	0.10b	0.11bc	0.09a	0.27a
T2	0.73a	0.17a	0.19a	0.53b	0.36a	0.06c	0.11bc	0.08ab	0.28a
T3	0.64b	0.25a	0.15ab	0.54ab	0.30b	0.11b	0.13a	0.06c	0.27a

注：同列数据后不同小写字母表示差异达 5% 显著水平。

果实纵径第一次快速膨大期（花后 15～22 d），纵径膨大速率 T2 处理（有机肥＋减量滴施两年化肥）最大，为 0.73 mm/d，与 CK、T0、T1、T3 差异达到显著水平；CK、T0、T1、T3 间差异不显著。花后 22～29 d，纵径膨大速率 CK、T0、T1、T3 处理均显著高于 T2。花后 29～36 d 降至第一个低点，纵径膨大速率 T2 处理最大，为 0.19 mm/d，与 CK 差异显著，但 CK、T0、T1、T3 间差异不显著。果实纵径第二次快速膨大时期（36～43 d），纵径膨大速率

T1 处理最大，为 0.57 mm/d，显著高于 CK、T0、T2。花后 43～50 d，纵径膨大速率 T2 处理最大，为 0.36 mm/d，显著高于 CK、T0、T1、T3，T0、T1、T3 间差异不显著。整个果实纵径膨大过程，平均膨大速率在 0.25～0.28 mm/d 之间，各处理间差异不显著。

（二）有机肥与化肥配施对葡萄横径生长的影响

由表 1-5 可知，本试验中夏黑葡萄果实横向膨大速率随着生长时间变化的趋势与纵向膨大过程一致，且两次果实膨大高峰出现的时期完全相同。第一次横径膨大高峰也出现在花后 15～22 d，随后膨大速率逐渐降低并在花后 29～36 d 降至第一个低点。第二次果实横径膨大高峰也出现在花后 36～43 d，总体较第一次高点有所下降；之后随着夏黑葡萄生长成熟果实横径膨大速率逐渐降低；即葡萄果实横向生长发育也呈双 S 形增长。

表 1-5　有机肥与化肥配施对葡萄横径膨大速率的影响

处理	膨大速率（mm/d）								平均膨大速率（mm/d）
	15～22 d	22～29 d	29～36 d	36～43 d	43～50 d	50～57 d	57～64 d	64～71 d	
CK	0.43c	0.32a	0.11a	0.42c	0.22c	0.17a	0.05d	0.09a	0.23a
T0	0.61b	0.22b	0.13a	0.51b	0.26b	0.03d	0.14b	0.02c	0.24a
T1	0.60b	0.23b	0.14a	0.53ab	0.26b	0.06c	0.15b	0.02c	0.25a
T2	0.72a	0.14c	0.15a	0.56a	0.29a	0.08b	0.07c	0.06b	0.26a
T3	0.62b	0.22b	0.14a	0.53ab	0.26b	0.07bc	0.17a	0.05b	0.26a

注：同列数据后不同小写字母表示差异达 5% 显著水平。

果实横径第一次快速膨大时期（花后 15～22 d），膨大速率 T2 处理最大，为 0.72 mm/d，与 CK、T0、T1、T3 差异达到显著水平；T0、T1、T3 与 CK 差异显著。花后 22～29 d，横径膨大速率 CK 处理最大，显著高于 T0、T1、T2、T3。花后 29～36 d 降低至第一个低点，处理间不存在显著差异。果实横径第二次快速膨大时期（36～43 d），横径膨大速率 T2 处理最大，为 0.56 mm/d，显著高于 CK、T0。整个果实横径膨大过程，平均膨大速率在 0.23～0.26 mm/d 之间，各处理间差异不显著。

（三）有机肥与化肥配施对葡萄纵径与横径膨大相关性的影响

由表 1－6 可知，花后 15～22 d、43～50 d 和 50～57 d 这三个时段，夏黑果实纵向、横向膨大速率呈极显著正相关。花后 64～71 d，果实纵向、横向膨大速率呈极显著负相关。花后 36～43 d，二者相关性不显著。表明夏黑葡萄果实第二次快速膨大时期纵向、横向生长一致性较弱。由夏黑葡萄膨大过程可知，花后 43 d 之前各处理葡萄膨大速率均保持较高的水平，其间夏黑葡萄果实纵径和横径膨大量分别为 19.41、17.91 mm，对果实最终纵径和横径的贡献率为 82.00%、83.50%。

表 1－6　有机肥与化肥配施对葡萄纵径与横径膨大相关性的影响

纵径测定时段	横径测定时段							
	15～22 d	22～29 d	29～36 d	36～43 d	43～50 d	50～57 d	57～64 d	64～71 d
15～22 d	0.465**	−0.493**	0.161	0.468*	0.543**	−0.272	−0.018	−0.120
22～29 d	0.002	0.110	−0.060	−0.241	−0.192	0.027	0.247	−0.109
29～36 d	0.178	−0.156	−0.047	0.356*	0.286	−0.294*	0.086	−0.121
36～43 d	0.088	−0.187	0.247	0.272	0.100	−0.265	0.310*	−0.342*
43～50 d	0.713**	−0.605**	0.095	0.822**	0.659**	−0.730**	0.437**	−0.513**
50～57 d	−0.670**	0.655**	−0.135	−0.851**	−0.702**	0.759**	−0.443**	0.542**
57～64 d	−0.091	0.092	−0.129	0.010	−0.008	0.216	0.067	0.256
64～71 d	0.343*	−0.369**	0.102	0.494**	0.323*	−0.492**	0.285	−0.531**

注：* 和** 分别表示 0.05 和 0.01 显著水平（两尾检验）。

（四）有机肥与化肥配施对葡萄产量的影响

由表 1－7 可知，夏黑葡萄成熟期，果实纵、横径大小为：T2＞T3＞T1＞T0＞CK，其中 T2 显著高于 CK、T0、T1、T3，果实纵径 T1 处理与 T2 差异不显著。果实纵径 T1、T2、T3 处理分别比 CK 增加了 6.9%、9.0%、7.2%，比 T0 增加了 1.0%、2.9%、1.2%。果实横径 T1、T2、T3 处理分别比 CK 增加了 8.9%、13.0%、11.6%，比 T0 增加了 1.6%、5.5%、4.2%。

表 1-7　有机肥与化肥配施对夏黑葡萄产量的影响

处理	纵径（mm）	横径（mm）	单果重 （g）	单穗重 （g）	产量 （kg/hm²）
CK	22.34±0.561d	19.84±0.572e	5.37±0.265c	546.1±11.75c	27 032.0±38.77c
T0	23.66±0.249c	21.25±0.544d	6.16±0.254b	579.5±9.81b	28 685.3±32.39b
T1	23.89±0.442b	21.60±0.352c	6.17±0.211b	573.8±6.13b	28 403.1±20.27b
T2	24.35±0.512a	22.41±0.377a	7.06±0.124a	607.1±7.09a	30 051.5±23.39a
T3	23.95±0.501b	22.15±0.436b	6.89±0.173a	602.1±6.65a	29 802.3±21.97a

注：同列数据后不同小写字母表示处理间差异达 5% 显著水平。

单果重、单穗重、产量 T2 处理最大，分别为 7.06 g、607.1 g、30 051.5 kg/hm²，均显著高于 CK、T0、T1，但 T2 与 T3 差异不显著。单果重、单穗重、产量 T0 与 T1 处理均显著高于 CK，但 T0 与 T1 差异不显著。果实单果重 T1、T2、T3 处理分别比 CK 提高了 14.9%、31.5%、28.3%，比 T0 增加了 0.2%、14.6%、11.9%。果实单穗重 T1、T2、T3 处理分别比 CK 增加了 5.1%、11.2%、10.3%，T2、T3 处理比 T0 增加了 4.8%、3.9%。果实产量 T1、T2、T3 处理分别比 CK 提高了 5.1%、11.2%、10.2%，T2、T3 处理比 T0 增加了 4.8%、3.9%。

（五）有机肥与化肥配施对葡萄叶片光合参数的影响

由表 1-8 可知，花后 36～43 d（膨大期），葡萄叶片净光合速率（P_n）T2 处理显著高于 CK、T0、T1，分别比 CK、T0、T1 高 15.1%、12.0%、11.5%，但 T2 与 T3 差异不显著，T3 分别比 CK、T0 高 17.0%、13.8%。葡萄叶片气孔导度（G_s）与净光合速率（P_n）的变化趋势一致；T2 处理分别比 CK、T0、T1 高 32.4%、16.7%、16.7%，T3 分别比 CK、T0 高 35.1%、19.0%。植物叶

片细胞间 CO_2 浓度（C_i）取决于外界 CO_2 浓度、气孔导度（G_s）以及植物利用叶片细胞间 CO_2 的能力；叶片胞间 CO_2 浓度 CK 处理最大，为 269.45 $\mu mol/mol$，显著高于 T0、T2、T3，CK 与 T1 差异不显著，T2 处理分别比 CK 降低了 6.4%。叶片蒸腾速率（T_r）大小为：T2＞T3＞T0＞T1＞CK，其中 T2 显著大于 CK、T0、T1、T3，T3 与 T0 差异不显著。

表 1-8 有机肥与化肥配施对膨大时期夏黑葡萄光合参数的影响

处理	净光合速率 P_n [$\mu mol/$ (m^2 · s)]	气孔导度 G_s [mol/ (m^2 · s)]	胞间 CO_2 浓度 C_i ($\mu mol/$ mol)	蒸腾速率 T_r [$\mu mol/$ (m^2 · s)]
CK	18.22±1.011b	0.37±0.020c	269.45±3.542a	7.13±0.529d
T0	18.73±0.705b	0.42±0.037b	250.00±8.175bc	8.62±0.634bc
T1	18.82±0.942b	0.42±0.015b	261.47±4.745ab	7.93±0.224cd
T2	20.98±0.967a	0.49±0.025a	252.20±9.479b	9.84±0.254a
T3	21.31±1.075a	0.50±0.015a	238.57±8.045c	8.90±0.620b

注：同列数据后不同小写字母表示差异达 5% 显著水平。

（六）有机肥与化肥配施对植株全 N 含量的影响

由图 1-6 A、B 可知，夏黑葡萄花后 15 d、75 d（膨大期、成熟期），植株根与叶片全 N 含量略有降低，除 T1 处理（呈增加趋势）；氮素含量叶片大于根部，说明植株体内氮素主要集中在叶片。花后 15 d，植株根与叶片全 N 含量 T2＞T0＞T3＞T1＞CK，且差异显著，T2 处理根与叶片全 N 含量分别比 CK、T0 提高了 73.7%、10.5%，40.5%、9.7%。

花后 75 d，植株根部全 N 含量 T1＞T2＞T3＞T0＞CK，T1、T2 处理显著高于各处理，T1 与 T2 差异不显著；T1 分别比 CK、T0 提高了 50.9%、30.3%，T2 分别比 CK、T0 提高了 49.4%、22.6%。该时段植株叶片全 N 含量 T2＞T1＞T3＞T0＞CK，T2 显著高于各处理，T0、T1、T3 间差异不显著；T2 分别比 CK、

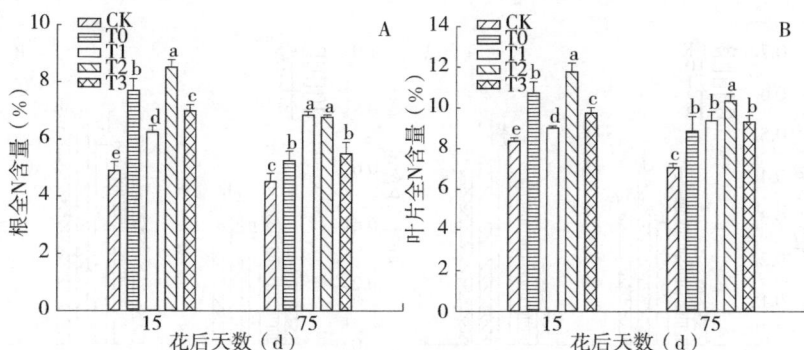

图 1-6　有机肥与化肥配施对植株根、叶片全 N 含量的影响

（图中不同小写字母表示差异达 5％显著水平）

T0 提高了 46.3％、16.9％。说明有机肥与连续两年减量滴施化肥可以明显提高葡萄根、叶片部位对氮素的吸收。

（七）有机肥与化肥配施对植株全 P 含量的影响

由图 1-7A、B 可知，夏黑葡萄花后 15 d、75 d（膨大期、成熟期），植株根部与叶片全 P 含量略有增加；P 含量叶片大于根部，说明植株体内磷素主要集中在叶片。花后 15 d，植株根部全 P 含量 T2＞T0＞T3＞T1＞CK，T2 处理显著高于各处理，T0 与 T3、T1 与 T3 差异不显著，T2 比 T0 提高了 16.7％。而该时段植株叶片全 P 含量从高到低为 T0、T2、T3、T1、CK，各处理均显著高于 CK。

花后 75 d，植株根部全 P 含量 T2＞T1＞T3＞T0＞CK，T0 与 T3 差异不显著；T2 比 T0 提高了 40.0％，T1 比 T0 提高了 20.0％。而该时段植株叶片全 P 含量从高到低为 T2、T3、T1、T0、CK，T2、T3 处理显著高于 T0、CK，T0 与 T1 差异不显著；T2 分别比 CK、T0 提高了 59.6％、19.0％，T3 分别比 CK、T0 提高了 57.4％、17.5％。说明施用有机肥与连续一年、两年减量滴施化肥可以明显提高葡萄根、叶片部位对磷素的吸收。

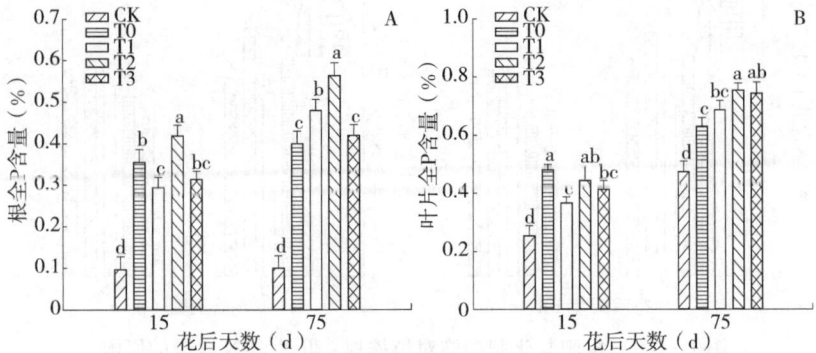

图 1-7　有机肥与化肥配施对植株根、叶片全 P 含量的影响
（图中不同小写字母表示差异达 5％显著水平）

（八）有机肥与化肥配施对植株全 K 含量的影响

由图 1-8A、B 可知，夏黑葡萄花后 15 d、75 d（膨大期、成熟期），植株根部与叶片全 K 含量略有增加；钾素含量叶片大于根部，说明植株体内钾素主要集中在叶片。花后 15 d，植株根部全 K 含量从高到低为 T2、T1、T3、T0、CK，T2、T1 处理显著高于 CK、T0，T0 与 T3 差异不显著，T2 分别比 CK、T0 提高了 145.8％、37.2％，T1 分别比 CK、T0 提高了 108.3％、16.3％。而该时段植株叶片全 K 含量从高到低为 T2、T0、T3、T1、CK，各处理均显著高于 CK，T0 与 T2 差异不显著。

花后 75 d，植株根部全 K 含量 T2＞T3＞T1，三者差异不显著，但均显著高于 CK、T0；T1、T2、T3 分别比 T0 提高了 11.0％、18.8％、17.2％。而该时段植株叶片全 K 含量从高到低为 T2、T1、T3、T0、CK，T2 处理显著高于 CK、T0、T3，T0、T1、T3 间差异不显著；T2 分别比 CK、T0 提高了 29.3％、10.3％。说明有机肥与连续两年减量滴施化肥可以明显提高葡萄根、叶片对 K 的吸收。

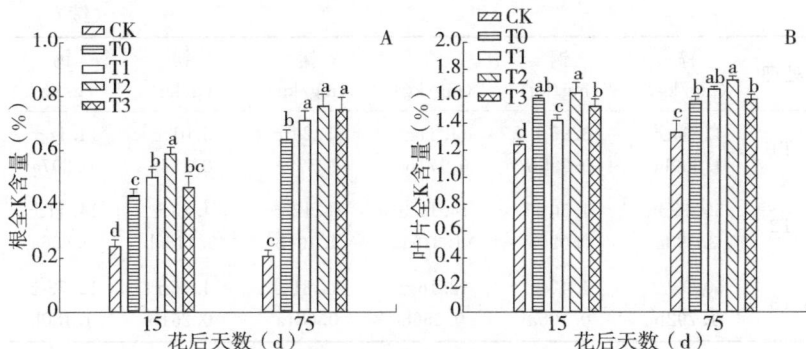

图 1-8　有机肥与化肥配施对植株根、叶片全 K 含量的影响

（图中不同小写字母表示差异达 5% 显著水平）

（九）有机肥与化肥配施对植株微量元素含量的影响

由表 1-9 可知，夏黑葡萄花后 35 d（膨大期），叶片中 Zn 含量 T2 处理显著高于 CK、T0、T1、T3，T2 比 CK、T0 提高 21.2%、17.4%。Cu 含量 T1、T2、T3 处理显著高于 CK、T0，分别比 T0 提高 40.4%、59.6%、56.7%。Fe 含量 T2 处理显著高于各处理，T2 比 CK、T0 提高了 34.9%、18.4%。Mn 含量 T2、T3 处理显著高于 CK、T0、T1，分别比 T0 提高 15.3%、5.2%，且 T3＞T2，T0 与 T1 差异不显著。Mg 含量 T1、T2、T3 处理显著高于 CK、T0，分别比 T0 提高 28.1%、23.5%、18.9%，且 T1＞T2＞T3。Ca 含量与 Mg 相同，T1、T2、T3 处理分别比 T0 提高 143.9%、142.9%、119.1%。

表 1-9　有机肥与化肥配施对植株叶片微量元素含量的影响

处理	锌（mg/kg）	铜（mg/kg）	铁（mg/kg）	锰（mg/kg）	镁（g/kg）	钙（g/kg）
CK	46.37± 1.383c	0.91± 0.101d	10.46± 0.503c	34.56± 1.270c	3.63± 0.178c	4.74± 0.833c
T0	47.85± 1.420bc	2.82± 0.269c	11.92± 0.880bc	36.25± 1.200c	3.91± 0.038c	5.81± 0.271c

（续）

处理	锌 （mg/kg）	铜 （mg/kg）	铁 （mg/kg）	锰 （mg/kg）	镁 （g/kg）	钙 （g/kg）
T1	47.94± 1.609bc	3.96± 0.295b	11.31± 0.171bc	35.29± 0.570c	5.01± 0.114a	14.17± 0.297a
T2	56.19+ 3.393a	4.50± 0.096a	14.11± 1.315a	38.12⊥ 1.104b	4.83± 0.116ab	14.11± 0.606a
T3	50.93± 1.792b	4.42± 0.108a	12.16± 0.656b	41.81± 0.681a	4.65± 0.251b	12.73± 1.180b

注：同列数据后不同小写字母表示差异达 5%显著水平。

（十）有机肥与化肥配施对葡萄根、叶片与根际土壤理化性质相关性的影响

由表 1-10 可知，夏黑葡萄根部养分中，N 含量与土壤有机质呈显著正相关，与碱解氮、有效磷呈极显著正相关，与电导率呈极显著负相关；P 含量与土壤有机质、碱解氮、有效磷、速效钾、Chao1 指数、Shannon 指数呈极显著正相关，与 pH、电导率呈极显著负相关；K 含量与土壤 Chao1 指数、Shannon 指数呈极显著正相关，与 pH 呈显著负相关。而夏黑葡萄叶片养分中，N 含量与土壤有机质、碱解氮、有效磷呈极显著正相关，与电导率呈极显著负相关；P 含量与土壤有效磷呈显著正相关，与有机质、碱解氮、速效钾、Chao1 指数、Shannon 指数呈极显著正相关，与 pH、电导率呈极显著负相关；K 含量与土壤有机质、碱解氮、有效磷、速效钾、Chao1 指数、Shannon 指数呈极显著正相关，与 pH、电导率呈极显著负相关；Zn 含量与土壤有效磷呈显著正相关，与有机质、碱解氮、有效钾、Shannon 指数呈极显著正相关，与电导率呈极显著负相关；Cu 含量与土壤 Chao1 指数呈显著正相关，与有机质、碱解氮、有效磷、有效钾、Shannon 指数呈极显著正相关，与 pH 呈显著负相关，与电导率呈极显著负相关；Fe 与土壤有效磷呈显著正相关，与有机质、碱解氮、有效钾、Shannon 指数呈极

显著正相关，与电导率呈显著负相关；Mn 含量与土壤有机质、碱解氮、有效磷、Shannon 指数呈显著正相关，与速效钾呈极显著正相关，与电导率呈极显著负相关；Mg、Ca 含量均与土壤碱解氮呈显著正相关，与其他各处理均有极显著相关性。

由表 1-11 可知，夏黑葡萄植株养分除根 N 含量与叶片 P 含量无明显相关性外，其余植株根部与叶片 N、P、K 之间均呈极显著正相关；根部 N 含量与叶片 Zn、Cu、Fe 呈极显著正相关；根部 P 含量与叶片 Zn、Mg、Ca 呈显著正相关，与 Cu、Fe 呈极显著正相关；根部 K 含量与叶片 Zn 呈显著正相关，与 Cu、Fe、Mg、Ca 呈极显著正相关。说明夏黑葡萄根与叶片在养分运输转移方面存在密切联系，且土壤肥力对植株养分含量有较强的影响，土壤环境给夏黑葡萄提供了生长发育所需的营养元素，并在植株体内运输转移，间接地影响了果实品质。

表 1-10 有机肥与化肥配施对葡萄根际土壤肥力与根、

叶片矿质元素含量相关性的影响

矿质元素含量		土壤肥力因子						
	pH	电导率	有机质	碱解氮	有效磷	速效钾	Chao1 指数	Shannon 指数
根部 N	−0.072	−0.611**	0.445*	0.761**	0.796**	0.235	−0.013	−0.013 8
根部 P	−0.619**	−0.778**	0.889**	0.879**	0.803**	0.861**	0.555**	0.584**
根部 K	−0.405*	−0.234	0.278	0.082	0.131	0.304	0.512**	0.627**
叶片 N	−0.112	−0.696**	0.469**	0.797**	0.726**	0.351	0.037	−0.049
叶片 P	−0.688**	−0.411*	0.733**	0.490**	0.381*	0.812**	0.675**	0.852**
叶片 K	−0.530**	−0.685**	0.824**	0.859**	0.805**	0.781**	0.466**	0.544**
叶片 Zn	−0.327	−0.766**	0.649**	0.685**	0.517*	0.817**	0.479	0.748**
叶片 Cu	−0.612*	−0.851**	0.983**	0.843**	0.917**	0.847**	0.631*	0.763**
叶片 Fe	−0.276	−0.618*	0.668**	0.773**	0.616*	0.763**	0.425	0.669**
叶片 Mn	−0.231	−0.553*	0.559*	0.574*	0.517*	0.790**	0.162	0.556*

（续）

矿质元素含量	土壤肥力因子							
	pH	电导率	有机质	碱解氮	有效磷	速效钾	Chao1指数	Shannon指数
叶片 Mg	−0.807**	−0.781**	0.898**	0.574*	0.726**	0.666**	0.754**	0.682**
Ca	−0.834**	−0.812**	0.903**	0.572*	0.696**	0.754**	0.818**	0.776**

注：* 和**分别表示 0.05 和 0.01 显著水平（两尾检验）。

表 1-11 有机肥与化肥配施对葡萄根与叶片矿质元素含量相关性的影响

叶片	根部		
	N	P	K
N	0.872**	0.646**	0.475**
P	0.043	0.758**	0.807**
K	0.618**	0.921**	0.837**
Zn	0.693**	0.622**	0.614*
Cu	0.697**	0.816**	0.911**
Fe	0.776**	0.747**	0.709**
Mn	0.414	0.457	0.409
Mg	0.433	0.586*	0.814**
Ca	0.424	0.583*	0.831**

注：* 和**分别表示 0.05 和 0.01 显著水平（两尾检验）。

五、讨论

（一）有机肥与化肥配施对葡萄生长的影响

葡萄的营养特性与选择性吸收等特点易形成对某特定几种养分偏好吸收；作为多年生植物，在一个区域内固定生长容易造成土壤养分含量不均，有机肥的使用可以缓解这一问题。Shen 等将腐殖酸与 N、P、K 肥配合施用，提高烤烟生物量及产量，增加了 0~20 cm 土层根系生物量；Zhang 等通过连续三年的定位试验表明，堆肥（牛粪）替代 30％的氮肥提高了玉米氮素吸收、产量以及土壤转化酶活性，减少了氮素流失，提高了土壤肥料利用率；Yang 等通过 22 年的玉米和冬小麦轮作田间试验表明，无机肥料与作物残渣混合施用对土壤有机质和作物产量有显著提高。本试验研究结果表明，膨大初期，夏黑葡萄果实纵、横径膨大速率 T1、T2 处理均比 T0 有所提高；膨大中、后期处理膨大速率表现出了下降过程，横径膨大速率下降较为明显；夏黑葡萄生长发育整体表现为"快-慢-快-慢"的 S 形，这与张芮等研究证实一致。相较于 T0，T2 处理对夏黑葡萄两次膨大生长具有明显促进效果，纵径、横径、单果重、单穗重、产量分别提高 2.9％、5.5％、14.6％、4.8％、4.8％；T3 处理效果较 T2 有所减小，纵径、横径、单果重、单穗重、产量分别比 T0 提高 1.2％、4.2％、11.9％、3.9％、3.9％；T1 处理未有明显不同。表明随着有机肥与减量滴施化肥年限增长，在第二年对夏黑葡萄生长与产量效果最佳，第三年的效果有所降低；有机肥与减量滴施化肥显著改善了葡萄植株生长参数和生物化学特性，这可能是由于植株对营养物质吸收量增加，氮素增多的影响产生积极的营养生长，有机肥的释放过程中土壤微生物（真菌、细菌、放线菌等代谢产物）的增加产生根区生长素、赤霉素和细胞分裂素等生长因子，维持了农田中养分的有效性，从而促进植株生长；有机肥的时效性，可能导致第一、三年肥效降低。

（二）有机肥与化肥配施对叶片光合参数的影响

光合作用是植物体中最重要的生理活动，是植物形成碳水化合物并积累物质的重要过程；叶片中含有大量光合色素，其具有吸收、运转和转化光能的作用，而叶片光合能力与叶片养分密不可分，土壤养分一定程度上决定了叶片养分含量，一个好的施肥质量保证能提高植物叶片叶绿素含量，从而提高植物光合效率。Saikia 等人通过连续两年的田间试验，表明 80％或者 100％N、P、K 化肥＋农家肥与作物残渣配施提高了小麦旗叶固碳和光合能力，从而提高叶片生物量的积累；蒲瑶瑶、王孝娣等人有机肥与化肥配施在西瓜、葡萄上的研究中也得出了相同的结论。韩永超等人通过在玉米上腐熟的猪粪与化肥配施的研究表明，玉米叶片叶绿素含量、净光合速率、蒸腾速率、气孔导度较对照有所提高，有效地提高了叶片光合作用，且研究还表明随着生育期的增加，该处理下指标与其他处理差异逐渐增大，这与吴小华研究鸡粪与化肥配施对夏黑葡萄上的结果一致。本试验研究表明，花后 $36 \sim 43$ d（膨大期），各处理光合作用均比 CK 强；与 T0 相比，T2 处理夏黑葡萄叶片净光合速率（P_n）和气孔导度（G_s）分别提高 12.0％、16.7％，T3 分别提高了 13.8％、19.0％，胞间 CO_2 浓度 T2 显著低于 T0，从而提高了叶片的光合速率；T1 处理较 T0 差异不明显。表明有机肥与减量滴施两年、三年化肥提高了夏黑葡萄光合效率以及光合产物的积累，即碳水化合物的形成与积累，增强了植株库源，从而提高了果树的生长发育能力。

（三）有机肥与化肥配施对植株养分含量的影响

大量研究发现，有机肥与化肥配施提高植株营养元素的吸收有两个途径，一是有机肥施入改善了土壤理化性质（改变了土壤团粒结构、pH），增强了土壤对水分及养分的贮藏性；二是微生物以及其活性的增加，通过微生物的活动将一些营养物质转化为更易溶解和可供植物利用的形式。赵佐平、Sharma 等分别对苹果、葡萄、油桃进行有机肥与化肥配施的研究均表明增加了植株对 N、P、K 养分的吸收，提高了肥料的利用率。本试验结果表明叶片的 N、P、K 含量均大于根部，营养元素均在叶片部位集中吸收转化。夏黑葡萄生长前期（花后 15 d），植株根部 T1、T2、T3 处理 K 均显著高于 T0；而根部、叶片 T2 处理 N、P、K 高于 T0。说明有机肥与减量滴施化肥可增强植株生长前期对养分元素的吸收，而减量滴施两年化肥处理效果最为明显。葡萄成熟期（花后 75 d），植株根部 T1、T2、T3 处理 N 含量分别比 T0 提高了 30.3%、22.6%、4.8%，T1、T2 处理 P 含量分别比 T0 提高了 20.0%、40.0%，T1、T2、T3 处理 K 含量分别比 T0 提高了 11.0%、18.8%、17.2%；植株叶片 T2 处理 N 含量比 T0 提高了 16.9%，T2、T3 处理 P 含量分别比 T0 提高了 19.0%、17.5%，T2 处理 K 含量比 T0 提高了 10.3%。夏黑葡萄膨大期（花后 35 d），植株叶片 T2 处理 Zn、Fe 含量比 T0 提高 17.4%、18.4%；T1、T2、T3 处理 Cu 含量比 T0 提高 40.4%、59.6%、56.7%；T2、T3 处理 Mn 含量比 T0 提高 15.3%、5.2%；T1、T2、T3 处理 Mg、Ca 含量分别比 T0 提高 28.1%、23.5%、18.9%、143.9%、142.9%、119.1%。说明有机肥与减量滴施化肥可增强葡萄对 N、P、K、Zn、Cu、Fe、Mn 的吸收，而减量滴施两年化肥处理效果最为明显，其中有机肥与减量滴施化肥明显提高植株对 Mg、Ca 吸收，且减量滴施一年处理效果好于减量滴施两年、三年化肥。这可能是由于有机肥的施入改善了土壤通气性和 pH，根区土壤保持了更好的水分，增加了微生物种类及活性并提高生物固氮，增加了营养元素阳离子的有效性，调节了根际微环境从而促进植株根部吸收生长。

夏黑葡萄土壤电导率、有机质对植株根、叶片 N 含量影响较强；土壤理化性质及细菌群落多样性指标 Chao1、Shannon 指数对植株根，叶片 P、K 含量影响较强；土壤肥力对植株叶片微量元素（Zn、Cu、Fe、Mn、Mg、Ca）有着明显影响，其中 Mg、Ca 与土壤理化性质及微生物多样性相关性较强。植株内部元素间也有较为明显的相关性。说明土壤理化性质及微生物多样性对植株养分的吸收、运输有着显著影响；生产上可通过合理的调控施肥，以达到改善植株养分需求。

六、小结

有机肥与减量滴施两年、三年化肥促进了夏黑葡萄生长，提高了叶片光合效率；有机肥与减量滴施化肥均不同程度增加了植株 N、P、K、Zn、Cu、Fe、Mn、Mg、Ca 元素含量，其中减量滴施两年化肥作用明显，减量滴施一年、三年化肥次之。夏黑葡萄根系与叶片养分相关性明显，土壤肥力因子与植株养分也有不同程度的相关性。

第四节　有机肥与化肥配施对葡萄品质的影响

一、试验材料及试验设计

同本章第二节。

二、试验项目测定及方法

（一）夏黑葡萄果皮叶绿素、类胡萝卜素、花青苷含量的测定

于花后 15 d、35 d、55 d、75 d 的 9～10 时之间进行葡萄果实采样（膨大前、后期，着色期，成熟期），将葡萄果皮分离并进行液氮速冻，放入超低温冰箱以备用。果皮叶绿素与类胡萝卜素含量的测定采用丙酮乙醇混合提取法；滤液用紫外分光光度计在 663 nm、645 nm、440 nm 波长测定吸光度（OD）值。公式如下：

$$Chla\ (\text{mg/L}) = (12.7\,OD_{663} - 2.59\,OD_{645}) \times V/(m \times 1\,000)$$

$$Chlb\ (\text{mg/L}) = (22.88\,OD_{646} - 4.67\,OD_{633}) \times V/(m \times 1\,000)$$

$$Chl_{T(a+b)} = 8.044\,OD_{663} + 20.29\,OD_{645}$$

$$Car\ (\text{mg/L}) = 4.7\,OD_{440} - 0.27\,(Chla + Chlb)$$

$$Chl\ (Car)\ (\text{mg/g}) = 浓度 \times V/(m \times /1\,000)$$

V：提取液体积（mL）；m：样品重（g）；$Chla$、$Chlb$、Chl、Car 分别表示叶绿素 a 和 b、总叶绿素、类胡萝卜素的浓度（mg/L）。

葡萄果皮花青苷参考刘晓静的试验方法。取 1g 果皮剪碎，置于试管中并加入 10 mL HCl（0.1 mol/L），试管口密封，置于 32℃恒

温箱中，浸泡 4 h 以上；之后用定性滤纸过滤即得其提取液。

（二）夏黑葡萄果实品质的测定

采样处理同上。葡萄可溶性固形物利用 ATAGO 公司的 PAL-1 糖度计，各处理随机选取 9 粒果实测定。可滴定酸含量用 NaOH 滴定法测定。维生素 C 采用滴定比色法测定；取 5 g 葡萄果肉匀浆并加入 5 mL 2％草酸中充分研磨，定容至 100 mL，过滤后滴定至转色；每个处理重复 3 次。总酚含量采用 Folin-Ciocalteus 法；准确称量 3 g 于 50 mL 离心管，加入体积分数 80％的 HCl-甲醇溶液，超声密闭提取，低温离心取上清液（避光）。

（三）夏黑葡萄果实糖代谢及相关酶活性的测定

采样处理同上。糖组分测量参考叶尚红《植物生理生化实验教程》和韩振海《实验园艺学》；称 1 g 葡萄匀浆于 10 mL 离心管，加入 5～6 mL 80％乙醇溶液并在 80 ℃水浴中浸提 30 min 后冷却，反复浸提 2 次取其上清液，定容至 25 mL 容量瓶，即得提取液；蒽酮-硫酸溶液配制时改用 81％的硫酸做溶剂，样品的处理中提取条件改为沸水浴 15 min，其余步骤不变；采用间苯二酚法测定。

蔗糖代谢酶的提取参照薛应龙、周兰兰等的方法：取超低温冷冻果实 0.5 g 置于预冷研钵，加入 5 mL 50 mmol/L Hepes-NaOH（pH＝7.5）的提取缓冲液 [50 mmol/L MgCl$_2$，2 mmol/L EDTA，0.2％（W/V）BSA，2％PVP]，冰浴条件下研磨成匀浆，在 4 ℃下离心 10 min，取上清液。转化酶活性测定。

三、数据处理与分析

采用 Microsoft Excel 2016、Sigmaplot12.5 和 AutoCAD 2007 等软件对数据进行处理和绘图，采用 SPSS 19.0 统计分析软件对各指标进行差异显著性检验。

四、结果与分析

（一）有机肥与化肥配施对果实着色的影响

由图1-9可知，随着果实成熟度的提高，葡萄果皮叶绿素逐渐降低，在花后55～75 d迅速减少（图1-9A）；花青苷与之相反，在花后55～75 d快速积累（图1-9C）；类胡萝卜素变化幅度不大但略有上升（图1-9B）。

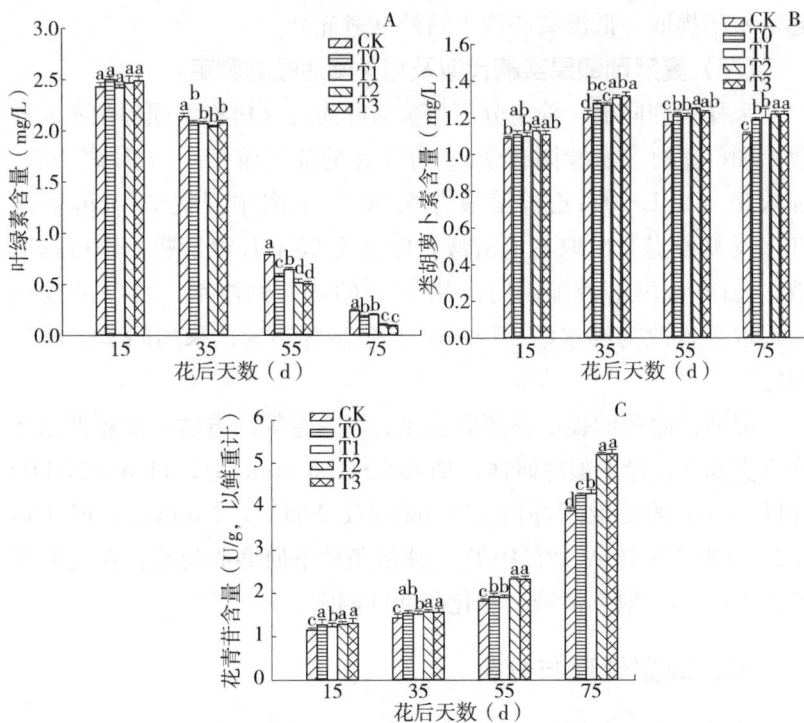

图1-9　有机肥与化肥配施对葡萄果皮叶绿素、类胡萝卜素、花青苷含量的影响

（图中不同小写字母表示差异达5%显著水平）

总体上花后 55 d、75 d 变化幅度较大，果皮叶绿素含量 T2 处理显著低于 CK、T0、T1，但 T2 与 T3 差异不显著。该时段 T2 处理分别比 CK、T0 降低了 35.4%、12.1%，58.3%、44.4%；T3 处理分别比 CK、T0 降低了 36.7%、13.8%，62.5%、50.0%。说明有机肥与连续两年或三年减量滴施化肥对葡萄果皮叶绿素含量的降解有促进效果。

花后 55 d、75 d，果皮花青苷含量 T2 处理显著高于 CK、T0、T1，分别提高了 28.0%、21.3%、22.6%，33.3%、22.1%、20.9%；但 T2 与 T3 差异不显著，T3 处理分别比 CK、T0、T1 提高了 27.5%、20.8%、22.1%，33.6%、22.3%、21.2%。说明有机肥与连续两年或三年减量滴施化肥对葡萄果皮花青苷含量的合成有促进效果。

花后 55 d、75 d，葡萄果皮类胡萝卜素含量 T2 处理显著高于 CK、T0、T1，分别提高了 5.9%、2.5%、3.3%，9.9%、2.5%、1.7%；T2 与 T3 差异不显著。

（二）有机肥与化肥配施对果实可溶性固形物与可滴定酸含量、糖酸比的影响

由图 1-10 可知，随着果实成熟度的提高，葡萄果实可溶性固形物含量逐渐升高，在花后 55～75 d 迅速增加（图 1-10A）；果实可滴定酸含量与之相反，在花后 55～75 d 快速减少（图 1-10B）；果实糖酸比，在花后 55～75 d 快速增大（图 1-10C）。

总体上花后 55 d、75 d 变化幅度较大，夏黑葡萄果实可溶性固形物含量 T2 处理显著高于 CK、T0、T1、T3，但在花后 55 d 时 T2 与 T3 差异不显著。该时段 T2 处理分别比 CK、T0 提高了 19.7%、6.9%，10.8%、5.1%；T3 处理分别比 CK、T0 提高了 15.4%、3.1%，8.1%、2.6%。说明有机肥与连续两年或三年减量滴施化肥对葡萄果实可溶性固形物含量的合成积累有促进效果。

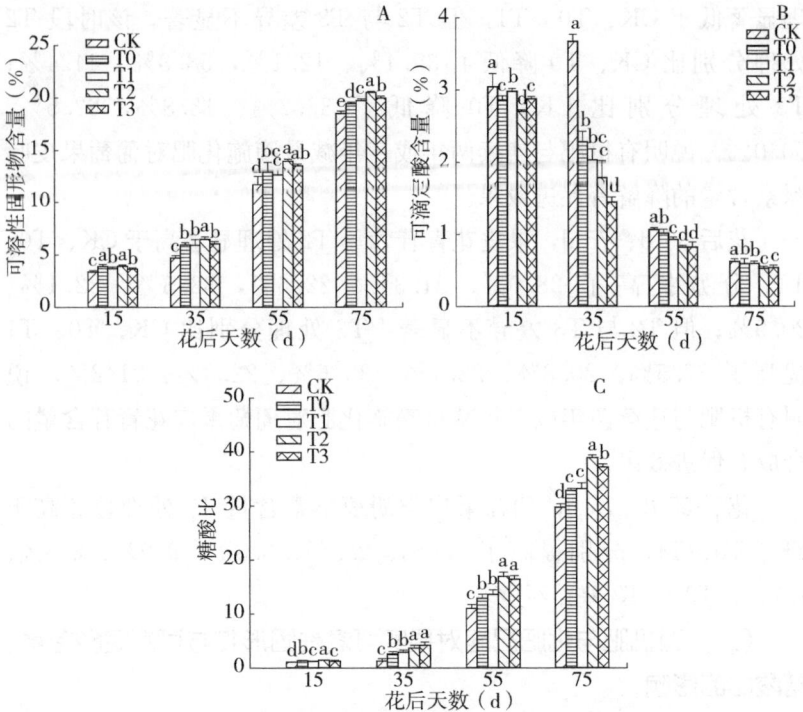

图 1-10　有机肥与化肥配施对葡萄果实可溶性固形物与
可滴定酸含量、糖酸比的影响

（图中不同小写字母表示差异达 5％显著水平）

　　花后 55 d、75 d，果实可滴定酸含量 T2 处理显著低于 CK、T0、T1，分别降低了 22.7％、18.9％、11.5％，15.2％、11.0％、11.3％；但 T2 与 T3 差异不显著，T3 处理分别比 CK、T0、T1 降低了 22.7％、18.9％、11.5％，13.6％、9.3％、9.6％。T0 与 T1 差异不显著。说明有机肥与连续两年或三年减量滴施化肥对葡萄果实可滴定酸含量的降解有促进效果。

　　花后 55 d、75 d，葡萄果实糖酸比 T2 处理显著高于 CK、T0、T1，分别提高了 54.2％、31.9％、25.0％，30.8％、18.4％、

17.2%；花后 75 d 时 T2 与 T3 差异显著，T0 与 T1 差异不显著。

（三）有机肥与化肥配施对果实维生素 C、总酚含量的影响

由表 1-12 可知，随着果实成熟度的提高，葡萄果实维生素 C 含量逐渐升高，在花后 55~75 d 迅速增加；果实总酚含量与之相同，在花后 55~75 d 快速增加。

总体上花后 55 d、75 d 变化幅度较大，夏黑葡萄果实维生素 C 含量 T2 处理显著高于 CK、T0、T1，但 T2 与 T3 差异不显著，T0 与 T1 差异不显著。该时段 T2 处理分别比 CK、T0、T1 提高了 16.7%、7.7%、12.0%，10.8%、7.0%、9.8%；T3 处理分别比 CK、T0、T1 提 高 了 19.4%、10.3%、14.7%，9.0%、5.2%、8.0%。说明有机肥与连续两年或三年减量滴施化肥对葡萄果实维生素 C 的合成积累有促进效果。

花后 55 d、75 d，葡萄果实总酚含量 T2 处理显著高于 CK、T0、T1、T3，T0 与 T1 差异显著，但花后 55 d 时 T2 与 T3 差异不显著。该时段 T2 处理分别比 CK、T0、T1 提高了 25.4%、18.4%、8.7%，24.9%、15.8%、12.1%；T3 处理分别比 CK、T0、T1 提高了 26.2%、19.1%、9.4%，30.5%、21.0%、17.1%。说明施用有机肥与连续两年、三年减量滴施化肥对葡萄果实总酚的合成积累有促进效果。

表 1-12　有机肥与十化肥配施对葡萄果实维生素 C、总酚含量的影响

花后天数（d）	处理	维生素 C（mg/100g）	总酚（mg/g）
15	CK	0.416±0.147a	3.11±0.680a
	T0	0.429±0.128a	3.75±0.128a
	T1	0.384±0.096a	3.37±0.093a
	T2	0.480±0.096a	4.22±0.090a
	T3	0.480±0.085a	4.67±0.097a

（续）

花后天数（d）	处理	维生素 C （mg/100g）	总酚 （mg/g）
35	CK	0.992±0.111c	5.42±0.408c
	T0	1.248±0.096ab	6.20±0.185b
	T1	1.088±0.055bc	5.50+0.347c
	T2	1.440±0.096a	7.86±0.151a
	T3	1.408±0.200a	8.07±0.095a
55	CK	2.304±0.096c	10.61±0.586d
	T0	2.496±0.096b	11.24±0.105c
	T1	2.400±0.092bc	12.24±0.073b
	T2	2.688±0.079a	13.31±0.068a
	T3	2.752±0.083a	13.39±0.055a
75	CK	3.552±0.075b	23.35±0.478e
	T0	3.680±0.053b	25.18±0.389d
	T1	3.584±0.641b	26.02±0.486c
	T2	3.936±0.094a	29.16±0.512b
	T3	3.872±0.055a	30.48±0.642a

注：同列数据后不同小写字母表示差异达 5%显著水平。

（四）有机肥与化肥配施对果实糖组分含量的影响

由图 1-11A 可知，随着果实成熟度的提高，总糖含量呈快速增长趋势。各处理间总糖的变化趋势与 CK 一致，但不同程度地提高了葡萄果实中总糖积累的速率。花后 15～35 d（果实膨大期），各处理葡萄果实总糖积累速率较慢；花后 55～75 d（果实着色至成熟期），总糖积累速率加快。花后 55 d、75 d，夏黑葡萄果实总糖含量 T2 处理显著高于 CK、T0、T1，T0 与 T1 差异不显著，T2 与 T3 差异不显著。该时段 T2 处理分别比 CK、T0、T1 提高了 30.0%、12.9%、15.6%，22.3%、4.8%、4.8%；T3 处理分别比 CK、T0、T1 提高了 27.9%、11.1%、13.7%，20.8%、

3.5%、3.5%。说明有机肥与连续两年或三年减量滴施化肥对葡萄果实总糖含量的合成积累有促进效果。

由图 1-11B 可知，随着果实成熟度的提高，葡萄果糖含量呈快速增长趋势。各处理间果实果糖的变化趋势与 CK 一致，但不同程度地提高了葡萄果实中果糖积累的速率。花后 15~35 d（果实膨大期），各处理葡萄果实果糖积累速率较慢；花后 55~75 d（果实着色至成熟期），果糖积累速率加快。花后 55 d、75 d，夏黑葡萄果实果糖含量 T2 处理显著高于 CK、T0、T1、T3，T0 与 T1 差异不显著。该时段 T2 处理分别比 CK、T0、T1 提高了 32.9%、17.2%、16.1%、14.4%、5.4%、5.9%；T3 处理分别比 CK、T0、T1 提高了 31.2%、15.7%、14.7%、12.0%、3.1%、3.6%。说明有机肥与连续两年或三年减量滴施化肥对葡萄果实果糖含量的合成积累有促进效果。

由图 1-11C 可知，葡萄蔗糖含量整体表现出较低水平。各处理间蔗糖含量的变化趋势与 CK 一致，葡萄果实中蔗糖积累的速率略有提高。花后 15~35 d（果实膨大期），各处理葡萄果实蔗糖积累速率较慢；花后 55~75 d（果实着色至成熟期），蔗糖积累速率加快，但含量仍较低。花后 55 d、75 d，夏黑葡萄果实蔗糖含量 T2 处理显著高于 CK、T0、T1，T0 与 T1 差异显著，T2 与 T3 差异不显著。该时段 T2 处理分别比 CK、T0、T1 提高了 18.5%、5.5%、10.3%、13.3%、5.4%、8.8%；T3 处理分别比 CK、T0、T1 提高了 14.8%、2.2%、6.9%、10.8%、3.1%、6.4%。

由图 1-11D 可知，随着果实成熟度的提高，葡萄糖含量整体呈增长趋势。各处理间葡萄糖的变化趋势与 CK 一致，但不同程度地提高了葡萄果实中葡萄糖积累的速率。花后 15~35 d（果实膨大期），各处理葡萄果实葡萄糖积累速率较慢；花后 55~75 d（果实着色至成熟期），葡萄糖积累速率加快。花后 55 d、75 d，夏黑葡萄果实葡萄糖含量 T2 处理显著高于 CK、T0、T1，T0 与 T1 差异显著，T2 与 T3 差异不显著。该时段 T2 处理分别比 CK、T0、T1提高了 30.1%、11.6%、17.5%，37.4%、4.5%、2.9%；T3 处理分别比 CK、T0、T1 提高了 27.7%、9.5%、15.3%，36.4%、3.7%、2.2%。说明有机肥与连续两年或三年减量滴施化肥对葡萄果实葡萄糖含量的合成积累有促进效果。

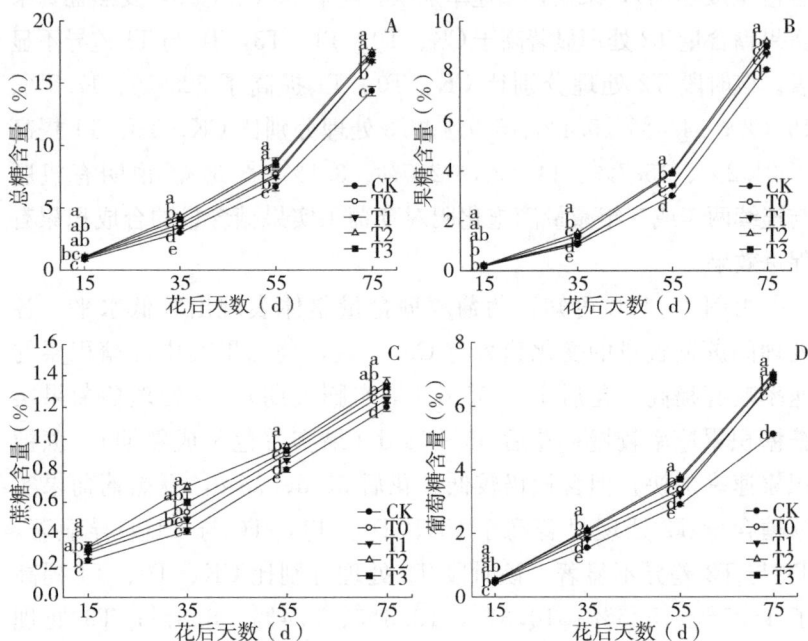

图 1-11　有机肥与化肥配施对葡萄果实糖含量的影响
（数据后标注的小写字母表示 5% 水平下不同处理间的显著差异性）

（五）有机肥与化肥配施对果实蔗糖代谢相关酶活性的影响

由图 1-12A 可知，夏黑葡萄生长过程中，葡萄中酸性转化酶（AI）活性保持较高水平，各处理间果实 AI 活性的变化趋势与 CK 一致，但不同程度地提高了葡萄果实中 AI 活性。花后 15~55 d

（果实膨大至着色期），各处理葡萄果实 AI 活性呈上升趋势，T2 处理显著高于 CK、T0、T1，T2 与 T3 差异不显著。花后 55 d，各处理 AI 活性达到最大值，T2 处理显著高于 CK、T0、T1，T0 与 T1 差异显著，T2 与 T3 之间、T0 与 T3 之间差异不显著。该时期（花后 55 d）T2 处理分别比 CK、T0、T1 提高了 14.0%、5.2%、5.8%；T3 处理比 CK 提高了 11.8%。花后 75 d，整体 AI 活性降低，各处理间差异不明显。说明有机肥与连续两年、三年减量滴施化肥对葡萄果实中 AI 活性有促进效果，加快糖分间的转化。

由图 1-12B 可知，夏黑葡萄果实生长过程中，葡萄中性转化酶（NI）活性也保持较高水平。各处理果实 NI 活性的变化趋势与 CK 一致，但不同程度地提高了葡萄果实中 NI 活性。花后 15～55 d（果实膨大至着色期），各处理葡萄果实 NI 活性呈上升趋势，T2 处理显著高于 CK、T0，T2 与 T3 差异不显著。花后 55 d，各处理 NI 活性达到最大值，T2 处理显著高于 CK、T0，T0、T1、T3 间差异不显著。该时期（花后 55 d）T2 处理分别比 CK、T0、T1 提高了 11.0%、4.9%、3.9%；T3 处理比 CK 提高了 9.3%。在花后 75 d，整体 NI 活性降低，各处理间差异不明显。

（六）有机肥与化肥配施对葡萄根、叶片和根际土壤肥力与果实品质相关性的影响

由表 1-13 可知，夏黑葡萄根部养分元素中，N 含量与葡萄产量、可溶性固形物呈极显著正相关；P 含量与葡萄产量、可溶性固形物、糖酸比、花青苷、总糖、维生素 C、总酚呈极显著正相关，与可滴定酸呈极显著负相关；K 含量与葡萄果实品质的相关性同 P 含量一致。而夏黑葡萄叶片养分元素中，N 含量与葡萄产量、可溶性固形物呈极显著正相关；P 含量与葡萄可溶性固形物呈显著正相关，与产量、糖酸比、花青苷、总糖、维生素 C、

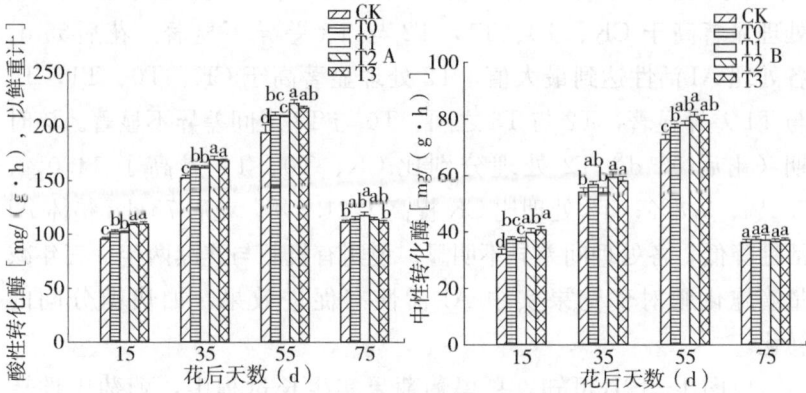

图 1-12 有机肥与化肥配施对葡萄 AI 和 NI 活性的影响
(图中不同小写字母表示差异达 5%显著水平)

总酚呈极显著正相关，与可滴定酸呈极显著负相关；K 含量与葡萄总糖、维生素 C 呈显著正相关，与产量、可溶性固形物、糖酸比、花青苷、总酚呈极显著正相关，与可滴定酸呈极显著负相关；Zn 含量与糖酸比、花青苷、总糖、总酚呈显著性正相关，与产量呈极显著正相关，与可滴定酸呈极显著负相关；Cu 含量与可溶性固形物呈显著正相关，与产量、糖酸比、花青苷、总糖、总酚呈极显著正相关，与可滴定酸呈极显著负相关；Fe 含量与可溶性固形物、花青苷、总糖、总酚呈显著正相关，与产量、糖酸比呈极显著正相关，与可滴定酸呈极显著负相关；Mn 含量与总糖呈显著正相关，与产量、花青苷、总酚呈极显著正相关；Mg 含量与产量、总糖呈显著正相关；Ca 含量与产量、花青苷、总糖呈显著正相关。说明葡萄根、叶片中 N 元素对产量和可溶性固形物两者品质影响较大，P、K 元素对果实品质影响较大，而微量元素中 Zn、Cu、Fe、Mn 对果实品质影响较强，Mg、Ca 影响较弱。

表1-13　有机肥与化肥配施对葡萄根、叶片中矿质元素含量与果实产量、品质相关性的影响

矿质元素含量		果实品质							
		产量	可溶性固形物	可滴定酸	糖酸比	花青苷	总糖	维生素C	总酚
根部	N	0.815**	0.532**	−0.146	−0.87	−0.173	−0.335	−0.329	−0.192
	P	0.831**	0.649**	−0.799**	0.682**	0.601**	0.491**	0.500**	0.566**
	K	0.796**	0.551**	−0.902**	0.809**	0.688**	0.601**	0.597**	0.673**
叶片	N	0.722**	0.561**	−0.339	0.093	−0.085	−0.206	−0.182	−0.28
	P	0.677**	0.389*	−0.806**	0.900**	0.932**	0.896**	0.880**	0.888**
	K	0.796**	0.673**	−0.690**	0.596**	0.579**	0.436*	0.418*	0.531**
	Zn	0.741**	0.328	−0.768**	0.608*	0.540*	0.525*	0.467	0.635*
叶片	Cu	0.855**	0.581*	−0.650**	0.664**	0.796**	0.744**	0.230	0.744**
	Fe	0.761**	0.516*	−0.834**	0.761**	0.570*	0.599*	0.393	0.601*
	Mn	0.752**	0.130	−0.480	0.359	0.703**	0.570*	0.386	0.917**
	Mg	0.597*	0.411	−0.392	0.421	0.513	0.527*	0.083	0.446
	Ca	0.668*	0.327	−0.440	0.426	0.530*	0.553*	0.057	0.506

注：*和**分别表示0.05和0.01显著水平（两尾检验）。

由表1-14可知，夏黑葡萄根际土壤肥力中，pH与葡萄可滴定酸呈极显著正相关，与糖酸比、花青苷、总糖、维生素C、总酚呈极显著负相关；电导率与葡萄可滴定酸呈极显著正相关，与产量、可溶性固形物、糖酸比呈极显著负相关；有机质与葡萄可溶性固形物呈显著正相关，与产量、糖酸比、花青苷、总糖、维生素C、总酚呈极显著正相关，与可滴定酸呈极显著负相关；碱解氮与葡萄糖酸比呈显著正相关，与产量、可溶性固形物呈极显著正相关，与可滴定酸呈极显著负相关；有效磷与葡萄产量、可溶性固形物呈极显著正相关，与可滴定酸呈极显著负相关；速效钾与葡萄品质（除可滴定酸外）均呈极显著正相关，与可滴定酸呈极显著负相关；Chao1指数与葡萄糖酸比、花青苷、总糖、维生素C、总酚呈极显著正相关，与可滴定酸呈极显著负相关；Shannon 指数与产量、糖酸比、花青苷、总糖、维生素 C、总酚呈极显著正相关，与可滴定酸呈极显著负相关。说明土壤理化性质及微生物多样性对葡萄果实品质影响较强。

表 1 - 14 有机肥与化肥配施对葡萄根际土壤肥力与果实产量、品质相关性的影响

土壤肥力因子	产量	果实品质						
		可溶性固形物	可滴定酸	糖酸比	花青苷	总糖	维生素 C	总酚
pH	−0.312	−0.209	0.696**	−0.763**	−0.640**	−0.672**	−0.660**	−0.712**
电导率	−0.850**	−0.492**	0.667**	−0.463**	−0.243	−0.135	−0.171	−0.321
有机质	0.848**	0.450*	−0.801**	0.708**	0.618**	0.507**	0.489**	0.575**
碱解氮	0.902**	0.611**	−0.666**	0.431*	0.293	0.135	0.139	0.254
有效磷	0.821**	0.665**	−0.443**	0.246	0.208	0.017	0.010	0.140
速效钾	0.902**	0.431**	−0.865**	0.794**	0.767**	0.681**	0.669**	0.695**
Chao1 指数	0.504	0.208	−0.501**	0.633**	0.741**	0.724**	0.663**	0.700**
Shannon 指数	0.751**	0.222	−0.656**	0.804**	0.933**	0.921**	0.869**	0.894**

注：* 和**分别表示 0.05 和 0.01 显著水平（两尾检验）。

五、讨论

（一）有机肥与化肥配施对果实着色的影响

果皮着色受到多种色素类物质的综合影响，葡萄果实着色表现主要是花青苷的生物合成与积累，而其表达受限于果皮中的叶绿素与类胡萝卜素的干扰。Al-Ismaily 等在盐水灌溉下研究结果一致，有机肥与化肥混施对番茄果色黄度有显著提高，从而改善色泽品质；徐小菊等在大棚藤稔葡萄的施肥试验中表明，鸡粪、豆粕两种有机肥以及两者混合施用相较于单施化肥（复合肥），提高了葡萄果实成熟期；高阳等研究表明，靖安椪柑施用有机肥提高了果实色

差指数，促进了果实色泽转变。本试验研究表明，随着葡萄果实成熟度的提高，果实着色至成熟期间，夏黑葡萄果皮叶绿素快速分解，果皮花青素快速合成，类胡萝卜素变化不大但略有上升。花后 55 d、75 d，T2 处理葡萄果皮花青苷含量分别比 T0 提高 21.3%、22.0%，T3 比 T0 提高 20.8%、22.3%；T2、T3 处理加快叶绿素降解，分别比 T0 降低了 12.1%～44.4%，13.8%～50.0%；T2 处理类胡萝卜素含量比 T0 提高了 2.5%。表明有机肥与减量滴施两年、三年化肥加快了夏黑葡萄果皮叶绿素降解，提高了果皮花青苷的合成，从而促进了夏黑葡萄果实提前着色成熟。

（二）有机肥与化肥配施对果实内在品质的影响

葡萄因果肉多汁，含糖量高，富含多种维生素等营养物质深受消费者喜爱，其内在品质的好坏可能直接影响到人们的消费。近年来人们开始对如何提高葡萄内在品质上做了大量研究。郭洁等对贺兰山东麓酿酒葡萄施用一定的生物有机肥，提高了葡萄果实可溶性固形物含量、糖酸比，降低总酸度，提升了葡萄品质；赵政等通过木霉微生物肥与减量化肥配施对番茄处理发现，该处理下可显著提高番茄果实品质，其可溶性糖和维生素 C 含量也不同程度地得到了提高；蒲瑶瑶等研究表明，以蚯蚓粪肥与化肥配施改善果实品质最佳，与单施化肥相比，产量、可溶性糖、可溶性蛋白和维生素 C 含量均不同程度地得到了提高。本试验研究表明，随着果实成熟度的提高，在花后 55～75 d（着色至成熟期），T2、T3 处理夏黑葡萄果实的可溶性固形物含量、糖酸比、维生素 C 以及总酚含量均显著高于 CK、T0 处理，表明有机肥与减量滴施化肥加快了葡萄果实内在营养物质的合成；花后 75 d，T2、T3 分别比 T0 提高了 5.1%、18.4%、7.0%、15.8%，2.6%、13.2%、5.2%、21.0%；T2、T3 处理可滴定酸含量分别比 T0 显著降低了 11.0%、9.3%。葡萄果实品质的改善可能归功于有机肥的施入，土壤有机质含量和多种生物活性物质，提高了土壤理化性质（土壤疏松多孔、土壤酸碱度趋向于中性），营养元素含量（K、Zn、Mg 等）的提高和有助于生长的微生物（如细菌、真菌和放线菌），加快光合产物的积累，促进了葡萄果实中酸向糖的转化，提高了可溶性固形物含量，有助于维生素 C 的积累，从而提升了夏黑葡萄品质，这与 Kirad 等人研究结果一致。

（三）有机肥与化肥配施对果实糖组分及代谢相关酶活性的影响

糖及其活化形式为果实各类代谢过程提供底物、能量、中间反应物等一系列原料，对果实品质、风味有着重要作用，了解葡萄果实中糖分积累的规律有利于对葡萄栽培措施的改善以及通过分子手段调节该糖分积累。试验研究表明，夏黑葡萄各糖组分含量为总糖＞果糖＞葡萄糖＞蔗糖；且都在花后 15～35 d（膨大期）增加缓慢，在花后 55～75 d（着色至成熟期）大量积累除蔗糖含量略有增加外，可见夏黑葡萄以己糖（果糖、葡萄糖）积累为主，这与闫梅玲等研究结果一致。花后 55～75 d，T2、T3 处理各糖组分含量均显著高于 CK、T0；在花后 75 d，T2、T3 处理总糖、果糖、蔗糖、葡萄糖分别比 T0 提高了 4.8％、5.4％、5.4％、4.5％，3.5％、3.1％、3.1％、3.7％，表明有机肥与减量滴施两年、三年化肥处理明显促进了着色期至成熟期夏黑葡萄果实糖类的积累；这与张蕊等在肥城桃上运用海藻有机肥的研究结果一致。

在试验结果中还发现，夏黑葡萄果实蔗糖含量相对较少，这是由于葡萄果实从叶片吸收的过程中，蔗糖大部分被水解还原成还原性糖，而在这个过程中果实内转化酶的调控必不可少，大量的试验发现蔗糖代谢相关酶与糖分积累间有着十分紧密的联系。本试验研究表明，花后 15～55 d（膨大至着色期），夏黑葡萄果实酸性转化酶（AI）和中性转化酶（NI）活性均呈增长趋势，且保持较高的活性水平；该时期 T2 处理 AI、NI 活性均显著高于 T0；花后 55 d，T2 分别比 T0 提高了 5.2％、4.9％，T3 处理 AI、NI 活性高于 T0，但未达到显著水平。花后 75 d（成熟期），各处理 AI、NI 活性均大幅降低，且差异不显著。这可能是由于在葡萄成熟之前，果实内液泡酸性转化酶转化的己糖主要用于各类代谢，而在果实成熟后，糖酵解过程受到抑制，己糖用于各类代谢的用量大幅降低，从而使己糖（转化酶转化）大量积累，随着糖的积累转化酶活性下降，这与 Lwoll 等、Robinson 等研究发现一致。说明有机肥与减量滴施化肥（T2、T3）处理明显提高了夏黑葡萄果实内糖代谢相关酶活性，从而加快了果实内糖类的合成与积累，对提高果实品质、风味有间接作用。

（四）有机肥与化肥配施对植株养分、土壤肥力与果实品质间相关性的影响

本研究结果表明，夏黑葡萄根、叶片 N 含量对果实品质影响较小，P、K 含量则对葡萄果实品质有较强的影响，与次生代谢物质呈极显著正相关；叶片 Zn、Cu、Fe、Mn 对葡萄次生代谢物质（花青苷、总酚）的影响较强，且均达到显著正相关；叶片 Mg、Ca 对葡萄果实品质影响较小。这可能是由于植株 N、Mg、Ca 含量已达到一定程度，对果实品质的提高没有明显效果；说明果农已开始注重对葡萄 N、Mg、Ca 肥的使用。土壤中 pH、有机质、速效 K、土壤细菌群落多样性指标 Chao1 指数和 Shannon 指数与果实次生代谢物质呈极显著相关性；说明合理调控植株 P、K、Zn、Cu、Fe、Mn 以及土壤 pH、有机质、速效钾、土壤微生物多样性，对夏黑葡萄果实品质的改善具有重要作用。由于葡萄中微量元素含量较低，需进一步研究微量元素对葡萄果实品质的调控机制。

六、小结

有机肥与减量滴施两年、三年化肥明显改善了夏黑葡萄果实着色程度，提高了果实可溶性固形物、维生素 C、总酚以及各糖组分含量，提高了果实酸性、中性转化酶活性，从而加快糖分运转，改善果实品质；土壤肥力因子与夏黑葡萄果实品质有明显的相关性，植株叶片养分含量与果实品质也有不同程度的相关性。

第五节 结 论

一、有机肥与化肥配施对根际土壤理化性质及微生物多样性的影响

有机肥与减量滴施 年、两年、三年化肥（T1、T2、T3）处理相较于未施有机肥与化肥（CK）、单施化肥（T0）处理，在生长前期（花后 15 d）、成熟期（花后 75 d）均不同程度上改善了土壤 pH、EC 值，提高了土壤有机质含量；而一年、两年减量滴施化肥处理土壤速效 N、P、K 含量均明显提高，三年减量滴施化肥处理与单施化肥处理无明显差异。有机肥与减量滴施一年、两年、三年化肥（T1、T2、T3）处理相较于未施有机肥与化肥（CK）、单施化肥（T0），均不同程度上提高了夏黑植株根际土壤细菌丰度与细菌群落多样性，提高了土壤微生物库水平。

二、有机肥与化肥配施对葡萄生长的影响

夏黑葡萄果实膨大过程呈现 S 形生长发育，有机肥与减量滴施两年、三年化肥（T2、T3）处理相较于未施有机肥与化肥（CK）、单施化肥（T0）可显著促进夏黑葡萄果实生长（纵、横径），增加了葡萄果实单果重、穗重、产量。有机肥与减量滴施两年、三年化肥（T2、T3）处理在葡萄膨大期通过提高叶片净光合速率（P_n）和气孔导度（G_s），降低胞间 CO_2 浓度（C_i）等光合参数，从而提高了叶片光合速率以及光合同化产物的积累。一年减量滴施化肥（T1）与单施化肥处理（T0）各指标差异不大。

有机肥与减量滴施一年、两年、三年化肥（T1、T2、T3）处理相较于未施有机肥与化肥（CK）、单施化肥（T0），在生长前期（15 d）、成熟期（花后 75 d）均不同程度上促进了夏黑植株根部、叶片对 N、P、K 的吸收；其中两年、三年减量滴施化肥处理明显

好于一年减量滴施化肥处理。膨大期（花后 35 d），有机肥与减量滴施两年化肥处理明显提高叶片微量元素 Zn、Cu、Fe、Mn、Mg、Ca 含量，减量滴施三年化肥处理次之；减量滴施一年化肥处理对叶片 Mg、Ca 含量提高的效果优于减量滴施两年和三年化肥处理。

三、有机肥与化肥配施对果实品质的影响

有机肥与减量滴施两年、三年化肥（T2、T3）处理相较于未施有机肥与化肥（CK）、单施化肥（T0）加快了着色期至成熟期（花后 55~75 d）夏黑葡萄果皮叶绿素降解，提高了果皮花青苷的合成，从而促进了夏黑葡萄果实提前着色成熟。有机肥与减量滴施两年、三年化肥（T2、T3）处理相较于未施有机肥与化肥（CK）、单施化肥（T0），加快了着色期至成熟期果实可溶性固形物、糖酸比、维生素 C 及总酚的合成积累；加快了果实可滴定酸的降解，从而提高了夏黑葡萄果实品质。T1 较 T0 各指标略有提高，但差异不明显。在果实糖代谢方面，有机肥与减量滴施两年、三年化肥（T2、T3）处理相较于未施有机肥与化肥（CK）、单施化肥（T0），加快了着色期至成熟期（花后 15~75 d）夏黑葡萄果实各糖组分（总糖、果糖、蔗糖、葡萄糖）的合成积累；使果实内酸性转化酶（AI）和中性转化酶（NI）均保持较高活性，在生长前期各糖代谢相关酶活性均显著高于 CK、T0。

果实品质受植株体内养分 P、K、Zn、Cu、Fe、Mn 以及土壤 pH、有机质、速效钾、微生物多样性的影响较强，植株体内养分受 pH、电导率、有机质及微生物多样性的影响较强。

总体看来有机肥与减量滴施两年、三年化肥处理对葡萄生长发育、品质、糖代谢及相关酶活性、养分吸收、土壤理化性质及微生物多样性有显著的积极作用，其中有机肥与减量滴施两年化肥处理效果最为明显；有机肥与减量滴施一年化肥与单施化肥效果没有明显差异。表明增施有机肥与减量滴灌化肥情况下，夏黑葡萄在第二年时品质得到明显改善，可以达到减少化肥施用量以及夏黑葡萄提质增效的目的。

第二章 果树穴贮砖对葡萄幼苗生长及氮素吸收分配的影响

第一节 文献综述

一、滴灌的国内外研究进展

（一）滴灌技术的应用与发展

水是作物生长中不可缺少的自然资源，滴灌是作物生产中一项获得了全球认可的重要的节水系统。滴灌即是滴水灌溉，是世界干旱地区广泛应用的节水灌溉技术。其方法是以恒定的流量将水直接滴入植物根部，从而减少水分的蒸发量。滴灌主要部件包括压力调节阀、过滤器、系统控制器、注射器、量规、流量管、发射器等。研究表明，相对于传统灌溉，滴灌可以节水 $25\%\sim60\%$，通常比喷灌和其他灌溉方法更优先。滴灌有较高的水分利用效率，因为它减少了表面蒸发，减少地表径流，并在重力和毛细管的作用下进入土壤。滴灌在果树中应用最早的国家是以色列，而滴灌在美国应用虽然较晚但是发展却很快。新西兰、墨西哥、澳大利亚、巴西、南非等国家，果树滴灌技术也很发达，在苹果生产中的应用已极为普遍。我国滴灌技术体系是在引进国外滴灌技术的前提下，结合我国各地区的实际情况进行改进和创新而发展起来的。辽宁、山西、山东、北京等地是我国最早引入滴灌技术的地区。在新疆地区，滴灌广泛应用于棉花种植，滴灌棉花耕地有 300 多万 hm^2。

（二）滴灌技术在果树上研究进展

世界各地用于灌溉的淡水资源的供应正在减少。干旱区雨量稀少，蒸散量高，灌水情况更加严峻，面对日益增长的用水需求，需要改进灌溉系统的设计，采用更有效的节水灌溉方法，以保证农业高效、可持续发展。滴灌在果树中应用最早的国家是以色列，我国引进该技术后结合实际情况对滴头等进一步研发并建立示范点，促进了滴灌在蔬菜、果树栽培中大面积应用。近年来新疆果树滴灌发展迅速，已超过 20 万 hm^2。地下滴灌被认为是半干旱地区可持续水管理的一项有希望的战略。在这种灌溉系统中，水可以均匀地直接应用于根区，同时保持干燥的土壤表面，从而最大限度地减少蒸发的水分损失，防止杂草的生长。在过去的 40 年里，地下滴灌被作为有效节水工具用于作物、蔬菜和果树的生产。然而传统的地下滴灌系统需要埋设地下滴灌带，滴灌带损坏后很难进行检修，同时由于传统地下滴灌的浸润范围有限，在一年生作物上表现较好，多年生作物上表现需要进一步优化。Ma 等在华盛顿葡萄园中设计了一种直接滴灌系统，研究表明该系统较传统地下滴灌系统在保持根际土壤水分含量、促进葡萄根系下扎等方面具有显著的优势，在半干旱气候中提高水分利用效率，维持葡萄产量和质量方面具有一定潜力。而穴贮肥水技术是我国干旱地区果园抗旱保肥的一项重要土壤管理技术。穴贮肥水的优点在于能够将有限的肥水集中，以提高土壤中局部地区的肥水含量，保证充足的水分。穴贮肥具有缓释作用，能将肥水贮存起来，逐渐地从中释放养分和水分以减少水肥流失，保证了水分稳定持续的供给果树，从而促进果树的生长发育。研究表明穴贮肥水使得土壤中速效氮、磷、钾的含量明显提高。另外肥料通过降解提高了土壤中微量元素的溶解度和有效性，促进了果树对微量元素的吸收和利用。滴灌施肥能够将水和养分输送到植株的根区，保证了根系对水分、养分的吸收，减少了肥料的损失，从而提高肥料的利用率。前期研究表明果树穴贮滴灌技术结合了滴灌与穴贮肥水技术的优点，兼具滴灌的速效性与穴贮肥水技术的缓释性，对植株生长及营养元素吸收利用的效率更高。

（三）滴灌对根系形态发育与根区水肥调控

根系构型决定了作物吸收和传导水分、养分的能力，根系构型具有高度的可塑性。滴灌水肥的高效利用是以对灌水后根区水肥运移的合理调控为基础，局部施肥可保障植株根区有更好的肥料供应。前期研究表明地下滴灌条件下有限的肥水局部施入不但可以提高土壤的养分含量，并且能够增强植株根系的吸收功能，从而提高果实的产量和品质。对 1/2 根系进行局部水肥调控研究发现，施入的肥料在定量的条件下，局部施肥能够提高作物根系干物质量并且有效增强植株根系的活力。毕润霞采用地下穴灌局部灌溉处理结果表明，如通过滴灌措施的改进使吸收根较多集中于土层 40～60 cm 处，可有效提高叶片光合性能，延缓叶片衰老。蓄水坑灌技术由于水分通过蓄水坑更多地渗入土壤中深层，使中深层土壤的根量增大。果树为多年生木本植物，并且新疆的林果主要分布在干旱且灌溉条件较差的地区，使得植株根系常年处在缺水缺肥的环境中，严重影响林果产业的发展。前期依据根系比例调控结果得出，对部分根区进行适当的水肥管理，就可以满足植株的生长，甚至可以开展分根交替亏缺灌溉等，以上研究为果树局部灌溉施肥技术的应用提供了理论依据。由于植株对水分和养分的获取主要靠根系，根系的形态发育与滴灌方式及灌溉制度紧密相关，因此在本研究中通过对根系形态发育的影响作为评价滴灌技术的关键指标，以为进一步优化果树穴贮滴灌技术提供依据。

二、滴灌条件下氮对植物生长发育的影响

（一）滴灌条件下氮素吸收运移特性

氮是作物生长必需的大量元素之一，在植物生长发育中起着重

要作用。研究证明不同浓度氮素直接影响葡萄叶片叶绿素合成能力和葡萄叶片光合能力，同时延迟成熟期葡萄糖积累，但能够显著增加果穗重量。当氮供应过量时，植株的光合能力和氮素同化能力都有所下降，随着供氮水平的增加可溶性糖和可溶性淀粉含量的变化不大。不同植物特性、形态和环境条件下植物对氮素吸收量也表现出不同的差异。赵学强等研究表明，短时间提高作物生育中期的供氮浓度可提高植株的根重，但持续时间过长，则会使根重增加量明显下降。过量的氮可能会导致硝酸盐浸出、地下水污染，也会对产量、质量和氮素利用效率产生不利影响。土壤水肥运移特性对提高作物的水肥利用效率和灌溉技术要素至关重要。研究合理的水肥方式减少尿素的淋失、挥发是提高氮素利用效率和防治肥料污染的关键。研究表明水肥一体化系统可以有效提高植株对肥料中氮素的利用效率。在不同施肥量和施肥深度的条件下，对土壤中铵态氮的转化、流失进行研究后发现合理的施肥深度可有效降低铵态氮的挥发，并提高其有效利用率；施氮量对土壤硝态氮淋失量具有显著影响，施氮量越多，土壤淋失量越大；利用 ^{15}N 同位素示踪技术对土壤中氮素的运移转化过程进行了研究，结果表明氮素的转化特性与土壤理化性质密切相关。费良军等在枣树涌泉根灌基础上探究了尿素溶液浓度对土壤入渗能力及湿润锋、NO_3^--N 和 NH_4^+-N 运移特性的影响，结果表明随着肥液的浓度增大单位面积的累积入渗量和湿润锋运移距离增大；灌水结束时刻，随着肥液浓度的增大，湿润体内同一位置处的 NO_3^--N 和 NH_4^+-N 含量而增大。将尿素溶液施入土壤后，只有少量的尿素被土壤吸附，而大部分尿素溶液在土壤中以对流作用进行运移，因此容易流失。NH_4^+-N 主要以扩散作用进行运移，不易产生深层淋失，而基于 NO_3^--N 易随水分运移的特性，灌水量和氮肥浓度易增加其深层淋溶。张彦群在冬小麦的滴灌实验中发现，在水分充足的条件下，高浓度氮滴灌使得冬小麦旗叶光合功能延续时间加长，光合能力也显著增强。局部根区灌溉是适用于我国干旱区的一种农业节水灌溉技术，具有可操作性强、节水优产、减少氮淋失等优势。与充分灌溉相比，局部根区灌溉有利于水分在土壤中的侧向入渗，减少深层渗漏对水分的损失，减少氮素随水流失，从而促进植株根系对氮素的吸收和利用。有研究表明，马铃薯在局部根区灌溉条件下节水可达30%，土壤残留氮比充分灌溉减少29%。与常规滴灌相比局部根区滴灌对10～20 cm土层氮淋洗作用较弱，同时能够促进下层土壤中的硝态氮向上迁移，增加植物吸收利用氮素的机会。董玉云等研究认为穴施尿素比滴灌施肥土壤NO_3^--N和NH_4^+-N分布更集中。以上表明滴灌条件下要促进氮肥的吸收降低其在土壤中的淋失单独依靠水肥一体化已经遇到技术瓶颈，必须从新的角度进行解决。

（二）氮供应在植株中的吸收与分配

^{15}N示踪技术已被广泛用于研究氮素在多种作物不同生育期、不同器官中的分配与利用。该技术对植物氮素在植株内的运移、分配研究更加精确，使果树在不同条件下对氮肥的吸收与分配有了更深入的研究。目前，生产上通常利用^{15}N同位素示踪技术来研究植物体内氮素来源、植株器官对氮素的分配和利用率、氮肥在土壤中的残留与分布等。在不同施肥时期，及不同施肥条件下氮素在不同葡萄、苹果等果树内的转化分配、吸收利用的研究均取得了一定的成果。有研究表明苹果在幼果期和采收期时，植株根系对^{15}N-尿素在苹果各器官中的分配率不同。赵林等利用^{15}N示踪技术在苹果的研究中发现，苹果从开花、新梢增长、结果、采收的整个生长周期中根系吸收^{15}N后流向新生器官，再流向果实，最后在主干、根系等贮藏器官中累积。韩明玉对富士苹果的研究发现，果实采收期^{15}N在多年生枝条中的分配率最高，为40.4%，根系分配率为36.1%，一年生器官为23.5%。氮素在植物体内同化的主要途径是经过硝酸还原酶（NR）催化为铵再通过谷氨酰胺合成酶（GS）转化为氨

基酸。NR 存在于细胞质中，将硝酸盐催化为亚硝酸盐，NR 的活性是评定植物氮素吸收利用的指标之一。GS 是植物体内氨同化的关键酶，GS 活性的大小反映了植株对氮素的同化能力，是高等植物将无机氮转变为有机氮过程中的一个关键酶。

三、土壤调理剂对土壤中水、氮的调节作用

土壤调理剂是指一种物料，加入土壤中用于改善土壤的物理、化学或生物性状。土壤调理剂主要用于打破土壤板结、疏松土壤、提高土壤透气性、阻控土壤养分流失或修复污染土壤等。膨润土、天然石膏、蒙脱石粉、生物质炭等都可以称为土壤调理剂，土壤调理剂的原料是天然无公害、无污染的矿物质且能够增加土壤的肥力因此对于没有明显问题的土壤也有一定的改善作用。实验表明，施加土壤调理剂明显增加了土壤的含水量和土壤团粒的数量，调节酸性土壤的 pH 和电导率，具有较大的比表面积且表面带有大量的负电荷，所以能够促进对土壤中氮、磷的吸附能力。研究表明土壤调理剂可以减少 25d 内磷酸盐、硝酸盐在土壤中的运移。Vassiljev 等人研究发现，富含泥炭土的土壤对氮、磷等营养元素的摄取量更大。以往的研究中主要着重单一调理剂的研究和应用，对不同调理剂与氮素有机肥的组合应用的研究较少。由于农业生产的特殊性，新技术的推广必须结合农业实际生产，用最小的人力投入获得较好的产出才能被广大农户所接受利用，因此综合土壤调理剂与有机肥的特点制成穴贮砖并与滴灌技术结合是生产中一个较为可行的措施，但此方面需要进一步从应用基础研究方面提供理论支持。

本研究以地表滴灌在新疆林果生产中出现的实际问题为切入点，将新疆地区较为丰富的蛭石、蒙脱石原料经加工后与有机肥结合成穴贮砖，实现果树生产中有机肥的定量化及精准化使用。通过研究果树穴贮砖材料及埋深对葡萄根系形态发育及氮、磷元素吸收

利用的影响，发挥穴贮砖的吸附缓释、滴施化肥的速效性，探索出"模块化有机肥吸附缓释+滴施化肥"相结合的新型滴灌施肥策略，本研究为找寻出适合新疆地区特色的林果水肥一体化节水技术具有一定的理论价值和实践意义。

四、拟解决问题及技术路线

通过本研究力图解决以下问题（图 2-1）：

1. 果树穴贮砖对葡萄植株生长发育及养分吸收的研究

研究果树穴贮砖对葡萄幼苗地上生长指标：株高、茎粗。根系指标：根系活力、根系密度和分布。根冠比及植株生物量，植株根、茎、叶中 N、P、K、B、Ca、Mg、Fe 养分元素含量。研究果树穴贮砖对葡萄幼苗生长和养分吸收分配规律。

2. 一个灌水周期内果树穴贮砖对土壤含水量和葡萄植株光合荧光的影响

通过测定果树穴贮砖处理下一个灌水周期内的土壤含水量及植株叶绿素、叶片光合作用及荧光特性，研究果树穴贮砖对土壤含水量的影响，明确土壤含水量与光合荧光的关系。

3. 果树穴贮砖对植株各器官^{15}N 吸收分配及氮代谢相关酶的研究

通过测定葡萄叶片、茎和根中的^{15}N 的吸收分配和不同土层土壤中的^{15}N 的含量分布，测定植株中氮代谢酶的活性。探究葡萄幼苗对氮素的吸收累积规律及植株各器官对氮肥的吸收比例和^{15}N 的分配率。

4. 果树穴贮砖对不同土层土壤养分和根际土壤肥力的研究

研究果树穴贮砖的使用对不同土层速效养分和根际土壤养分及微量元素的影响。分析探究果树穴贮砖对土壤中酶活性的研究侧面验证果树穴贮砖对土壤肥力的影响。

```
                    ┌─────────────┐
                    │   设施箱栽   │
                    │ （夏黑葡萄） │
                    └──────┬──────┘
                           │
                           ▼
                 ┌───────────────┐      ┌──────────────┐
                 │  果树穴贮砖处理 │┄┄┄┄┄┄│  滴施¹⁵N-尿素 │
                 └───────┬───────┘      └──────────────┘
```

植株生长变化	氮吸收分配	光合特性	土壤养分变化
1.株高、茎粗、根长、根活力 2.叶片、根系中N\P\K 3.植株生物量	1.根、茎、叶中¹⁵N的吸收、分配及利用 2.植株中NR、GS活性 3.残留¹⁵N在不同土层的分布	1.光合、荧光 2.叶绿素含量 3.不同土层中水分的分布	1.土壤速效养分含量 2.土壤酶活性 3.根际土壤养分

```
                 ┌─────────────────────────────────────────┐
                 │ 果树穴贮砖对葡萄幼苗氮吸收分配及植株生长的影响 │
                 └─────────────────────────────────────────┘
```

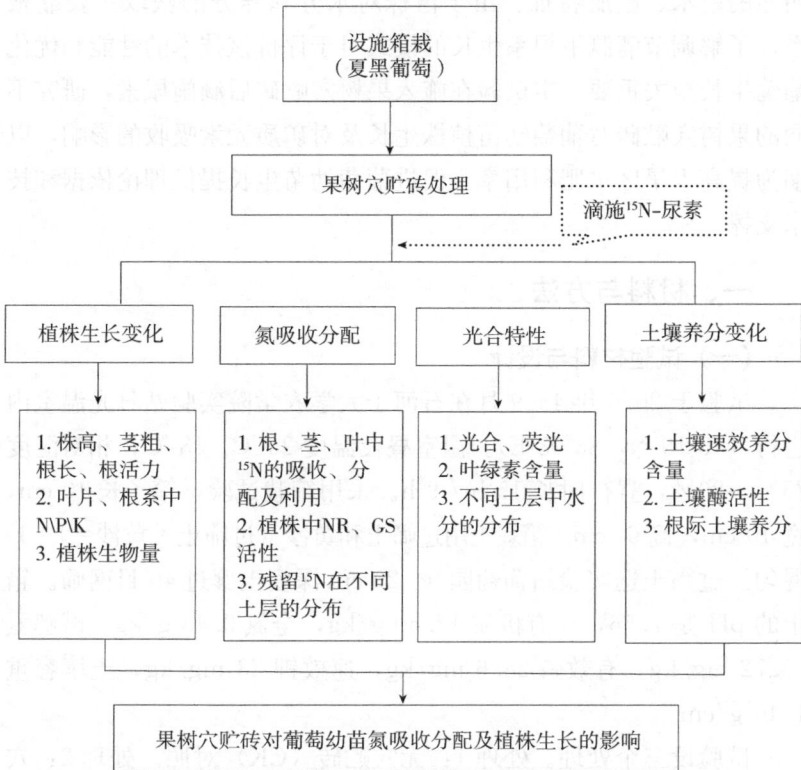

图 2-1　果树穴贮砖对葡萄幼苗生长及氮素吸收分配的影响技术路线图

第二节　果树穴贮砖对葡萄植株生长和矿质元素含量的影响

　　水和肥是作物生长中不可缺少的两个关键要素，适当的水分和养分供给条件是实现作物高产、优质的重要保障。在葡萄生育期间，水肥直接关系到植株的生殖生长与营养生长。前人研究表明，穴贮滴灌能促进植株根系的生长和生物量的累积。根系对水分、养分的吸收，与根系的空间分布有关。有研究表明葡萄根系的生长有明显的趋水、趋肥特征。由于植株对水分和养分的获取主要靠根系，了解调节灌溉下根系生长的模式对于评价该技术的性能和优化葡萄生长至关重要。本试验在施入果树穴贮砖后滴施尿素，研究不同的果树穴贮砖对葡萄幼苗植株生长及对矿质元素吸收的影响，以期为提高干旱区水肥利用率，促进葡萄幼苗生长提供理论依据和技术支撑。

一、材料与方法

（一）试验材料与设计

试验于 2020 年 4～9 月在石河子大学农学院实验站日光温室内进行（$45°19'N$，$86°03'E$）。温室昼夜温度 25 ℃ / 18 ℃，相对湿度 75%～80%，昼夜时长 15 h / 9 h。采用箱栽试验，箱子长 40 cm，宽 40 cm，高 60 cm。箱栽土用过筛土和黄沙（过筛土：黄沙＝1：1）混匀。过筛土选实验站葡萄园 0～20 cm 深度土壤过 40 目网筛。箱土的 pH 是 7.56，含有机质 12.60 g/kg，全氮 0.43 g/kg，碱解氮 35.72 mg/kg，有效磷 28.6 mg/kg，速效钾 23 mg/kg，土壤容重 1.40 g/cm。

试验设三个处理。处理 1：无穴贮砖（CK）对照。处理 2：穴贮砖 a（T1）处理。处理 3：穴贮砖 b（T2）处理。每个处理均为单株小区。穴贮砖 a（规格：长 23 cm，宽 11 cm，高 4 cm。配比：300 g 牛粪，300 g 羊粪，100 g 蛭石，50 g 蒙脱石，10 g 生物炭）；穴贮砖 b（规格：长 23 cm，宽 11 cm，高 4 cm。配比：300 g 鸡粪，300 g 油渣，100 g 蛭石，50 g 蒙脱石，10 g 生物炭）。

葡萄苗于 6 月 10 日定植于种植箱，供试材料选用两年生夏黑扦插幼苗，所用苗木株高 15～20 cm，具有 4～5 片功能叶，根系健壮且生长量基本一致。三个处理用统一配比好的箱栽土，T1、T2 处理于定植前在种植箱一侧距土面 20cm 处挖穴施入果树穴贮砖（CK 不做处理），处理完成后统一将滴灌管布置在距土面 5cm

深处，且滴灌管均布置在施用穴贮砖的一侧。滴灌布置后统一浇水，每株葡萄每次灌水量为 5L，穴贮砖处理 35 d 后滴施 ^{15}N-尿素（每株施 2 g）。^{15}N-尿素在穴贮砖正上方单侧滴施，其他田间栽培管理一致。

（二）测定项目及方法

1. 株高、茎粗的测定

穴贮砖处理后每隔 13 d，分别对三种不同的处理随机选取 5 株长势相同的葡萄，用卷尺测定葡萄幼苗的株高（茎基部到苗顶端）用游标卡尺测定茎粗（植株的第 4、5、6 节）。

2. 生物量的测定

果树穴贮砖处理 108 d 后，随机选择 5 株长势均匀的葡萄植株进行破坏性取样。将采集的植株与根系分别用水、1‰盐酸、去离子水冲洗三次后，在 105℃下杀青 30 min 后在 80℃下烘 48 h 后过筛称重。

3. 根系生长指标的测定

果树穴贮砖处理后 120 d 每处理选取 5 棵葡萄，根系指标分为三层，以 15 cm 为一层（0～15、15～30、30～45），分层挖出土壤和根系，收集每层所有根系在 60 目钢筛网上冲洗土壤，以尽量减少根系损失。用水、去离子水洗去泥土后采用 EPSON Expression 2400 型扫描仪（EPSON，Japan）对每一层根系进行扫描，获得根系扫描图片，然后用 WinRHIZO 图像分析软件（regent instrument Inc.，Canda）对图片进行分析，获得根系总根表面积（cm^2）、总根长（cm）、单位平方米总根长（cm/m^3）、总根体积（cm^3）、根尖数。根系活力采用 TTC 法进行测定。研究表明根直径在 1.5～2 mm 为主要吸水根，所以可将根径小于 2 mm 的根定义为吸收根。

4. 植株矿质元素含量的测定

用生物量测定中干燥，过筛后的根、茎、叶样品测定全量 N、

P、K、B、Ca、Mg、Fe 的含量。全氮用硫酸-双氧水消煮-全自动凯氏定氮仪测定；全 P、K、B、Ca、Mg、Fe 用盐酸-硝酸微波消解仪消煮后用等离子体发射光谱仪测定。

（三）数据处理

试验数据采用 Excel 2010 软件进行统计，利用 SPSS 16.0 软件对数据进行方差分析和标准化标处理，利用 Origin Pro 2018 制作折线图和柱状图。

二、结果与分析

（一）果树穴贮砖对葡萄幼苗株高、茎粗的影响

由图 2-2 显示，穴贮砖处理后 20～56 d 植株茎粗增长幅度较大，56 d 后增长幅度有所减少。穴贮砖处理后第 56 d T2 的茎粗分别比 T1 和 CK 高 11.65%、22.55%，T1 比 CK 高 12.34%，差异均显著（$p < 0.05$）。处理后第 85 d T2 比 T1 高 4.83%差异不显著，比 CK 高 19.33%差异显著（$p < 0.05$），T1 比 CK 高 15.23%差异不显著。在整个生长期内，T1、T2 处理下葡萄的株高均显著（$p < 0.05$）高于 CK，而 T1 与 T2 间的株高差异均不显著。穴贮砖处理后第 85 d T2、T1 的株高分别比 CK 高 31.98%、27.17%。

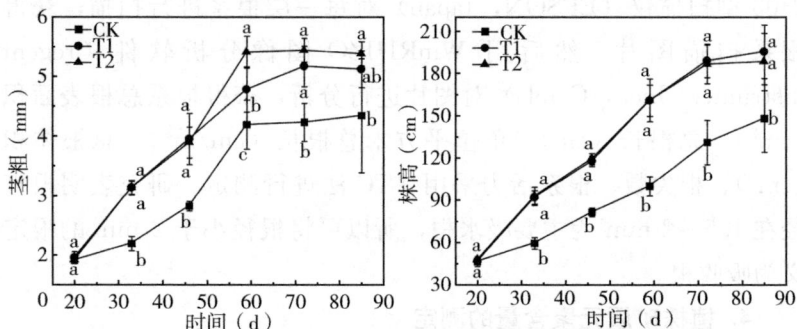

图 2-2　果树穴贮砖对葡萄植株茎粗、株高的影响

（二）果树穴贮砖对葡萄幼苗生物量及根冠比的影响

果树穴贮砖显著提高了植株的生物量（图 2-3，$p<0.05$）。各处理间地上干物质量 T1、T2 比 CK 分别高 35.1%、25.4%，且差异均显著。T1、T2 的地下干物质量分别比 CK 高 68.9%、56.4%，且差异均显著。果树穴贮砖显著提高了植株的根冠比。T1、T2 的根冠比均为 1.04，CK 的根冠比为 0.83。T1、T2 的根冠比均比 CK 高 25.3%。

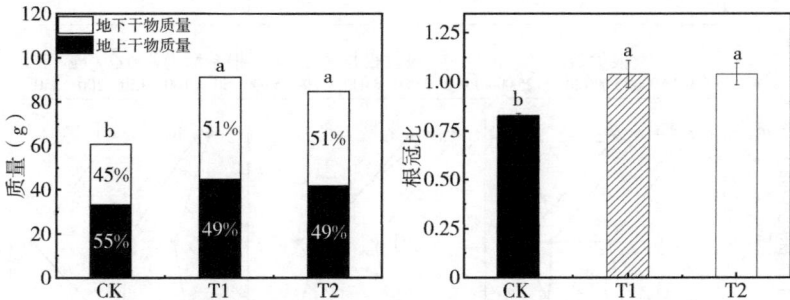

图 2-3　果树穴贮砖对葡萄幼苗生物量及根冠比的影响

（三）果树穴贮砖对葡萄幼苗根系分布的影响

由图 2-4 和图 2-5 可知，果树穴贮砖显著改变了葡萄在不同土层中的根系分布及形态。根系总根长、总根表面积、吸收根长在不同土层深度范围内的空间变化趋势一致，均随着土层深度的增加呈先增加后降低的趋势。在土层深度 15 cm 处总根长、总根表面积、根尖数、吸收根长均表现为 T1、T2 显著高于 CK，而三个处理间的总根体积无显著差异。在土层 30 cm 处，总根长、总根表面积、总根体积、吸收根长均表现为 T1、T2 显著高于 CK。在土层深度 45 cm 处总根长、总根表面积、吸收根长表现为 T2>T1>CK，总根体积、根尖数表现为 T1、T2 显著高于 CK。在土层 15 cm、30 cm 处根系活力始终表现为 T2>T1>CK，在土层 45 cm 处表现为 T1>T2>CK。

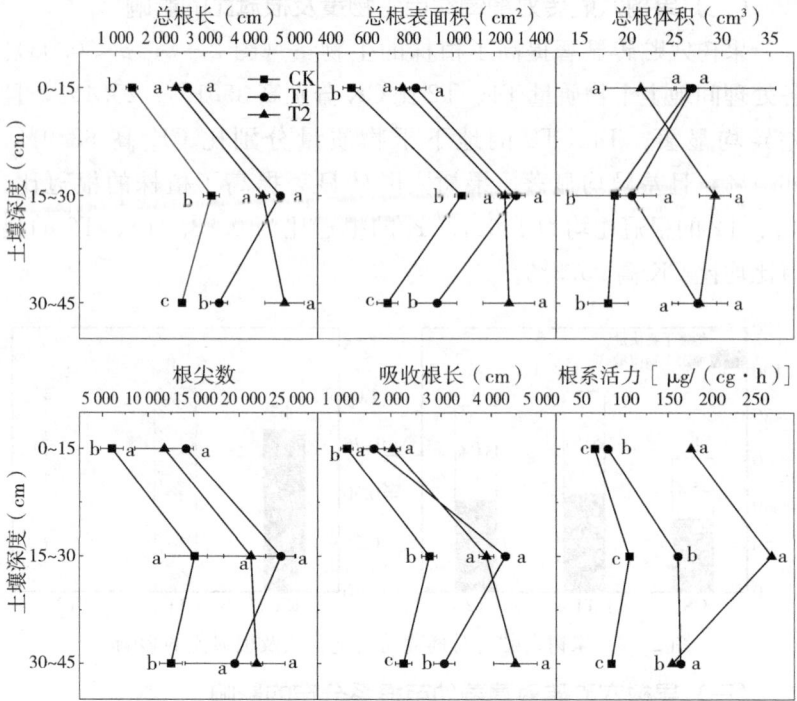

图 2-4 果树穴贮砖对葡萄幼苗根系分布的影响

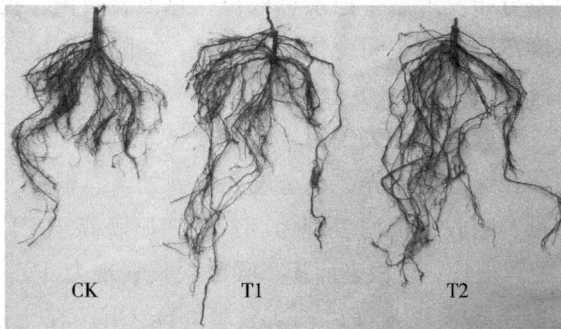

图 2-5 果树穴贮砖对葡萄幼苗根系生长的影响

（四）果树穴贮砖对葡萄幼苗中矿质元素含量变化的影响

由表 2-1 可知，T1、T2 显著提高了植株根、茎、叶中全 N 的含量。T1、T2 处理下叶片中全 P 的含量分别比 CK 高了 5.1%、2.5%。三个处理下，根系中的全 K 含量 T2 显著高于 T1 和 CK，茎中的全 K 含量差异不显著，叶中的全 K 含量表现为 T2>T1>CK。三个处理下葡萄幼苗根、茎、叶中的全 B 含量差异均不显著。全 Ca 含量在根系中表现为 CK 显著高于 T1、T2；在茎中表现为 T1 显著高于 CK，T2 与 T1 和 CK 均无显著差异；在叶片中三个处理间差异不显著。全 Fe 在根和茎中均表现为 CK>T1>T2，在叶中表现为 T1 显著高于 CK 和 T2。在三种处理下根系中全 Mg 的含量表现为 CK>T1>T2；茎中全 Mg 的含量表现为 T1>T2>CK，但无显著差异；叶中全 Mg 的含量表现为 T2 显著高于 T1 和 CK。

表 2-1　果树穴贮砖对葡萄幼苗根、茎、叶中矿质元素含量变化的影响

处理		全 N (g/kg)	全 P (g/kg)	全 K (g/kg)	B (mg/kg)	Ca (g/kg)	Fe (mg/kg)	Mg (mg/kg)
根	CK	7.51± 0.18b	1.98± 0.01a	2.83± 0.07b	0.072± 0.30a	13.61± 0.29a	7.20± 0.01a	25.50± 0.04a
	T1	8.72± 0.15a	2.11± 0.01a	2.85± 0.02b	0.066± 0.83a	10.30± 0.40b	3.10± 0.01b	18.70± 0.02b
	T2	8.72± 0.13a	2.00± 0.12a	3.02± 0.04a	0.072± 0.61a	10.10± 0.07b	2.80± 0.003c	17.50± 0.02c
茎	CK	19.53± 0.45b	1.58± 0.05a	2.78± 0.09a	0.225± 1.77a	13.77± 0.08b	2.50± 0.002a	23.20± 0.10a
	T1	20.93± 0.46a	1.55± 0.09a	2.89± 0.12a	0.229± 1.64a	14.23± 0.14a	2.30± 0.002b	24.90± 0.13a
	T2	20.97± 0.17a	1.48± 0.01a	2.76± 0.08a	0.240± 1.46a	14.00± 0.08ab	2.00± 0.001c	24.50± 0.27a
叶	CK	33.3± 0.67b	1.57± 0.02b	2.09± 0.05c	0.810± 1.87a	22.80± 0.45a	6.30± 0.04b	29.50± 0.03b
	T1	38.93± 0.78a	1.65± 0.01a	2.26± 0.01b	0.889± 2.96a	22.26± 0.16a	6.80± 0.03a	30.00± 0.03b
	T2	39.13± 0.40a	1.61± 0.02a	2.63± 0.04a	0.804± 4.78a	22.21± 0.42a	6.30± 0.01b	31.50± 0.04a

注：表中显示的为平均值±标准误；同列数字后不同字母表示各处理间的差异显著（$p < 0.05$）下同。

三、讨论

(一) 果树穴贮砖对葡萄幼苗生长量及生物量的影响

近几年来，由于地下滴灌土壤蒸发量小、水分利用效率高、作物产量高，因此得到了广泛的应用。水分和养分是保证作物产量和品质的两个重要因素。在葡萄生育期间，水肥能够调控植株的生殖生长和营养生长。前人研究表明，穴贮滴灌能促进植株根系的生长和生物量的累积。本研究结果表明果树穴贮砖有效地促进了葡萄幼苗的株高和茎粗，在穴贮砖处理 56 d 后与 T1 相比 T2 株高略有增加，而无果树穴贮砖处理葡萄的株高、茎粗增长较慢。Schmidt 等研究表明，地下滴灌能够有效促进根系发育、提高产量和产品品质。本研究结果表明 T1、T2 处理下的地下穴贮滴灌系统与 CK 相比有效地促进了葡萄幼苗的地上部和地下部分干物质量的累积，且显著提高了葡萄植株的根冠比。

(二) 果树穴贮砖对葡萄根系生长的影响

对于干旱区而言，在不显著影响作物生长和产量的条件下提高水分的利用率尤为重要，适当的节水灌溉可以促进葡萄根系的发育，扩大葡萄根系吸收水分的空间，从而提高水分的利用率。研究表明葡萄的根系垂直分布在 0～60 cm 的土壤深度，集中分布在 0～30 cm 深的土层，穴贮滴灌能够保证满足根系集中分布区的水分需求，给根系生长发育提供比较适宜的水分供给环境，这与毕润霞等的分析结果一致。根系的有效根表面积体现了根系吸收水分和养分的能力，有效根表面积越大，根系的吸收范围越广，同时也促进了再生新根的发生。Craine 等研究认为土壤中适宜的水分能促进根系发育和更新。本研究结果显示 T1、T2 显著提高了 0～15、15～30 cm 土层总根长、总根表面积、吸收根长。与 CK、T1 相比 T2 显著提高了土层深度 30～45 cm 处总根长、总根表面积、吸收根长。说明果树穴贮砖促进了根系的下扎并且促进了吸收根的形成。分析认为果树穴贮砖能够保持土壤中的含水量从而有效提高根系有效根表面积和体积，增加吸收根的形成，促进根系发育。

（三）果树穴贮砖对葡萄幼苗中矿质元素含量变化的影响

果树穴贮砖中含有有机肥，而有机肥含丰富的 N、P、K 以及各种微量养分，不仅能为农作物提供全面营养，而且肥效长，可增加和更新土壤有机质吸收代换能力，有效改善作物的营养状况。Xu 等研究表明，施用有机肥可提高水稻中 N、P、K 吸收量。不同有机肥配施能够提高土壤供肥能力，进而改善幼树的生长状况，提高叶片养分含量。本试验得出 T1、T2 对葡萄幼苗根、茎、叶中全 N 的含量有显著的促进作用；T1、T2 处理显著提高了叶片中全 P 的含量；T1、T2 对葡萄的根、叶中的全 K 也有不同程度的促进作用；对根、茎、叶中 B 的含量无明显促进作用；对根、茎中 Fe 的含量表现出不同程度的抑制作用；对根中 Ca、Mg 的含量表现出不同程度的抑制作用；T1 显著促进了叶片中 Mg 的含量，T2 显著促进了叶片中 Fe 的含量。

四、小结

在穴贮滴灌系统中果树穴贮砖能显著促进植株株高，茎粗；提高植株根冠比和生物量的累积。T1、T2 对总根长、总根表面积、吸收根长、根尖数、根系活力均有显著的影响。T1 处理显著促进 30～45 cm 处根系活力；T2 处理能显著提高 30～45 cm 处根系的分布，有效促进深层根系的发育。T1、T2 显著促进葡萄根茎叶中全 N 含量，显著提高叶片中全 P、全 K 的含量；对根、茎、叶中 B 的含量无明显促进作用；对根、茎中 Fe 的含量表现出不同程度的抑制作用。T1 显著促进了叶片中 Mg 的含量，T2 显著促进了叶片中 Fe 的含量。

第三节 果树穴贮砖对葡萄光合、荧光特性的影响

光合作用是植物生长发育的基础，叶绿素 a 和叶绿素 b 是高等植物叶绿体中重要的光合色素，与植物的光合同化过程有直接的关系。叶绿素 a/b 的比值对叶绿体的光合活性很重要，类胡萝卜素不仅是光的捕收剂，同时也能保护叶绿体免受多余的光。因此，通常用光合色素的含量来确定植物光合作用的能力。水分是影响光合作用的一个主要环境因素，葡萄生长季水分胁迫首先会降低叶片的气孔导度，削弱光合作用从而破坏光合器官，进一步减弱了光合作用。水分亏缺降低了葡萄的同化、气孔导度和蒸腾作用，但提高了水分利用效率。Force 等利用 JIP 分析发现干旱下植物 PS Ⅱ 功能受到抑制，另外，该方法还被用于研究低温、盐渍、水涝对植物的影响。荧光上升动力学 OJIP 对不同的环境变化极为敏感，如强光、化学影响、热、低温、重金属、营养不良等。植物在每个不同的胁迫处理后表现出特定的荧光上升 OJIP 曲线形状，具有不同的峰。近二十年来，基于"生物膜能量通量理论"快速叶绿素荧光上升动力学 JIP 测试由于其精确和快速的特性，被用作研究植物胁迫生理状态的有力工具。

一、材料与方法

(一)试验材料与设计

同本章第二节。

(二)测定项目及方法

1. 叶绿素含量的测定

果树穴贮砖处理 80 d 后以 15 d 为一个灌水周期，同一灌溉期灌溉后 1、4、7、10、13 d 选择各处理第 5～6 节位成熟叶片（相

同朝向且完全展开的绿叶），避开主脉剪取 0.2 g，采用乙醇
（95％）暗处（室温）浸提 48 h。测定叶绿素 a（Chl_a）、叶绿素 b
（Chl_b）和类胡萝卜素含量（Car）。

2. 光合特性测定

果树穴贮砖处理 80 d 后在同一灌溉期灌溉后 1、4、7、10、13 d
采用 Li-6800 光合仪测定系统，在 10～13 时每处理选取生长一致
的植株 5 株（重复 5 次），测定新梢顶部第 5～6 个成熟叶片的净光
合速率（P_n）、蒸腾速率（T_r）、胞间二氧化碳浓度（C_i）。瞬时水
分利用率（Wue）用光合速率与蒸腾速率的比值反映。

3. 快速叶绿素荧光诱导动力学曲线的测定

参考 Schansker 等的方法并略有改动，利用多通道植物效率仪
M-PEA（hansatech instruments，Norfolk，英国）在滴灌后 1、4、
7、13 d 测定叶片快速叶绿素荧光诱导动力学（O-J-I-P）曲线。并
参照 Strivastava 等的方法计算 PSⅡ最大光化学效率（F_v/F_m）、
光合性能指数（PI_{abs}）、综合性能指数（PI_{total}）、最大荧光
（F_m）、最小荧光（F_o）、捕获的激子将电子传递到电子传递链中超
过 QA 的其他电子受体的概率（ψ_o）、反应中心吸收的光能用于电
子传递的量子产额（ψ_{Eo}）、还原 PSⅠ受体侧末端电子受体的量子
产额（φ_{Ro}）、单位面积吸收的光能（ABS/CS_m）、单位面积捕获的
光能（TR_o/CS_m）、单位面积电子传递的量子产额（ET_o/CS_m）及
单位面积反应中心的数量（RC/CS_m）。

4. 土壤含水量的测定

土壤样品取样时间与光合指标测定时间一致。在地下穴贮滴灌
系统一侧 0～45 cm 土壤剖面，每 15 cm 取一次样，将土样装入铝
盒称鲜土重，并在 105℃烘箱中烘干至恒重，慢慢冷却至室温并称
量烘干土重。土壤含水量的公式：土壤含水量（％）＝（原土重－
烘干原土后的重量）/烘干原土后的重量×100％。

（三）数据处理

试验数据采用 Excel 2010 软件进行统计，利用 SPSS 16.0 软件进行方差分析，利用 Origin 2018 作图。

二、结果与分析

（一）果树穴贮砖对一次灌水周期内葡萄幼苗叶片叶绿素含量的影响

在同一灌水周期内，叶绿素 a、叶绿素 b、类胡萝卜素、叶绿素 a+b 含量均呈先升高后降低的趋势如图 2-6 所示。在灌水第 7 d CK、T2 处理下叶绿素 a、叶绿素 a+b 的含量均达到了最高值，T1 在灌水第 4 d 达到最高值（图 2-6A、C）。三个处理的叶绿素 b、类胡萝卜素的含量均在第 7 d 达到最高值（图 2-6B、D）。

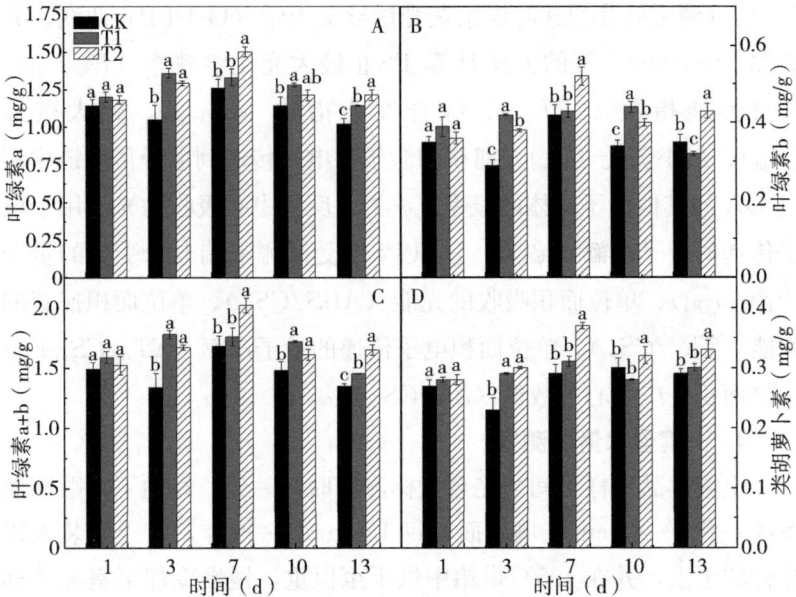

图 2-6　一次灌水周期内叶片叶绿素 a（A）、叶绿素 b（B）、叶绿素 a+b（C）、类胡萝卜素（D）含量的变化

与 CK 相比穴贮砖处理增加了葡萄叶片各叶绿素的含量，但 T1、T2 之间的差异随不同灌水时间变化不一致。灌水后第 4 d T1 处理的叶绿素 b 含量显著高于 T2 处理。灌水后第 7、13 d T2 处理的叶绿素 a、叶绿素 b、类胡萝卜素、叶绿素 a+b 含量均显著高于 T1。灌水后第 10 d T1 处理的叶绿素 b 高于 T2，T2 处理的类胡萝卜素高于 T1，但差异均显著。

（二）果树穴贮砖对一次灌水周期内葡萄幼苗光合指标影响

为了探究果树穴贮砖对葡萄光合作用的影响，测定了夏黑葡萄幼苗叶片 P_n、T_r、C_i 及水分利用率（Wue）在一个灌水周期内的变化（表 2-2）。在灌水后，叶片 P_n、Wue 呈先升高后降低的单峰曲线，CK 的 P_n 和 Wue 在灌水后第 4 d 达到最高。T1、T2 的 P_n 均在灌水后第 7 d 达到最高然后逐渐降低，而 Wue 在第 10 d 达到最高。在整个灌水周期内 CK 处理叶片 P_n 显著低于 T1、T2。三个处理比较表明叶片 T_r 在灌水后 1 d T1、CK 显著高于 T2，灌水后 4 d T1 最高，第 13 d T2>T1>CK；三个处理的 C_i 在不同灌水时间变化不一致，灌水第 4 d T1 的 C_i 最高外，灌水第 13 d 三个处理间的 C_i 差异不大，第 1、7、10 d 均为 CK 的 C_i 值最高；三个处理的 Wue 在第 4 d CK 最高，第 1 d 为 T2>T1>CK，第 7 d、10 d 均表现为 T1、T2 显著高于 CK。

表 2-2　不同穴贮砖处理对葡萄幼苗叶片 P_n、T_r、C_i、Wue 的影响

灌水时期（d）	处理	净光合速率 [μmol/（$m^2 \cdot s$）]	蒸腾速率 [mmol/（$m^2 \cdot s$）]	胞间 CO_2 浓度 [μmol/（$m^2 \cdot s$）]	水分利用率（μmol/mmol）
1	CK	5.74±0.48b	11.46±0.71a	368.98±2.37a	0.5±0.05c
	T1	8.96±0.12a	11.44±0.22a	328.19±1.89b	0.78±0.02b
	T2	9.22±0.27a	8.14±0.34b	315.40±6.39c	1.13±0.02a
4	CK	9.55±0.04b	2.12±0.19b	119.34±18.57b	4.54±0.36a
	T1	10.52±0.27a	3.07±0.10a	193.76±8.29a	3.43±0.03b
	T2	10.14±0.25a	3.00±0.29a	150.66±21.94b	3.41±0.33b

（续）

灌水时期 (d)	处理	净光合速率 [$\mu mol/(m^2 \cdot s)$]	蒸腾速率 [$mmol/(m^2 \cdot s)$]	胞间 CO_2 浓度 [$\mu mol/(m^2 \cdot s)$]	水分利用率 ($\mu mol/mmol$)
7	CK	7.11±0.37c	2.91±0.32b	279.89±33.46a	2.48±0.36b
	T1	15.58±0.70a	4.45±0.21a	169.23±4.05b	3.50±0.01a
	T2	12.42±0.79b	3.05±0.36b	140.55±28.58b	4.12±0.56a
10	CK	7.14±0.41b	2.84±0.49a	321.13±3.01a	2.57±0.34b
	T1	9.54±0.32a	2.36±0.44a	226.28±30.09b	4.20±0.78a
	T2	10.26±0.85a	2.38±0.42a	244.96±53.53ab	4.4±0.47a
13	CK	5.67±0.30b	2.21±0.10c	246.16±7.96a	2.57±0.11a
	T1	8.36±0.08a	3.62±0.09b	240.00±13.69a	2.31±0.07a
	T2	8.81±0.26a	5.21±0.64a	253.26±11.74a	1.72±0.22a

（三）一次灌水周期内葡萄幼苗叶片快速叶绿素荧光诱导曲线的变化

采用 OJIP 分析了果树穴贮砖处理下同一个灌水周期内葡萄幼苗叶片光依赖性光合作用过程的状态。灌水周期 1、3、7、13 d 植物在暗适应后，记录 3 s 内的叶绿素荧光诱导曲线的变化，如图 2-7 中 A、B、C、D 所示。在整个灌水期内，葡萄叶片快速叶绿素荧光诱导动力学曲线在 J、I、P 各点均有较明显拐点，各处理的荧光强度均逐渐上升，到 P 点达到最大值。

在整个灌水周期内 T1、T2 处理的荧光强度出现先升高再降低的趋势，CK 在灌水周期内荧光强度呈下降趋势。在整个灌水周期内，A、B、C、D 图中三个处理 O 点无明显差异。在灌水第 13 d 与 CK 相比 T1、T2 在 J 点以后增加较快。灌水后第 1、4 d 三个处理的 I 点无明显差异，第 7、10 d CK 与 T1、T2 相比 I 点相对较低。T1、T2 处理的 P 点在整个灌水周期内呈先升高后降低的趋势，在第 7d 达到最高，CK 的 P 点在整个灌水期内呈下降趋势。

在整个灌水周期内 T1、T2 与 CK 的 P 点差值越来越大，T1、T2 间的 P 点差值较小。

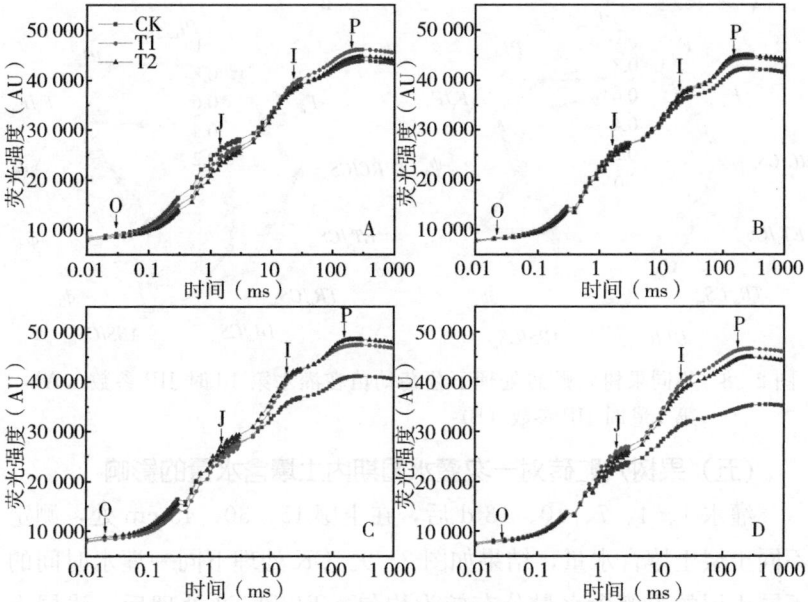

图 2-7　果树穴贮砖对葡萄幼苗 OJIP 曲线的影响

（四）一次灌水周期内葡萄幼苗叶片快速叶绿素荧光参数的变化

不同果树穴贮砖处理在灌水 1 d 和 13 d 时快速荧光动力学参数的变化（图 2-8）。灌水 1 d 后 T1、T2 的 PI_{abs}、ψ_o、φ_{Eo} 均显著高于 CK，灌水 13 d 后 T1、T2 与 CK 的 ψ_o、φ_{Eo} 差异不显著。T1 的 ET_o/CS_m 在灌水 1 d 后比 CK 高 15%，与 T2 的差异并不显著（图 2-8A）。灌水 13 d 后 PI_{total}、PI_{abs}、F_v/F_m、ABS/CS_m、ET_o/CS_m、F_m 均表现为 T1、T2 显著高于 CK（图 2-8B）。在灌水 1 d 和 13 d 后，CK、T1、T2 的 F_o 在灌水 13 d 后分别降低了 12%、6%、5%；灌水 13 d 后 T1、T2 的 F_m 与灌水 1 d 后相比变化较小，而 CK 降低了 21%。与 CK 相比，T1、T2 的 TR_o/CS_m

在灌水 1 d 后差异不大，灌水 13 d 后分别增大 38%、33%。

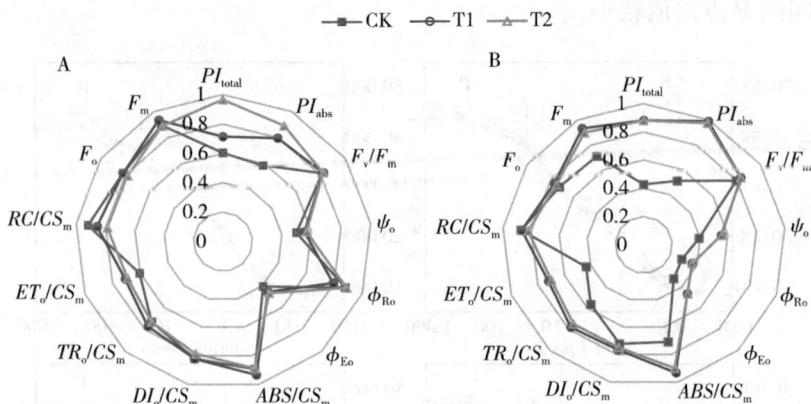

图 2-8 不同果树穴贮砖处理下葡萄幼苗在灌水第 1d 时 JIP 参数（A），第 13d 时 JIP 参数（B）

（五）果树穴贮砖对一次灌水周期内土壤含水量的影响

灌水 1、4、7、10、13 d 后，在土壤 15、30、45 cm 处，测定不同土层土壤含水量，结果如图 2-9。CK 处理下同一灌水时间的不同土层的土壤含水量分布较为均匀。T1 和 T2 处理后，浅层土壤 15 cm 及 45 cm 处含水量较低，而 30 cm 处的含水量明显较高。

由图 2-9 可知，三个处理条件下，各层土壤含水量均随着时间延长而下降。15 cm 处的土壤在灌水后 1~7 d 土壤含水量下降迅速，7 d 后土壤含水量下降速度减慢；灌水 1 d 后 T2 的土壤含水

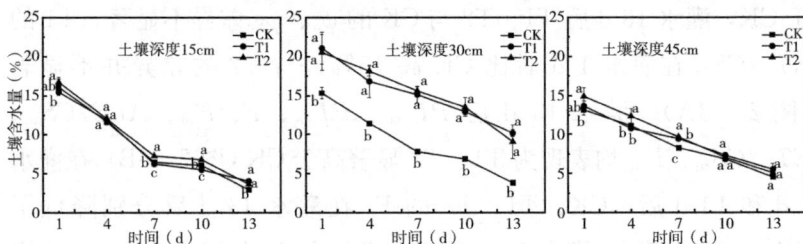

图 2-9 一次灌水周期内不同处理下的土壤含水量

量显著高于CK，但T1与T2和CK间的土壤含水量差异均不显著；在灌水7 d、10 d后土壤含水量表现为T2＞CK＞T1；灌水13 d后T1、T2的土壤含水量均高于CK。T1、T2处理在30 cm处的土壤含水量在整个灌水期内均显著高于CK。在土壤深度45 cm处，T2处理的土壤含水量始终最高；在灌水7 d后T1的土壤含水量显著高于CK，其余时间差异不显著。

（六）土壤含水量和葡萄光合、叶绿素荧光指标的相关性

对果树穴贮砖处理下灌水第7 d不同土层含水量与葡萄幼苗的光合、叶绿素荧光指标进行相关性分析。由图2-10可知，15 cm处土壤含水量与葡萄叶片光合、叶绿素荧光指标相关性不大。30 cm

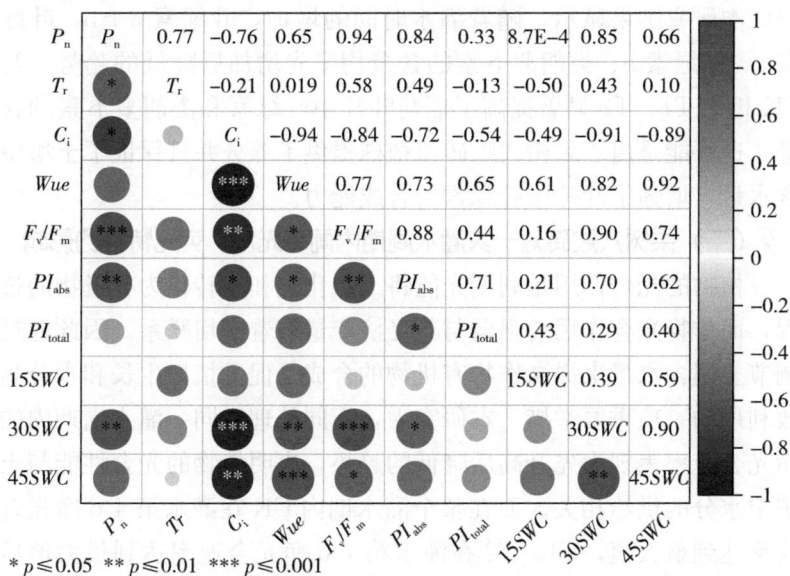

$*\ p \leqslant 0.05\ **\ p \leqslant 0.01\ ***\ p \leqslant 0.001$

图2-10　净光合速率（P_n）、蒸腾速率（T_r）、胞间二氧化碳浓度（C_i）、瞬时水分利用率（Wue）、PSⅡ最大光化学效率（F_v/F_m）、光合性能指数（PI_{abs}）、综合性能指数（PI_{total}）、15 cm处土壤含水量（15SWC）、30 cm处土壤含水量（30SWC）、45 cm处土壤含水量（45SWC）间的相关性

处的土壤含水量与 P_n、Wue、F_v/F_m、PI_{abs} 呈显著正相关与 C_i 呈显著负相关。45 cm 处土壤含水量与 Wue、F_v/F_m 呈显著正相关与 C_i 呈显著负相关。

三、讨论

（一）果树穴贮砖对一次灌水周期内葡萄叶片叶绿素含量的影响

叶绿素含量与植物叶片光合能力密切相关，叶绿素是光合作用的光能捕获物质基础与光合作用中光能的吸收转化有关。研究表明一定程度的水分胁迫有助于赤霞珠葡萄叶绿素的合成，但持续的重度水分胁迫则会加速叶绿素的分解，最终导致植物光合色素含量下降。本研究结果显示，随着灌水时间的增加，叶绿素 a＋b、叶绿素 a、叶绿素 b、类胡萝卜素的含量均呈先增加后降低的趋势。与 CK 相比 T1、T2 显著提高了葡萄叶片中叶绿素和类胡萝卜素的含量。这可能是由于果树穴贮砖给植株提供了养分并且保证了土壤中含水量，增强了叶片中叶绿素的合成能力。

（二）果树穴贮砖对一次灌水周期内葡萄光合、荧光特性的影响

植物的光合作用是利用光能将二氧化碳和水转化为有机物的过程，而作物光合作用的强弱与其经济产量有着密切联系。因此通过调节土壤含水量来提高作物有机物的合成是促进植株生长和水分高效利用的一项重要举措。本研究中，不同处理在同一灌水周期内的净光合速率表现为先升高后降低的趋势，表明植物的光合性能与土壤中水分的供给相关。而在整个灌水期内 CK 在灌水第 4 d 净光合速率达到最大值，T1、T2 在灌水第 7 d 净光合速率达到最大值后开始降低。且净光合速率在整个灌水期内 T1、T2 处理都显著高于 CK，说明果树穴贮砖能够缓解水分胁迫对植物光合作用的影响。表明果树穴贮砖能够储存部分水分，可长时间稳定地供给果树生长需要；同时，水分集中在根系集中分布区，有利于根系对养分和水分的获取，从而给叶片提供了充足的水分和养分，提高了光合性能。

荧光和用于光化学反应的能量是竞争的关系，两者之间紧密相连，荧光可以反映出不同胁迫对植株光化学反应的影响。研究表明叶绿素荧光可作为一种可靠的技术来监测植物的生理变化，用作植物受胁迫的指示。随着灌水时间的延长 T1、T2 与 CK 的 P 点差值越来越大，T1、T2 间的 P 点差值较小；说明 T1、T2 处理缓解了葡萄叶片荧光产额的下降。荧光参数可以用作植物抗逆评价的参考指标。灌水 1 d 后 CK 的 PI_{abs}、ψ_o、φ_{Eo} 均显著低于 T1、T2。灌水 13 d 后 PI_{total}、PI_{abs}、F_v/F_m、ABS/CS_m、ET_o/CS_m、F_m 均表现为 T1、T2 显著高于 CK。PI_{total} 的升高被认为是 PSI 具有较强耐逆性的表现，也表明 PSI 所受的损伤要小于 PSII。PI_{abs} 是以吸收光能为基础的性能指数，可以准确地反映植物光合机构的整体状态，PI_{abs}、F_v/F_m 较低说明光能转化效率低限制了光合作用。ABS/CS_m 下降一方面是由于干旱逆境造成反应中心部分降解或失活，破坏了捕获光能的天线色素的结构，致使反应中心还原能 ET_o/CS_m 减少，影响电子传递。在同一灌水条件下 T1、T2 处理能够通过对土壤水分等的调节稳定光合系统的结构和功能，优化了 PSII 中的能量分配，促进电子在光系统间的传递，进而缓解水分胁迫对葡萄光化学活性。

（三）果树穴贮砖对一次灌水周期内土壤含水量的变化

水分的利用影响了葡萄的生理过程，从而影响了葡萄生物量的累积和葡萄的品质。在葡萄生长季节，干旱条件下叶片的气孔导度降低，影响植株的蒸腾速率、从而削弱了光合作用影响干物质积累。本试验研究结果显示，在果树穴贮砖的处理下 30 cm 处的土壤含水量与 P_n、Wue、F_v/F_m、PI_{abs} 呈显著正相关。45 cm 处土壤含水量与 Wue、F_v/F_m 呈显著正相关。一些研究表明，在不同土壤含水量条件下，葡萄叶片的光合速率、气孔导度和蒸腾速率有一定的差异，高水分条件下的光合特性优于低水分条件下的光合特性，高的土壤含水量可以提高叶片的光合速率和叶片瞬时水分利用率。初级光化学（F_v/F_m）的最大量子产额是植物生理状态对环境胁迫的可靠指标，随着土壤含水量的降低而降低。在受控条件下，随着土壤含水量降低 F_v/F_m 降低，但作物产量没有降低。这可以在可控制的滴灌系统下在不影响作物产量的情况下进行节水灌溉。

四、小结

同一灌水周期内，T1、T2 处埋显著提高了葡萄叶片中叶绿素和类胡萝卜素的含量；显著提高了叶片净光合速率、瞬时水分利用率。在地下穴贮滴灌系统中 T1、T2 提高了叶片荧光强度，有效增强了葡萄在干旱区水分胁迫下叶片光合性能的稳定性。

第四节　果树穴贮砖对葡萄氮素
吸收分配的影响

氮素作为果树生长发育过程中不可缺少的一种营养元素，是植株生长代谢过程及果实品质形成中所必需的基础物质。利用 [15]N 示踪技术可以监测出整株作物及不同器官中的 [15]N 吸收量，从而可以计算出整株作物及不同器官对肥料的利用率。目前 [15]N 示踪法的研究在大田作物如冬小麦、水稻、烟草等较多。同位素示踪方法开辟了研究水肥利用效率的新途径，为进一步揭示水和肥料相互作用的机制提供了方法。基于以上原因，本研究以 2 年生夏黑葡萄幼苗为试验材料，以探讨果树穴贮砖对葡萄幼苗生长及尿素在植株中吸收分配为切入点，采用箱栽精控试验和 [15]N 同位素示踪法，研究在穴贮滴灌条件下不同果树穴贮砖对葡萄各器官中 [15]N-尿素吸收、分配和植株对肥料的利用状况，为优化穴贮滴灌在果树中的应用提供理论依据。

一、材料与方法

（一）试验材料与设计
同本章第二节。

（二）测定项目及方法

1. 植株生物量测定

滴施^{15}N-尿素后 80 d 取样，每处理选取 5 株长势基本一致的葡萄植株进行破坏性取样。将植株整体分为根、茎、叶 3 部分，用清水和去离子水冲洗干净，在 105℃下杀青 30 min，80℃烘干至恒重并称量。称量后将样品研磨过 60 目筛，装入塑封袋备用。

2. 植株氮素吸收分配测定

在 0～45 cm 土壤剖面，每 15 cm 取一次土样，土壤 85℃烘干至恒重后，研磨过 60 目筛。取上述植物生物量测定中植株各器官过筛样品和不同土层的过筛土样进行氮含量及氮丰度测定。^{15}N 丰度用 ZHT-03 质谱仪进行测定。

计算公式：

氮素百分数（Ndff，%）（植株）＝［（植物样品中^{15}N 丰度（%）－自然丰度（%）］／［（肥料中^{15}N 丰度（%）－自然丰度（%）］×100

氮肥分配率（%）＝各器官从氮肥中吸收的氮量（g）/总吸收氮量（g）×100

氮肥利用率（%）＝［Ndff×器官全氮量（g）］/施肥量（g）×100

3. 不同土层土壤残留氮素的测定

滴施^{15}N-尿素后 80 d 取样，每处理选取 5 株长势基本一致的葡萄植株在 0～45 cm 土壤剖面，每 15 cm 取一次样，将土样装入铝盒内在 85℃烘箱中烘干至恒重后装袋备用。

计算公式：

Ndff（%）（土壤）＝［土壤样品中^{15}N 丰度（%）－自然丰度（%）］／［（肥料中^{15}N 丰度（%）－自然丰度（%）］×100

土壤^{15}N 的含量＝土壤总氮量×Ndff（%）（土壤）

4. 氮代谢酶活性的测定

滴施[15]N-尿素后 80 d 取样，每处理选取 5 株长势基本一致的葡萄植株并选取功能叶，参考磺胺比色法进行测定。

谷氨酰胺合成酶活性测定，采用选购于北京索莱宝科技有限公司谷氨酰胺合成酶（GS）试剂盒，方法：分光光度法；规格：24 样。

（三）数据处理

试验数据采用 Excel 2010 软件进行统计，利用 SPSS 16.0 软件进行方差分析，利用 Origin 2018 作图。

二、结果与分析

（一）果树穴贮砖对植株器官生物量的影响

表 2-3 可看出 T1、T2 处理显著提高了葡萄不同器官干物质的量。T1、T2 处理下植株根系的干物质的量显著高于 CK（$p<0.05$），茎的干物质量表现为 T1＞T2＞CK，T1、T2 叶片的干物质量分别比 CK 高 36.34%、21.02%。T1 的总生物量比 T2 高 7.84%，但差异不显著（$p<0.05$），T1、T2 处理下的植株总生物量则显著高于 CK。

表 2-3　不同穴贮砖处理对葡萄幼苗各器官生物量的影响

处理	根	茎	叶	总生物量
CK	27.50±0.01b	14.67±2.97c	18.46±1.23b	60.23±2.97b
T1	46.46±0.07a	21.28±0.89a	25.17±0.85a	91.21±7.00a
T2	43.05±0.06a	18.82±0.94b	22.34±2.29a	84.58±1.85a

（二）果树穴贮砖对葡萄各器官部位 Ndff（%）值的影响

由表 2-4 可知，三个处理下葡萄植株各器官均表现为根系 Ndff 值最高，叶片次之，茎的 Ndff 值最小。表明在葡萄幼苗时期根系对[15]N 的征调能力最强，叶片和茎相对较弱。三个处理中 T1、T2 处理下根系的 Ndff 值显著高于 CK（$p<0.05$）。茎的 Ndff 值

表现为 T1＞T2＞CK（$p<0.05$）。T1、T2 处理叶片的 Ndff 值分别比 CK 高 36.3%、21.0%，且差异均显著（$p<0.05$）。

表 2-4　果树穴贮砖对葡萄各器官部位 Ndff（%）的影响

处理	根	茎	叶
CK	27.50±0.01b	14.67±2.97c	18.46±1.23b
T1	46.46±0.07a	21.28±0.89a	25.17±0.85a
T2	43.05±0.06a	18.82±0.94b	22.34±2.29a

（三）果树穴贮砖对葡萄各器官部位氮含量和 ^{15}N 含量的影响

葡萄幼苗不同器官对氮含量和 ^{15}N 含量的吸收如图 2-11。三个处理下氮含量和 ^{15}N 含量在植株的根和叶中较高，在茎中的含量最少。T1、T2 处理下在植株的根、叶中氮含量和 ^{15}N 含量都显著高于 CK；茎中氮含量表现为 T2 处理最高，T1 次之，CK 含量最低；茎中 ^{15}N 含量 T1、T2 显著高于 CK（图 2-11）。

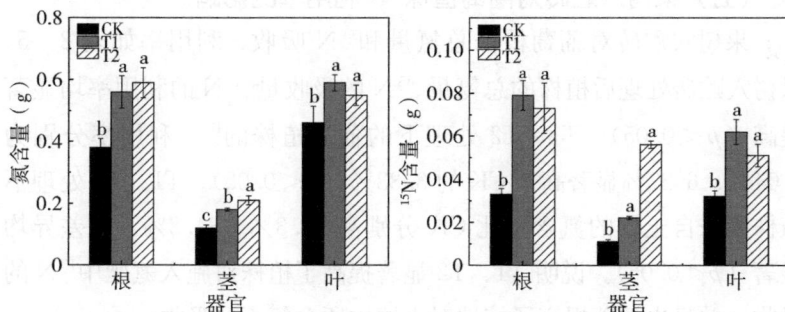

图 2-11　果树穴贮砖对葡萄各器官部位氮含量和 ^{15}N 含量的影响

（四）果树穴贮砖对植株各器官 ^{15}N 分配率的影响

由图 2-12 可知，三个处理下植株的 ^{15}N 主要分配在植株的根系和叶片中。T1、CK 处理下植株各器官的 ^{15}N 分配率为叶＞根＞茎，T2 处理下植株各器官的 ^{15}N 分配率为根＞叶＞茎。三个处理下植株根系 ^{15}N 分配无显著差异，茎中 ^{15}N 分配为 T2 显著高于 CK，而

T1 与 T2、CK 间的差异均不显著。叶片中^{15}N 分配率最高的为 CK 处理，显著高于 T2。从图 2-12 可看出，与 CK 相比施入穴贮砖的 T1、T2 提高了^{15}N 在根系和茎中的分配，降低了在叶片中的分配。说明果树穴贮砖影响了^{15}N 在植株体内各部分中的迁移与分配。

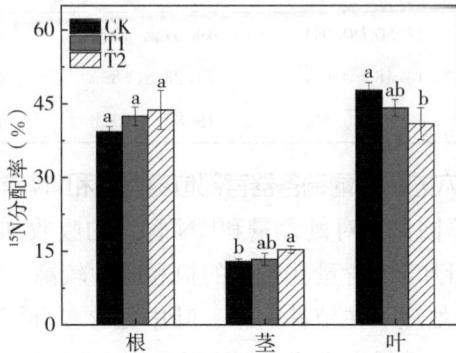

图 2-12　果树穴贮砖对葡萄根、茎、叶^{15}N 分配的影响

（五）果树穴贮砖对葡萄植株^{15}N 利用率的影响

果树穴贮砖对葡萄植株总氮量和^{15}N 吸收、利用率如表 2-5。果树穴贮砖处理后植株的总氮量、^{15}N 的吸收量、^{15}N 的利用率均显著提高（$p < 0.05$）。T1、T2 处理下的葡萄植株的^{15}N 利用率分别为 7.04%、6.27%显著高于 CK 的 3.33%（$p < 0.05$）。T1、T2 处理下植株中来自土壤的氮含量比 CK 分别高 30.3%、34.8%，且差异均显著（$p < 0.05$）。说明 T1、T2 显著提高了植株对施入氮肥中^{15}N 的吸收，并且也显著提高了植株对土壤中所含氮素的吸收。

表 2-5　果树穴贮砖对葡萄植株总氮量和^{15}N 吸收、利用率

处理	植株总氮量（g）	^{15}N 吸收量（g）	^{15}N 利用率（%）	来自土壤的氮（g）
CK	0.96±0.07b	0.07±0.01b	3.33±0.25b	0.89±0.06b
T1	1.33±0.09a	0.16±0.01a	7.04±0.55a	1.16±0.08a
T2	1.35±0.06a	0.15±0.01a	6.27±0.24a	1.20±0.06a

（六）果树穴贮砖对不同土层土壤^{15}N含量的影响

三个处理下不同土层中 Ndff（％）和土壤^{15}N 含量如图 2 - 13 所示。CK 的 Ndff 随着土层深度的增加而增加。T1、T2 处理下 Ndff 随着土层深度的加深先减小后增大。在土层 0～15 cm 处 T1 的土壤 Ndff 显著高于 CK 和 T2（$p<0.05$）。在土层 15～30 cm、30～45 cm 处时土壤 Ndff 表现为 CK 显著高于 T1、T2（$p<0.05$）。随着土层深度的增加 CK 处理下土壤^{15}N 含量逐渐增加，而 T1、T2 处理下土壤^{15}N 含量为先增加后降低的趋势。其中在土层 0～15 cm 处 T1、T2 土壤^{15}N 含量均显著高于 CK；在土层 15～30 cm 处三个处理表现为 T1＞T2＞CK，且差异均显著；在土层深度 30～45 cm CK 显著高于 T1、T2（$p<0.05$）。

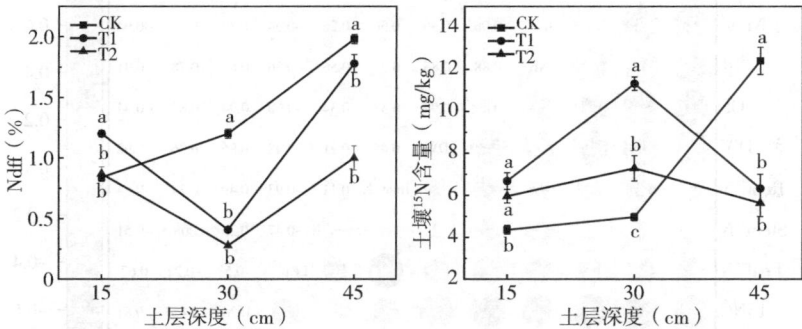

图 2 - 13　果树穴贮砖对不同土层土壤 Ndff、^{15}N 含量的影响

（七）果树穴贮砖对葡萄叶片氮素代谢酶活性的影响

为了进一步探究不同果树穴贮砖在滴灌条件下植株对氮素的利用，测定了两种关键氮代谢酶活性。由图 2 - 14 所示，三个处理下叶片 NR 活性 T1、T2 分别比 CK 高 45.4％、41.8％，且差异均显著（$p<0.05$）。T1 处理下葡萄叶片 GS 的活性最高，CK 处理最低，三个处理中 T1、T2 的 GS 活性均显著高于 CK（$p<0.05$）。

（八）氮的利用与分配与植株生物量和氮代谢酶活性间的相关性

如图 2 - 15 所示，植株全氮量、植株^{15}N 的吸收量、N 利用率、

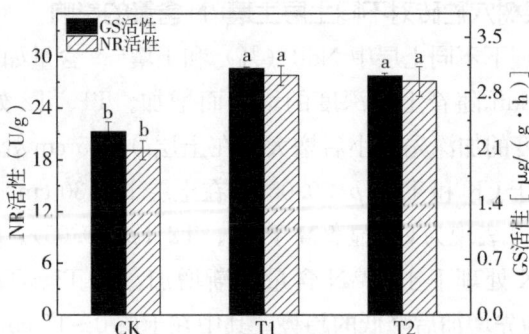

图 2-14 果树穴贮砖对植株叶片 NR、GS 活性的影响

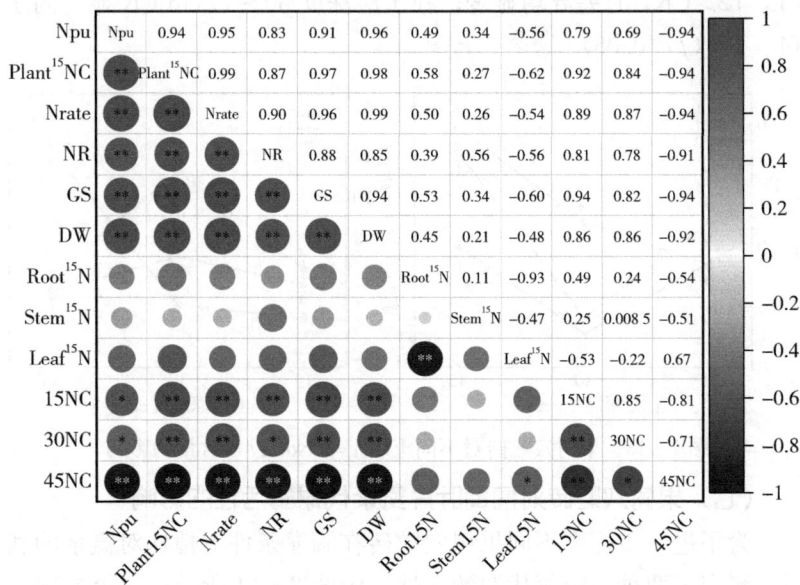

* $p<0.05$ ** $p<0.01$

图 2-15 植株总氮量（Npu）、NR、GS、氮的利用率（Nrate）、植株 ^{15}N 含量（Plant^{15}NC）、根中氮分配率（Root^{15}N）、茎中氮分配率（Stem^{15}N）、叶中氮分配率（Leaf^{15}N）、15 cm 土壤 ^{15}N 含量（15NC）、30 cm 土壤 ^{15}N 含量（30NC）、45 cm 土壤 ^{15}N 含量（45NC）、植株生物量（DW）的相关性分析

土壤 15 cm、30 cm 中 ^{15}N 含量与植株生物量呈极显著正相关，土壤 45 cm 处 ^{15}N 含量与植株生物量呈极显著负相关。NR、GS 与植株全氮量、植株 ^{15}N 的吸收量、土壤 30 cm 中 ^{15}N 含量、N 利用率和植株干物质量为极显著的正相关，土壤 45 cm 处 ^{15}N 含量与 NR、GS 呈极显著负相关，NR 与 GS 与土壤 15 cm 中 ^{15}N 含量均呈显著正相关。植株根、茎中 ^{15}N 的分配率与 NR、GS 和植株干物质量为正相关，叶片中 ^{15}N 的分配率与 NR、GS 和植株生物量的累积为负相关，但相关性均不显著（$p > 0.05$）。

三、讨论

（一）果树穴贮砖对植株器官生物量的影响

幼龄果树的管理主要是以促进树体的营养生长、增加生物量的累积为目标，氮肥是幼苗生长不可缺少的元素，因此氮肥在果树苗期合理有效利用至关重要。张馨月等通过研究表明，水和氮素可以调控苗期玉米的根系分布，促进植株对氮的吸收，从而提高生物量的累积。在本研究中，T1、T2 处理显著提高了葡萄不同器官干物质的量。T1、T2 处理下的植株总生物量也显著高于 CK。说明同一供氮水平下，果树穴贮砖能够促进植株对养分的吸收，从而促进植株干物质的累积。这与赵丰云在红地球地下穴贮滴灌加气灌溉中的结果一致。

（二）果树穴贮砖对植株氮素分配、利用率的影响

植株对氮素的利用主要靠根系对土壤中氮素的吸收，而滴灌施肥能够直接将氮肥输送至植株根系。同时滴灌施肥提高了果树根系集中区的氮素的含量，有利于提高氮素利用率。在本研究中，三个处理中 T1、T2 处理下根系、叶片的 Ndff 值显著 CK（$p < 0.05$）。茎的 Ndff 值表现为 T1>T2>CK。三个处理下葡萄植株各器官均表现为根系 Ndff 值最高，叶片次之，茎的 Ndff 值最小。表明葡萄在幼苗时期植株根系对 ^{15}N 的征调能力最强。三个处理下氮含量

和[15]N含量在植株的根和叶中较高，在茎中的含量最少。T1、T2处理下在植株的根、叶中氮含量和[15]N含量都显著高于CK；茎中氮含量在T2处理下最高，CK处理下最低；茎中[15]N含量T1、T2显著高于CK。说明T1、T2显著提高了植株不同器官对总氮和[15]N含量的吸收。刘建新研究发现七孔穴施下土壤养分含量提高了14.09%~45.41%，是调控苹果树根区土壤养分状况较优的施肥方式。因此，果树穴贮砖能够调控根区的土壤养分，从而有效保持根区氮素含量并促进根系对养分的吸收。

研究表明不同处理在施氮后叶片[15]N分配率均显著高于根、茎等器官。在本研究中，T1、CK处理下植株种叶片[15]N分配率最高，T2处理下根系[15]N分配率最高。与CK相比T1、T2提高了[15]N在根系和茎中的分配，降低了在叶片中的分配。说明果树穴贮砖影响了[15]N在根、茎、叶中的分配。梁振旭等研究表明，梨幼树期到结果初期梨树对标记氮素的累计利用率低、损失量较高。本试验中，与CK相比T1、T2处理显著提高了植株对总氮、[15]N含量和来自土壤中氮的吸收。T1、T2处理下的葡萄植株的[15]N利用率分别为7.04%、6.27%显著高于CK的3.33%。尿素在土壤中转化为不稳定的铵态氮后才能被植株吸收利用。说明果树穴贮砖能够提高土壤中氮素的稳定，促进植株对氮素的吸收利用。因此，有效的水和氮管理策略对于提高水果质量、作物水分生产力和氮素利用效率以及保持产量至关重要。

（三）果树穴贮砖对土壤残留[15]N含量的影响

本研究中，随着土层深度的增加CK处理下土壤[15]N含量逐渐增加，而T1、T2处理下土壤[15]N含量为先增加后降低的趋势。说明随着土层深度的增加CK处理土壤中[15]N含量随水分不断向深层土壤迁移。T1、T2处理下15~30 cm处土壤[15]N含量显著高于CK，30~45 cm处的土壤[15]N含量CK显著高于T1、T2。表明果树穴贮砖保持15~30 cm处土壤[15]N含量的稳定，减少了[15]N向深层土壤的迁移。Ndff 表示来自尿素中^{15}N 的占总氮量的百分率。CK 的 Ndff 随着土层深度的增加而增加。T1、T2 处理下 Ndff 随着土层深度的加深先减小后增大。表明 CK 处理下随着土层深度的增加来自尿素中^{15}N 的含量占总氮量的百分率增大。土层 30 cm 处 T1、T2 Ndff 显著小于 CK，而土壤^{15}N 含量显著高于 CK，表明 T1、T2 中土壤总氮含量远高于 CK。而 0～15、30～45 cm 处由于相距果树穴贮砖的距离较远而影响较小。

（四）果树穴贮砖对植株叶片氮代谢酶活性的影响

NR、GS 是植物转化利用氮素的两个关键酶，这两种酶活性的大小反映了植株利用氮素的能力。与本研究结果相同，三个处理下叶片 NR 活性 T1、T2 分别比 CK 高 45.4%、41.8%，且差异均显著。GS 活性 T1 处理最高，CK 处理最低，三个处理中 CK 显著低于 T1、T2 处理。表明 T1、T2 显著提高了植株叶片中的 NR、GS 的酶活性。通过相关性分析表明，NR、GS 与植株全氮量、植株^{15}N 的吸收量、土壤 30 cm 中^{15}N 含量、N 利用率和植株干物质量呈极显著正相关，土壤 45 cm 处^{15}N 含量与 NR、GS 呈极显著负相关，GS、NR 与土壤 15 cm 中^{15}N 含量呈显著正相关。说明 NR、GS 活性越大，植株对氮的吸收、利用能力越强，而 30～45 cm 土壤中残留的^{15}N 含量越少。

四、小结

T1、T2 处理显著提高了植株各器官和总生物量的累积，其中 T1 处理茎的生物量最高。氮示踪技术分析表明，在滴施尿素条件下 T1、T2 处理植株的根、茎、叶中氮含量和^{15}N 含量都显著提高。与 CK 相比 T1、T2 提高了^{15}N 在根系和茎中的分配，降低了在叶片中的分配，并且显著提高了植株对总氮、^{15}N 含量、来自土壤中氮的吸收，提高了^{15}N 利用率和 NR、GS 的活性。土层 15～30 cm 处 T1、T2 处理下土壤^{15}N 含量显著增加；T1 处理下土壤^{15}N 含量最高，有效减少了 45cm 处土壤中^{15}N 的含量。

第五节　果树穴贮砖对土壤酶活性及土壤肥力的影响

　　发展节水灌溉和高效施肥技术、推进农业化肥减量和节本增效已是当前农业研究的重要任务之一。土壤肥力是土壤综合指标的表现，通过土壤肥力可以判断土壤为植株提供养分的能力。研究表明穴施鸡粪和滴水处理能够提高不同土层中土壤关键酶的活性，并且有利于穴贮肥里养分的释放。而根际是与植物根系直接相邻的土壤部分，受植物根系、水分、养分和微生物相互作用的影响，是作物生长最重要的土壤区域。因此在穴贮滴灌下研究土壤中酶活性及土壤肥力状况对植株的生长发育有重要的意义。故本研究通过箱栽试验对果树穴贮砖滴施尿素对葡萄根际土壤理化性质、土壤养分、土壤关键酶活性进行研究。

一、材料与方法

（一）试验材料与设计
同本章第二节。

（二）测定项目及方法
1. 不同土层土壤速效养分的测定

　　取上述土样用于土壤速效养分的测定。土壤化学性质测定参照 Shen 等的方法。用碱解扩散法测定土壤碱解氮含量；有效磷测定采用 $NaHCO_3$ 浸提-钼锑抗比色法；速效钾测定采用 NH_4OAC 浸提-火焰光度计法。

2. 根际土壤养分的测定

　　从 3 个处理中各随机选取 5 株，剪掉地上部分，破坏性取出植株，去除根系周围大块土壤，轻轻抖下植株根系表面土壤，混合均匀并自然风干，研磨过 2 mm 筛后装入塑封袋，用于测定土壤基本化学性质与酶活性。

土壤 pH 测定：称取过 1 mm 筛的鲜土样 10 g，将土壤与中性水以 1:2.5 的质量比搅拌混匀，放置 30 min 后用酸度计进行测定。全氮用硫酸-双氧水消煮-全自动凯氏定氮仪测定；全 P、K、B、Ca、Mg、Fe 用盐酸-硝酸微波消解仪消煮后用原子吸收分光光度计测定。

3. 果树穴贮砖对根际土壤酶活性的研究

取上述根际土壤用于土壤酶活性的测定。土壤过氧化氢酶用高锰酸钾滴定法，脲酶活性采用苯酚钠-次氯酸钠比色法测定，具体测定参考关松荫的方法。土壤酸性磷酸酶活性采用选购于北京索莱宝科技有限公司酸性磷酸酶（S-ACP）试剂盒，方法：分光光度法；规格：48 个样。

4. 果树穴贮砖对根际土壤养分的影响

土壤有机质用采用重铬酸钾外加热法；全氮用硫酸-双氧水消煮-全自动凯氏定氮仪测定；全 P、K、B、Ca、Mg、Fe 用盐酸-硝酸消煮后用等离子体发射光谱仪测定。

（三）数据处理

试验数据采用 Excel 2010 软件进行统计，利用 SPSS 16.0 软件进行方差分析，利用 Origin 2018 作图。

二、结果与分析

（一）果树穴贮砖对不同土层土壤速效养分含量的影响

由图 2-16 可知，T1、T2 处理下土壤碱解氮、有效磷、速效钾含量均随着土层深度的增加先增大后减小，而 CK 处理则呈增长趋势。在土层 15 cm 处土壤碱解氮、有效磷的含量均表现为 T2＞T1＞CK，且差异显著（$p < 0.05$）。在土层 30 cm 处 T1、T2 处理下的土壤碱解氮、有效磷含量均显著高于 CK（$p < 0.05$）；土壤速

效钾的含量均表现为 T1＞T2＞CK，且差异显著（$p<0.05$）。在土层 45 cm 处土壤碱解氮和速效钾含量表现为 T1 显著高于 CK、T1，且 CK 显著高于 T2（$p<0.05$）；三个处理下土壤有效磷含量在 45 cm 处差异不显著（$p>0.05$）；45 cm 处 T1 处理的土壤速效钠含量最高（$p<0.05$）。

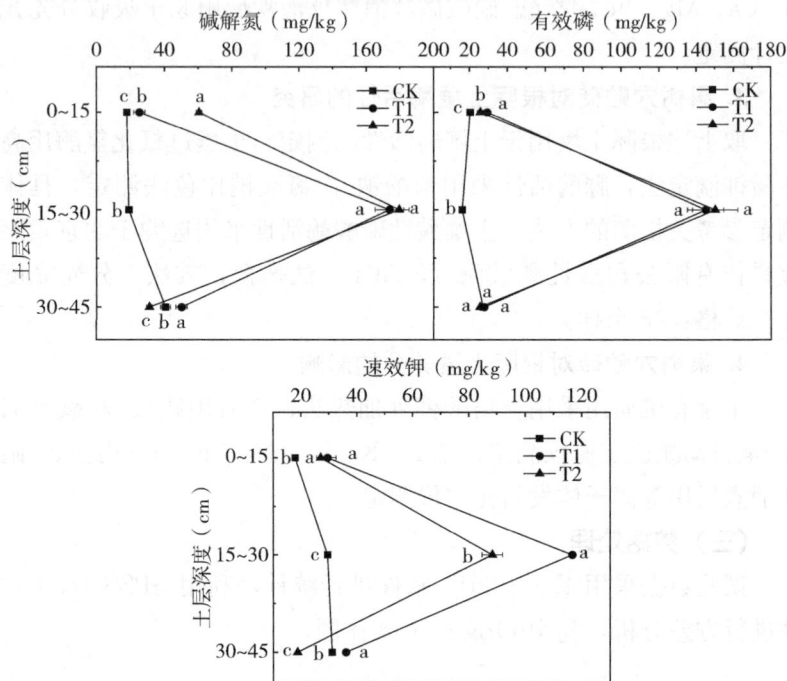

图 2-16　果树穴贮砖对不同土层土壤速效养分含量的影响

（二）果树穴贮砖对不同土层土壤酶活性的影响

三个处理下不同土层中土壤脲酶、过氧化氢酶、酸性磷酸酶的活性如图 2-17 所示。T1、T2 处理下土壤脲酶、过氧化氢酶、酸性磷酸酶的活性随着土层深度的增加呈先增加后降低的趋势。T1、T2 处理下三种土壤酶在 30 cm 土层中活性最高，CK 处理下在

15 cm 处活性最高。在土层 15 cm 处 CK 处理下脲酶活性和酸性磷酸酶均显著高于 T1、T2（$p < 0.05$），三个处理间的土壤过氧化氢酶则无显著差异（$p > 0.05$）。在土层 30 cm 处土壤脲酶、过氧化氢酶、酸性磷酸酶的活性均表现为 T1、T2 显著高于 CK（$p < 0.05$）。在土层 45 cm 处三个处理的土壤脲酶、过氧化氢酶、酸性磷酸酶均无显著差异（$p > 0.05$）。

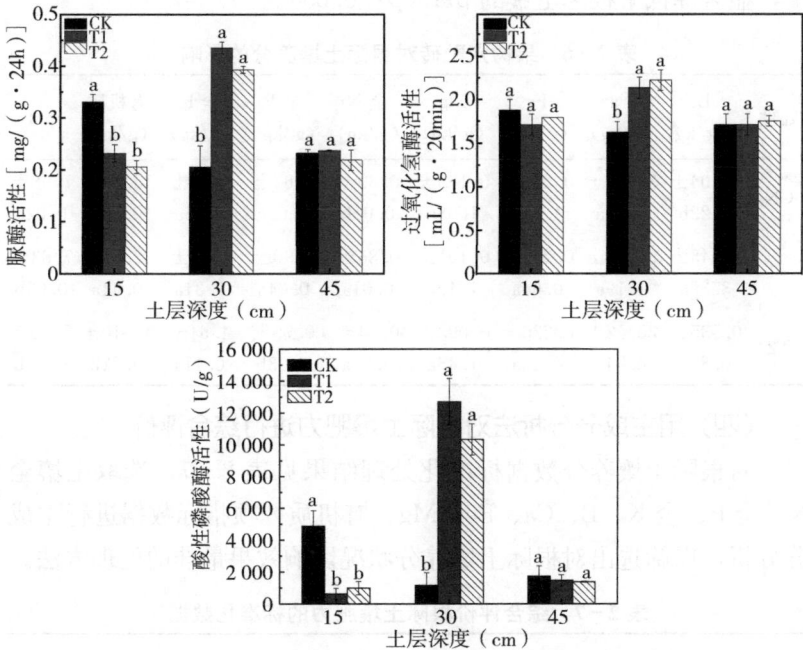

图 2-17　果树穴贮砖对不同土层土壤酶活性的影响

（三）果树穴贮砖对根际土壤养分的影响

如表 2-6 可知，果树穴贮砖 T1、T2 处理下根际土壤中 B 的含量比 CK 分别高 34.97%、32.47%（$p < 0.05$）；三个处理下根际土壤中 Ca、Fe、Mg 的含量无显著差异（$p > 0.05$）。T1、T2 处理下的根际土壤全 N 含量分别比 CK 高出 43%、40%（$p < 0.05$）。根

际土壤全 P 含量表现为 T1>T2>CK，且差异均显著（$p<0.05$）。根际土壤中全 K 含量在三个处理间无显著性差异（$p>0.05$）。根际土壤有机质含量 T1 比 T2、CK 分别高 46.4%、26.1%，而 T2 比 CK 高出 16.1%，且差异均显著（$p<0.05$）。三个处理中 T1、T2 根际土壤 pH 显著低于 CK。由表 2-6 可知，与 CK 相比果树穴贮砖处理显著增加了根际土壤的 B、全 N、全 P、土壤有机质含量，显著降低了根际土壤的 pH（$p<0.05$）。

表 2-6　果树穴贮砖对根际土壤养分的影响

处理	B (mg/kg)	Ca (g/kg)	Fe (g/kg)	Mg (g/kg)	全 N (g/kg)	全 P (g/kg)	全 K (g/kg)	有机质 (g/kg)	pH
CK	0.404± 0.22b	30.20± 2.65a	0.242± 1.35a	0.103± 1.08a	0.60± 0.01b	0.67± 0.02c	5.02± 0.26a	15.59± 0.80c	7.98± 0.02a
T1	0.545± 3.39a	31.08± 1.19a	0.233± 0.64a	0.101± 1.13a	0.86± 0.01a	0.90± 0.04a	4.89± 0.31a	22.82± 0.44a	7.83± 0.03b
T2	0.535± 0.83a	28.52± 0.74a	0.226± 0.43a	0.093± 1.46a	0.84± 0.02a	0.79± 0.03b	4.64± 0.41a	18.10± 0.22b	7.85± 0.06b

（四）用主成分分析法对根际土壤肥力进行综合评价

对根际土壤养分数据标准化处理结果见表 2-7。选取土壤全 N、全 P、全 K、B、Ca、Fe、Mg、有机质 8 项指标数据进行主成分分析，以筛选出对根际土壤养分状况影响效果最佳的处理方法。

表 2-7　综合评价根际土壤肥力的标准化数据

处理	B	Ca	Fe	Mg	全 N	全 P	全 K	有机质
CK	−1.152 3	0.205 0	1.063 0	0.755 9	−1.151 9	−1.014 2	0.880 2	−0.884 4
T1	0.640 3	0.881 6	−0.140 9	0.378 0	0.645 1	0.985 2	0.207 1	1.085 1
T2	0.512 1	−1.086 6	−0.922 1	−1.133 9	0.506 9	0.029 0	−1.087 3	−0.200 7

利用 SPSS 标准数据主成分分析后的特征向量和主成分 1、2 对综合评价根际土壤肥力的贡献率如表 2-8 所示。可以得知，主成分 1 的特征向量值最大，达到了 5.327，贡献率（解释方差）为

66.583%，主成分 2 各指标特征值为 2.741，贡献率（解释方差）为 33.417%。两种主成分的累积贡献率（累积解释方差）达 100%，表明前 2 个主成分代表了 8 个原始指标 100% 的信息。因此，利用主成分分析评价根际土壤肥力是可靠的，所以主要提取前 2 个主成分用作综合评价。

表 2-8　主成分分析的特征值与方差贡献率

主成分	起始特征值（%）		
	特征值	解释方差	累积解释方差
1	5.327	66.583	66.583
2	2.673	33.417	100.00

利用 SPSS 标准数据主成分分析产生的主成分载荷矩阵如表 2-9所示，主成分 1 主要包括 N、P、K、B、Fe、Mg、有机质含量指标的信息，主成分 2 主要包括 P、Mg、Ca、有机质含量指标的信息。

表 2-9　主成分初始因子荷载矩阵

生化指标	主成分 1	主成分 2
B	0.969	0.246
Ca	−0.355	0.935
Fe	−0.976	0.216
Mg	−0.782	0.623
全 N	0.968	0.250
全 P	0.776	0.631
全 K	−0.868	0.497
有机质	0.635	0.772

将根际土壤养分的标准化数值进行计算，得到 3 种处理下根际土壤养分指标在 2 个主成分上的得分情况（表 2-10）。主成分 1 中土壤肥力表现最好的处理为 T2，主成分 2 中土壤肥力的表现情况

为 T1 最佳。根据两种主成分的贡献率，对三种处理后的根际土壤养分进行综合评价后排序结果为 T1＞T2＞CK。

表 2-10　不同处理下根际土壤养分含量和土壤肥力综合排序

处理	主成分 1 得分	主成分 2 得分	土壤肥力	排序
CK	−2.840	0.350	−2.008	3
T1	0.962	1.803	1.243	1
T2	1.878	−1.453	0.765	2

三、讨论

（一）果树穴贮砖对不同土层土壤速效养分含量的影响

灌溉被认为是影响作物水分和养分吸收的关键因素之一。土壤速效养分是评价土壤养分管理和土壤转化能力及养分供应能力的主要指标。彭娜等研究表明，长期有机无机肥配施能够显著增加土壤中不同速效养分的含量。研究表明穴施尿素和生物炭能够吸附土壤中的 NH_4^+，使土壤缓慢释放速效养分，从而减少土壤中氮的淋溶，提高土壤中的氮素利用率。王伟军等研究发现，土壤施肥后可以提高 0～100 cm 土层中的养分含量，而滴灌施肥则更能够提高土壤养分含量。王巧仙等研究发现，水肥耦合处理明显提高了不同时期土层中的养分含量。本试验中 T1、T2 处理显著提高了 0～15、15～30 cm 土层中的碱解氮、有效磷、速效钾的含量，T1 处理显著提高了土层 45 cm 处土壤碱解氮、速效钾的含量。

（二）果树穴贮砖对不同土层土壤酶活性的影响

作物生长土壤酶是植物根系及生物体分泌的活性物质，与凋落物细根分解、腐殖质合成、养分循环等土壤生态过程密切相关，土壤酶活性可作为评判土壤肥力变化的一项参考指标。土壤磷酸酶和葡萄糖苷酶分别在土壤有机磷和碳的转化中起着重要作用。这些酶的活性经常被用来评估生物结构不同管理后土壤的基本功能和质

量。本试验中 T1、T2 土壤脲酶、过氧化氢酶、酸性磷酸酶活性在
0～45 cm 土层中表现出先增加再降低的趋势，表明多果树穴贮砖
处理能够提高 15～30 cm 处的土壤酶活性。这可能是因为果树穴贮
砖能够有效保持 0～30 cm 处的土壤养分和水分，从而促进土壤酶
活性的提升。CK 在 0～15 cm 处的脲酶和酸性磷酸酶活性高于
T1、T2 处理可能是因为 CK 处理下植株的根系在浅层土壤中较为
集中、活性较高。

（三）果树穴贮砖对根际土壤养分的影响

土壤肥力是反映土壤肥沃性的一个重要指标，它是衡量土壤能
够提供作物生长所需的各种养分的能力，体现了土壤的综合性质。
提高土壤全氮和碱解氮含量，提高土壤团粒的分布和土壤酶的活
性，改善土壤有机质能够在土壤改良中发挥重要的作用。刘建新等
研究发现，七孔穴施能够提高苹果根际土壤有机质含量和 pH，对
土壤 N、P、K 含量也有不同程度的提升。本研究中 T1、T2 处理
显著增加了根际土壤中有机质和 B 的含量。而根际土壤中全 P 和
有机质含量则表现为 T1＞T2＞CK，CK 的 pH 显著高于 T1、T2。
由表 2－7 可知不同果树穴贮砖处理下对根际土壤养分的指标影响
不同，通过对三种处理后的根际土壤养分状况进行评价，从而筛选
出土壤肥力最佳的处理。土壤肥力的常用评价方法有主成分分析
法、聚类分析法、因子分析法、因子加权综合法等。本试验运用主
成分分析法对三种处理方法下根际土壤养分状况进行评价，将 8 个
根际土壤养分指标通过降维提取主成分，得到每项主成分的得分从
而算出综合得分，综合得分越高说明该处理下的土壤肥力越高。适
宜葡萄生长的土壤 pH 在 6.5～7.5，三个处理下的土壤 pH 均大于
7.5，而主成分分析法在分析过程中以最大值为最优进行排名，所
以 pH 不能作为土壤肥力指标进行主成分分析。由此可以得出适宜
葡萄生长的土壤 pH 依次为 T1、T2、CK，与主成分分析结果
一致。

四、小结

T1、T2 处理能够显著提高土层 15～30 cm 处土壤碱解氮、速效钾、有效磷的含量，而 T1 处理显著提高了土层 30～45 cm 处土壤碱解氮、速效钾的含量。0～15 cm 处 CK 处理的土壤脲酶、酸性磷酸酶活性最高，15～30 cm 处 T1、T2 处理的土壤脲酶、过氧化氢酶、酸性磷酸酶活性都显著提高。T1、T2 根际土中 B、全 N、全 P、有机质含量都显著高于 CK，而 pH 则显著较低。T1 处理下有机质和全 P 含量最高。运用主成分分析法对根际土壤养分状况进行综合评价后认为 T1 处理在调控根际土壤养分的能力最佳。

第六节　结论与展望

一、果树穴贮砖对葡萄植株生长和养分吸收的影响

在穴贮滴灌系统中果树穴贮砖能显著促进植株株高，茎粗；提高植株根冠比和生物量的累积。T1、T2 对总根长、总根表面积、平均根系直径、吸收根长、根系活力均有显著的影响。T1 处理显著促进 30～45 cm 处根系活力；T2 处理能显著提高 30～45 cm 处根系的分布，有效促进深层根系的发育。T1、T2 显著促进葡萄根茎叶中全 N 含量，显著提高叶片中全 P、全 K 的含量；对根、茎、叶中 B 的含量无明显促进作用；对根、茎中 Fe 的含量表现出不同程度的抑制作用。T1 显著促进了叶片中 Mg 的含量，T2 显著促进了叶片中 Fe 的含量。

二、果树穴贮砖对葡萄光合、荧光特性的影响

同一灌水周期内，T1、T2 处理显著提高了葡萄叶片中叶绿素和类胡萝卜素的含量；显著提高了叶片净光合速率、瞬时水分利用率。在地下穴贮滴灌系统中 T1、T2 提高了叶片荧光强度，有效增

强了葡萄在干旱区水分胁迫下叶片光合性能的稳定性。

三、果树穴贮砖对葡萄氮素吸收分配的影响

　　T1、T2 处理显著提高了植株各器官和总生物量的累积，其中 T1 处理茎的生物量最高。氮示踪技术分析表明，在滴施尿素条件下 T1、T2 处理植株的根、茎、叶中氮含量和^{15}N 含量都显著提高。与 CK 相比 T1、T2 提高了^{15}N 在根系和茎中的分配，降低了在叶片中的分配，并且显著提高了植株对总氮、^{15}N 含量、来自土壤中氮的吸收，提高了^{15}N 利用率和 NR、GS 的活性。土层 15～30 cm 处 T1、T2 处理下土壤^{15}N 含量显著增加；T1 处理下土壤^{15}N 含量最高，有效减少了 45 cm 处土壤中^{15}N 的含量。

四、果树穴贮砖对土壤酶活性及土壤肥力的影响

　　T1、T2 处理能够显著提高土层 15～30 cm 处土壤碱解氮、速效钾、有效磷的含量，而 T1 处理显著提高了土层 30～45 cm 处土壤碱解氮、速效钾的含量。0～15 cm 处 CK 处理的土壤脲酶、酸性磷酸酶活性最高，15～30 cm 处 T1、T2 处理的土壤脲酶、过氧化氢酶、酸性磷酸酶活性都显著提高。T1、T2 根际土中 B、全 N、全 P、有机质含量都显著高于 CK，而 pH 则显著较低。T1 处理下有机质和全 P 含量最高。运用主成分分析法对根际土壤养分状况进行综合评价后认为 T1 处理在调控根际土壤养分的能力最佳。

第三章 四个梨品种在南疆引种比较及果树穴贮砖对其土壤理化性质和生长发育的影响

第一节 文献综述

一、梨在新疆发展现状

梨（*Pyrus sorotina*）属于蔷薇科（*Rosaceae*）梨属（*Pyrus L.*）植物，广泛种植于全球约 86 个国家和地区。梨果实营养丰富，果肉脆嫩多汁，酸甜爽口，素有"百果之宗"的美誉。其果实可口多汁、气味清香，具有缓解咳嗽、镇咳、利尿及抗炎的作用，受到了广大消费者的青睐。作为世界上最早进行梨树种植的国家，我国梨树在全国的分布和栽植十分广泛，东部浙江、江苏、山东等地，西部甘肃、新疆等地，南部广东、广西等地，北部内蒙古、黑龙江等地以及中部湖北、安徽等地都有种植，遍布了全国，是仅次于柑橘和苹果之后的第三大果树。

梨在新疆的资源丰富多样，并且历史悠久，在库尔勒、阿克苏、喀什等地均有种植栽培。新疆日照丰富、热量资源充足，同时昼夜温差大，这种独特的气候条件为研究和发掘多样梨种质资源奠定了基础。近几十年来，虽然梨产业化在新疆取得了较大的进展，但目前新疆梨主要是以库尔勒香梨为主，品种单一，在发展过程中过分依赖于库尔勒香梨，而其他梨品种没有被充分挖掘与利用。因此有必要对梨品种开展引种试验，为促进梨产业的高速发展提供理论依据。

　　玉露香是以库尔勒香梨为母本与雪花梨进行杂交选育而成的优质中熟梨品种，具有品质好、产量高、营养丰富、抗逆性强、适应性广等优点。因其克服了库尔勒香梨果小心大的缺点，同时又继承了库尔勒香梨皮薄肉细、酥脆爽口的优点，受到了广大消费者的喜爱。孙艳改等对河北地区引种的玉露香品种进行了系统的研究，探讨了其在当地表现出的生物学特性、适应性以及抗性，认为玉露香在当地具有很高的经济价值和推广意义。王有信对其果实的耐储性进行了相关分析，给梨产业规划以及梨果品的贮藏与运输提供了一定的理论依据。冯学梅等对在宁夏引种的玉露香表现情况进行了系统研究和分析，认为玉露香在当地极具推广价值，是综合性状优良的梨品种。李林等人通过比较引入新疆的几个梨品种在果实经济性状和抗逆性上的综合表现，进行筛选分析，认为玉露香抗寒能力具有一定的优势。除了对其果实品质的研究，黄凯等还对玉露香光合特性进行了研究，为玉露香品种在光合特性方面提供了一定的参考数据。

　　早酥是以苹果梨作为母本、身不知梨作为父本于中国农科院果树研究所进行杂交研育而成的早熟梨品种。早酥树的体型表现比较健壮，整体是处于半开张的状态，枝条和芽的发芽率也相对较高。同时，早酥对寒冷、干旱、低温等不利条件具有较强的抵抗力，适应范围相对较广。目前已在辽宁、山东、陕西、河北等地大面积种植，表现良好，已成为当地重要的早熟梨品种。果实多为椭圆形或长椭圆形，平均单果重约250 g，较大的可达 700 g；果皮黄绿色，向阳面有红晕，果面蜡质丰富，有光泽，并具棱状突起，有 5 条纵沟，果皮薄而脆；果肉白色，细腻而脆，石细胞较少，果汁较多，口感略甜，维生素 C 0.37 mg/g，可溶性固体含量在 11%～14%，可滴定酸 0.28%，可溶性糖 7.23%，从品质上看，早酥主要以短果枝结果，成熟时间早且连续结实能力强，产量高且稳定，适应性较强。

早红玉是红皮早熟梨的一个新品种，由新世纪与红香酥进行人工杂交选育而成。2017年3月通过河南省品种审定并命名，整个植株树势中庸，树姿开展。果实的成熟期在每年的6月底至7月初，果实形态端正美观，整齐均匀，果实朝阳面现50%红色，果实的肉质呈现乳白色，细腻而脆甜，香酥可口，汁水多，石细胞少，风味纯正并带有一股清香。整个果实可溶性固形物含量高达12.8%，口感在早熟梨品种中位列前茅。果实富含维生素C、钾等营养物质，口感方面也适合东方人饮食习惯。果实整个发育时间短，植株的病虫害少、用药量少，投资成本小，在色泽、风味、耐贮运性上面综合评价堪称早熟梨之冠。同时早红玉还具有抗逆性强的一些潜在优势，如抗黑星病、黑斑病、黄斑病等病害，以及不易受食心虫、蝽象等害虫的危害，是当今生产无公害水果的首选品种。较其他梨品种技术，早红玉管护技术要求低，生产容易。早红玉是弥补6月梨品种断档期的理想品种，同时也是现代农业高效益梨品种，发展前景广阔。

爱宕原产自日本，是整个砂梨品系中的优质晚熟梨品种，亲本为20世纪和今村秋梨。爱宕树势生长较强，树姿直立，树冠中等，枝条粗壮。萌芽率高，侧枝角度自然开张，成枝力中等，自花结实率高达72.5%～81.2%，花序坐果率在82.1%，每序坐果平均在1.6个。结果方式主要是以短果枝和腋花芽进行，果实近圆形，果形指数在0.85～0.91，果个特大，果皮薄且呈黄褐色，果点小中等密度，果面光滑，平均单果重415 g，最大2 100 g。果肉呈洁白色，肉质松脆，汁多味甜，可溶性固形物含量12.7%，石细胞少。爱宕品种有较强的抗寒性和抗病性，树形以小冠疏层形为宜，栽培容易、管理方便，花芽极易形成，结实率高且品质好，是一个在综合性状上表现较好的晚熟、耐贮梨品种。新疆和田地区热量资源丰富，但目前尚未见到爱宕在该地区引种的相关报告。

二、国内外穴贮滴灌研究进展

(一) 滴灌技术在果树上研究进展

世界各地能够用于灌溉的淡水资源正在逐年减少。干旱区降水量稀少,蒸散量高,果树灌水情况显得更加严峻,为解决日益增长的用水需求与水资源短缺之间的矛盾,需要对农业灌溉系统进行改进,采取更高效的节水灌溉方法,保证农业高效、可持续稳定发展。在果树中应用滴灌技术最早的是以色列,我国在引进该技术后,充分结合自身实际情况对滴灌所用的滴头等零部件做了进一步研发,并取得了较大进展,促进了滴灌在蔬菜、果树栽培及作物种植上的大面积应用。由于新疆独特的气候资源及地理环境,近年来果树滴灌在新疆发展迅猛,目前应用面积已超过 20 万 hm^2。地下滴灌技术是半干旱地区实现水资源可持续利用的一项核心技术。在这种灌溉系统中,水可以直接均匀地应用于植株的根区,在保持土壤表面干燥的同时,还能最大限度地减少水分蒸发带来的损失,一定程度上也能防止杂草的生长。过去 40 年的时间里,地下滴灌被作为一种有效节水技术,广泛地应用于作物、蔬菜和果树的生产当中。然而传统的地下滴灌技术也存在一些弊端,需要在地下埋设滴灌带,操作烦琐,且滴灌带损坏后难以进行检修等问题频发,此外由于传统地下滴灌对植株的浸润范围有限,果树不能及时得到水分的供应,因此还需要对滴灌技术进行进一步的优化和改进。

(二) 根区局部水肥供应研究进展

根区局部水肥供应技术是通过人为调制植株部分根区湿润和干燥情况,刺激根系吸水以及调节气孔开度,从而达到减少蒸发蒸腾耗水的一种节水灌溉技术。王春辉等人研究发现,根区局部水肥的滴施可以在节水的同时提高植株对水分、养分的利用率,对作物产量起到了稳定的作用,并且对品质也有所提高;根区局部水肥耦合降低了硝态氮的淋洗,增大了植株吸收养分的机会;对土壤气态氮的挥发也有所减少，降低了大气环境被污染的程度；同时，根区局部水肥耦合在增加土壤微生物数量以及土壤酶活性等方面也有效果。闫玉静等人通过3年试验研究得出，根域蓄水调控能改善植株根际土壤水分环境，同时能提高植株光合碳同化速率和电子传递速率，显著减少植株体内活性氧的产生，延缓植株叶片的衰老，进而延长叶片功能期。植物根系在生长发育过程中常常是处于一个非均匀的养分环境中，直接从土壤中吸取的养分含量不是很稳定，而根区局部施肥技术可以使植株在整个生育期都有一个稳定的肥料供应。

在果树具体施肥过程中，人们通常采用集中施肥的方法，将所需肥料通过条施或穴施的形式施于植株根系附近，使得靠近植株附近的局部土壤中离子浓度较高，增大了土壤的饱和度，从而达到肥效的最大化。钟韵等人对苹果的发现，苹果植株在进行部分根域改良后，调节了苹果新梢生长的节奏，同时也调控了苹果枝类的组成结构。果树的生产实践表明，对有限的有机肥进行集中施用不但能够改善该区土壤养分状况、增强植株根系吸收能力，还对果树的增产及果实品质的改善有促进作用。李丙智等通过对苹果树根系不同比例所需的水量进行了耗水量的分析与测定，认为只在植株的部分根区进行适当灌水施肥，就足以满足植物正常的生长发育，无需给植株全部根系进行灌水，这种观点为果树根区进行局部水肥供应的应用提供了理论依据。

（三）穴贮肥水管理及果树穴贮砖研究进展

穴贮肥水技术是果园在干旱地区实现抗旱保肥的一项重要节水节肥技术。穴贮肥水能够将有限的肥水进行集中，从而提高土壤中局部区域的养分含量，保证了土壤充足的水分以及良好的气热状况。已有研究表明穴贮肥水的使用，可以使得果园土壤中速效氮、磷、钾等速效养分的含量得到明显提高。此外肥料在降解过程中，提高了土壤中微量矿质营养元素的溶解度和有效性，对果树在微量元素的吸收和利用上有促进作用。穴贮肥在土壤中具有一定的缓释作用，能够将肥水有效贮存起来，在植株生长期逐渐地释放养分和水分，在保证水肥稳定持续供给果树的同时，减少了水肥不必要的流失。滴灌施肥能够将植株所需水和养分直接输送到植株的根区，保证了植株根系对水分、养分的高效吸收，减少了水肥的损失，从而明显提高肥料利用率。前期已有研究表明果树穴贮滴灌技术结合了地下滴灌与穴贮肥水技术的优点，兼具有滴灌带来的速效性、及时性和穴贮肥水技术的缓释性，使得植株生长发育过程中对水分及营养元素吸收利用率达到最高。张红芬等人发现，果树穴贮肥能够提高早春时期果园中的土壤温度，提高果树生长过程中的根系活力，促使根系活动提前。高智红等人研究发现，穴贮肥能够增强植株吸收土壤养分和水分的能力，同时能够将果树在生长发育期的土壤含水量维持在 15％左右，穴贮肥水技术的实施比较适合果树生长发育对养分、水分以及土壤温度的需要。

　　于坤团队通过 2 年的研究，在结合地下滴灌和传统"穴贮肥水技术"的基础上，提出了适合于干旱区抗旱保肥的"低压地下穴贮滴灌系统"，并采用土柱栽培法在赤霞珠葡萄幼苗上得到了验证。穴贮滴灌技术是利用地下滴灌的方式将植株所需的水分和养分直接输送至放置于植株根系附近区域的穴贮桶内，使得植株根系附近水分和养分得到保持。地下穴贮滴灌在节水抗旱方面效果显著，该技术可以改善土壤质量、保持土壤水分以及提高土壤肥力，能够使得30～50 cm 土壤深度处土壤体积含水率保持相对稳定，从而促进果树根系的生长和下扎。但是实际应用中这种地下穴贮滴灌系统在进行维护和更换时，需要再次将穴贮桶从土壤中挖出来，因此在生产应用中较难得到推广。为了进一步优化穴贮滴灌系统，使得果树水肥利用率更高，于坤团队采用了一种新的适合于实际生产应用的地下穴贮滴灌方法，将发酵好的有机肥同一些具有保水保肥性的可降解材料按一定比例制作成穴贮砖替代穴贮系统中的穴贮桶。果树穴贮砖既能发挥有机肥的效果使得土壤养分得到改善，又能减少水分、养分的不必要流失，充分保持了果树根区水肥的稳定，促进了植株对养分、水分的吸收，为干旱区滴灌节水节肥提供了新思路。

三、研究目的与内容

（一）研究目的

（1）比较引种的玉露香、早酥、早红玉、爱宕四个梨品种在新疆和田地区的生长发育情况，并筛选出最适合栽培的梨品种。

（2）探究穴贮滴灌技术对梨土壤理化性质及生长发育的影响，为梨在南疆沙质土壤中的肥水灌溉模式提供了新思路。

（二）研究内容

（1）从新梢生长期开始，分别对引种的四个梨品种测定新梢长度和粗度、叶片、叶柄的变化情况，90 d 后，测定四个梨品种植株的生物量以及根、茎、叶的矿质营养元素含量，并进行比较分析，筛选出最适合于当地栽培的梨品种。

（2）设置无果树穴贮砖（CK）、果树穴贮砖 a（T1）、果树穴贮砖 b（T2）三种处理，测定 T1、T2、CK 三种处理下爱宕、早酥在 0～80 cm 各个土层一个灌水周期的土壤含水量以及土壤 pH、氮磷钾含量、土壤速效养分含量以及有机质的含量，探讨果树穴贮砖对不同梨品种土壤理化性质的影响。

（3）分析果树穴贮砖对晚熟品种爱宕、早熟品种早酥生长发育的影响，测定三种处理下爱宕、早酥的新梢、叶片、叶柄以及生物量的生长指标，并对三个处理下两个梨品种根茎叶的全 N、全 P、全 K、Ca、Mg、Fe、Zn 养分含量进行分析和比较，探讨果树穴贮砖对不同梨品种生长发育的影响效果。

（三）技术路线

四个梨品种在南疆引种比较及果树穴贮砖对其土壤理化性质和

生长发育的影响技术路线图见图 3－1。

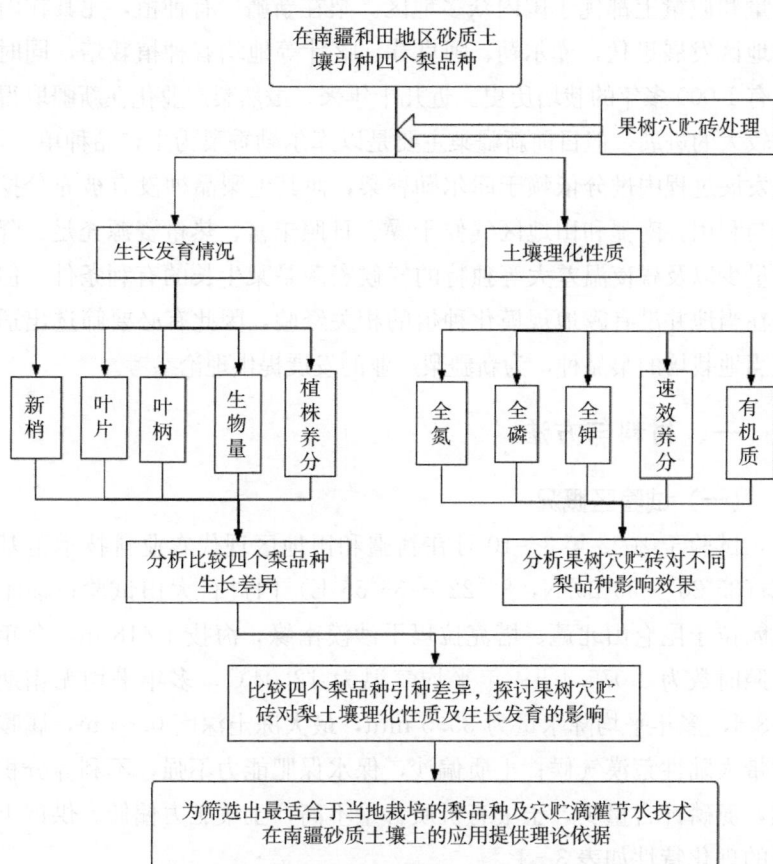

```
┌──────────────────┐
│ 在南疆和田地区砂质土 │
│ 壤引种四个梨品种    │
└──────────────────┘
          ▲         ┌────────────┐
          │◄────────│ 果树穴贮砖处理 │
          │         └────────────┘
    ┌─────┴─────┐
    │           │
┌─────────┐ ┌──────────┐
│ 生长发育情况 │ │ 土壤理化性质 │
└─────────┘ └──────────┘
```

| 新梢 | 叶片 | 叶柄 | 生物量 | 植株养分 |

| 全氮 | 全磷 | 全钾 | 速效养分 | 有机质 |

| 分析比较四个梨品种
生长差异 | 分析果树穴贮砖对不同
梨品种影响效果 |

比较四个梨品种引种差异，探讨果树穴贮
砖对梨土壤理化性质及生长发育的影响

为筛选出最适合于当地栽培的梨品种及穴贮滴灌节水技术
在南疆砂质土壤上的应用提供理论依据

图 3－1 四个梨品种在南疆引种比较及果树穴贮砖对其
土壤理化性质和生长发育的影响技术路线图

第二节 四个梨品种在南疆引种比较

新疆是全国著名的瓜果之乡，天山南北均有优良的栽培果树品种以及野生种。南疆地区有着独特的自然资源和地理优势，当地气

候条件独特、昼夜温差大、日照时间长、光资源丰富，特色林果在
产量和质量上都优于国内众多地区。梨在新疆广有种植，尤其在南
疆地区发展迅猛，库尔勒、阿克苏、喀什等地均有种植栽培，同时
已有1 000多年的栽培历史。近几十年来，虽然梨产业化在新疆取得
了较大的进展，但目前新疆梨主要是以库尔勒香梨为主，品种单一，
在发展过程中过分依赖于库尔勒香梨，而其他梨品种没有被充分挖
掘与利用。南疆和田地区气候干燥、日照丰富、热量资源充足、降
水量少以及昼夜温差大等独特的气候资源是梨生长的有利条件，但
梨在当地并没有露地规模化种植的相关经验，因此有必要筛选出适
宜当地栽培的梨品种，为新疆梨产业的发展提供理论参考。

一、材料与方法

（一）试验区概况

试验于2022年3~10月在新疆和田地区现代农业科技示范基
地（35°20′~39°29′N，82°22′~85°55′E）内进行大田试验；该示
范园位于昆仑山北麓、塔克拉玛干沙漠南缘，海拔1 418 m，全年
日照时数为3 075.4 h；年平均气温为12.04℃，多年平均无霜期
158 d，多年平均降水量为35.5 mm，最大冻土深度0.65 m，属暖
温带大陆性荒漠气候；土质偏沙，保水保肥能力不强，不利养分积
累，氮磷钾含量少，土壤有机质含量不高，土壤肥力偏低。供试土
壤的理化特性如表3-1。

表3-1　供试土壤不同土层理化特性

土层深度（cm）	土壤全氮（g/kg）	碱解氮（mg/kg）	有效磷（mg/kg）	速效钾（mg/kg）	pH	有机质（g/kg）
0~20	0.22	12.36	11.64	48.95	8.92	2.95
20~40	0.15	11.37	10.75	45.36	9.14	2.61
40~60	0.11	10.24	8.13	32.06	9.25	1.75
60~80	0.06	8.18	6.35	28.98	9.50	1.22

（二）供试材料

供试品种：由新疆石大国利科技有限公司提供的三年生幼树玉露香、早酥、早红玉、爱宕，并于 2022 年 3 月在和田示范园进行大田引种栽植。

（三）主要仪器设备

试验仪器：游标卡尺；钢卷尺；JA2003N 电子分析天平；电热烘干箱；原子吸收分光光度计；LabTech 消煮炉；全自动凯氏定氮仪；iCAP 6200 等离子体发射光谱仪；UV-2600/2007 岛津紫外可见分光光度计；电热恒温水浴锅；研磨机。

（四）试验项目测定及方法

1. 四个梨品种植株生长指标的测定

2022 年 4 月，对在新疆和田现代农业科技示范园引种的四个梨品种进行相关生长指标的测定，每个品种选取 10 株水肥供应相同且生长健壮、长势一致的植株。

（1）新梢长度测定：用钢卷尺每隔 7 d 进行一次测定，读数精确到 0.01 cm。

（2）新梢粗度测定：用游标卡尺每隔 7 d 进行一次测定，读数精确到 0.01 mm。

（3）叶柄长度和粗度的测定：对每个梨品种每棵植株标记的第 4、5 片叶用游标卡尺每隔 7 d 测定一次，读数精确到 0.01 mm。

（4）叶片大小的测定：用米尺对每个梨品种每棵植株标记的第 4、5 片叶测定最大叶长和最大叶宽；叶片干鲜重在电子分析天平上进行测定；采用方格计数法测定叶片面积，均取其平均值。

2. 四个梨品种植株生物量的测定

试验 90 d 后，对新疆和田现代农业科技示范园四个梨品种分别随机选择 10 株长势均匀的植株进行破坏性取样。将采集的植株与根系分别用水、1‰的盐酸及去离子水冲洗三次后，在 105℃下将处理过的样品杀青 30 min 后在 80℃下烘 48 h 后过筛称重。

3. 四个梨品种植株养分含量的测定

对上述测定好生物量的样品进行干燥、过筛，过筛后的根、茎干、叶片样品在粉碎机粉碎完全后过 80 目，取过筛后的样品分类保存至自封袋中并做好标记。取各个部分的样品 0.15 g，加入 5 mL 的 98% 浓度 H_2SO_4 和少量去离子水后静置一夜，次日逐次滴加 H_2O_2，用消煮炉在 220℃下消煮至澄清透明，取消煮后溶液定容过滤至 50 mL 离心管中，在离子体发射光谱仪中测定植株体内各部位矿质营养元素含量，其中 N 元素含量使用凯氏定氮仪进行测定。

（五）数据处理

采用 Microsoft Office Excel 2021 对试验数据进行处理。相关数据使用 SPSS 25 统计软件进行方差分析和标准化处理，采用 OriginPro 2021 制图。

二、结果与分析

（一）四个梨品种新梢生长差异性的比较

由图 3-2A、B 可知，四个梨品种的新梢长度和粗度在观测期的 0~90 d 都有不同程度的增长。其中，早酥在 0~40 d 增长最快，40~60 d 增长缓慢，60~80 d 增速加快，增长趋势呈现 S 形增长；爱宕在 0~40 d 增速最慢，在 40~70 d 显著增长，40~50 d 中新梢长度增长了 55.61%，粗度增加了 35.30%。在 81 d 后，四个梨品种的新梢基本达到了平稳。在 40 d 前，新梢长度表现为早酥＞早红玉＞玉露香＞爱宕，呈显著差异，四个梨品种中早酥的新梢粗度在数值上最大；在 70 d 后，新梢长度和粗度均表现为爱宕＞玉露香＞早酥＞早红玉。90 d 后，爱宕的新梢长度和粗度显著优于玉露香、早酥和早红玉，早酥与早红玉在新梢长度上差异不显著，玉露香、早酥在新梢粗度上差异不显著。

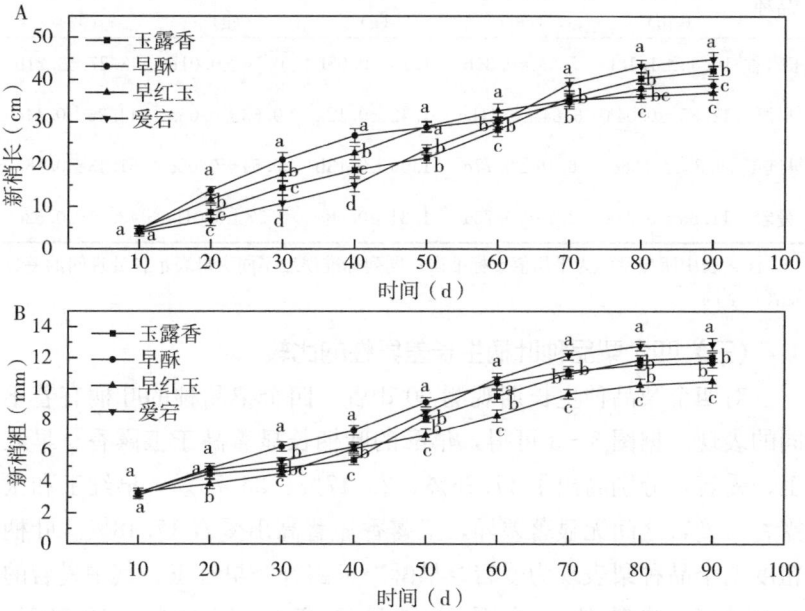

图 3 - 2 四个梨品种新梢长度和粗度的生长情况

（二）四个梨品种叶片生长差异性的比较

在和田现代农业科技示范园引种的四个梨品种，由表 3 - 2 可知，叶面积表现为爱宕＞早酥＞玉露香＞早红玉，且爱宕显著高于其他三个品种梨；叶片干重表现为早酥＞爱宕＞玉露香＞早红玉。早酥最大叶长数值上在四个梨品种中最高，分别高出 14.71%、24.87%、0.17%，早酥、爱宕之间无显著差异；爱宕的最大叶宽数值上最高，较其他三个品种梨显著高出 7.94%、19.37%、32.47%，早酥和玉露香、早红玉之间均无显著差异。早红玉的叶片含水量较其他三个梨品种显著高出了 6.55%、15.94%、18.21%，其中玉露香和早酥、爱宕间的叶片含水量差异显著，早酥与爱宕之间无显著差异。

表 3-2　四个梨品种叶片的生长情况

品种	最大叶长 （cm）	最大叶宽 （cm）	叶片鲜重 （g）	叶片干重 （g）	含水量 （%）
玉露香	10.33±1.18b	7.56±0.34b	1.16±0.08b	0.56±0.01b	48.27±0.21b
早酥	11.85±0.04a	6.84±0.41bc	1.42±0.12a	0.63±0.05a	44.36±0.44c
早红玉	9.89±0.38c	6.16±0.77c	1.05±0.13b	0.54±0.02c	51.43±0.48a
爱宕	11.83±0.34a	8.16±0.73a	1.31±0.08a	0.57±0.01bc	43.51±0.52c

注：表中所显示的为平均值±标准误；同列标准误后不同字母表示各处理间的差异显著；下同。

（三）四个梨品种叶柄生长差异性的比较

对四个梨品种生长期观测 90 d 后，四个梨品种的叶柄有着不同的表现。据图 3-3 可得，早酥的叶柄长显著高于玉露香、早红玉、爱宕，分别高出了 17.26%、23.47%、25.76%，早红玉和玉露香、爱宕之间无显著差异，玉露香显著高出爱宕 17.48%。叶柄粗度四个品种梨表现为爱宕＞早酥＞玉露香＞早红玉，其中爱宕的叶柄粗度较其他三个品种梨显著高出 17.96%、12.02%、30.18%，早酥叶柄粗度较早红玉高 16.22%，早酥的叶柄粗度比玉露香高 5.31%，但差异不显著。

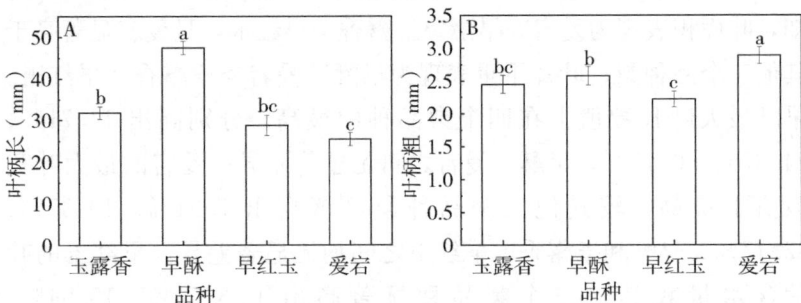

图 3-3　四个梨品种叶柄长度和粗度的差异比较

（四）四个梨品种植株的生物量差异性比较

由图 3-4 可知，四个梨品种植株整体的干物质量、地上干物质量以及地下干物质量均表现为爱宕＞玉露香＞早红玉＞早酥，但四个梨品种植株的地下干物质量与地上干物质量的占比有所不同，其中玉露香植株的地下干物质量与地上干物质量的占比最高，达到了 0.97。对于植株在地上干物质量来说，爱宕显著比玉露香、早酥、早红玉高 7.20％、19.64％、12.61％；在植株的地下干物质量中，爱宕比其他三个梨品种分别高 10.31％、14.94％、13.93％，差异显著，玉露香和早红玉的地下干物质量显著高于早酥，玉露香、早红玉之间无显著差异。

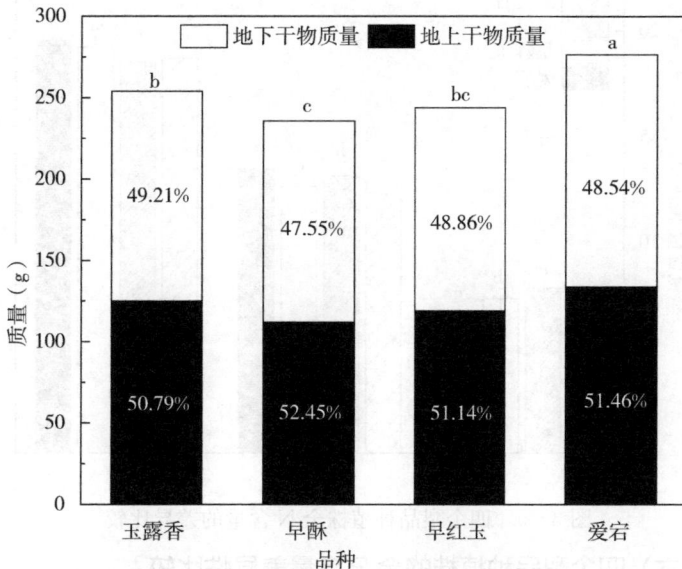

图 3-4　四个梨品种生物量的差异比较

（五）四个梨品种植株的全 N 含量差异性比较

全氮含量在和田现代农业科技示范园引种的四个梨品种植株中的表现有所不同。依图 3-5 可知，四个梨品种植株中，全 N 含量

均表现为叶＞茎＞根，且四个品种梨在根中表现为早酥＞早红玉＞
玉露香＞爱宕，早酥分别比玉露香、早红玉、爱宕在根中的全 N
含量高出 12.18％、7.11％、17.74％，早酥与玉露香、爱宕之间
差异显著，但与早红玉无显著差异。在茎中爱宕的全 N 含量显著
最高，较其他三个梨品种分别高出了 4.82％、2.51％、6.65％，
其中玉露香、早酥与早红玉之间存在显著差异，玉露香、早酥之间
无显著差异。四个梨品种叶片全 N 含量表现为爱宕＞早红玉＞玉
露香＞早酥，玉露香与早酥之间无显著差异，早红玉和爱宕之间无
显著差异。

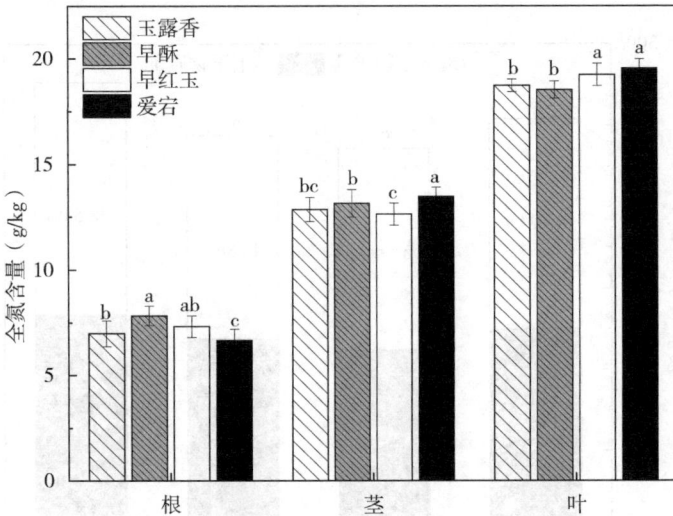

图 3-5　四个梨品种植株全 N 含量的差异比较

（六）四个梨品种植株的全 P 含量差异性比较

由图 3-6 可知，四个品种梨植株的全 P 含量在根茎叶中表现
有所不同。在根中，四个梨品种全 P 含量表现为爱宕＞早红玉＞
玉露香＞早酥，其中爱宕比玉露香、早酥、早红玉分别显著高出
8.19％、7.03％、10.16％。在植株茎中，爱宕的全 P 含量在四个

梨品种中显著最高。叶中全 P 含量表现为早酥＞早红玉＞爱宕＞玉露香，其中早酥叶片中全 P 含量显著比玉露香、早红玉、爱宕高出 17.48％、1.82％、3.07％，早红玉与爱宕在叶片中的全 P 含量表现为差异不显著。

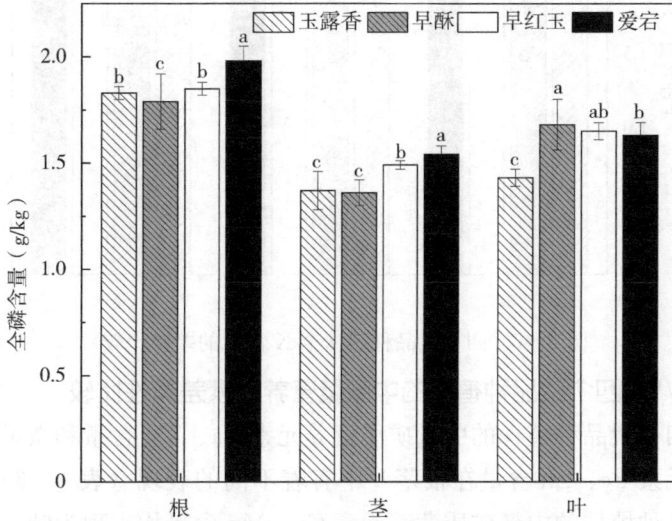

图 3-6　四个梨品种植株全 P 含量的差异比较

（七）四个梨品种植株的全 K 含量差异性比较

在根中，玉露香的全 K 含量在四个梨品种中显著最高，较其他品种梨分别高出了 6.14％、3.52％、10.94％，其中早酥、早红玉之间差异不显著。在植株茎中，爱宕的全 K 含量显著最高，爱宕茎中的全 K 含量较其他三个品种梨分别高出 4.71％、9.47％、7.43％。四个梨品种在叶中全 K 含量表现为爱宕＞早红玉＞玉露香＞早酥，爱宕叶片中全 K 含量显著比玉露香、早酥和早红玉高出 5.41％、8.33％、4.01％，玉露香、早红玉间叶片的全 K 含量无显著差异（图 3-7）。

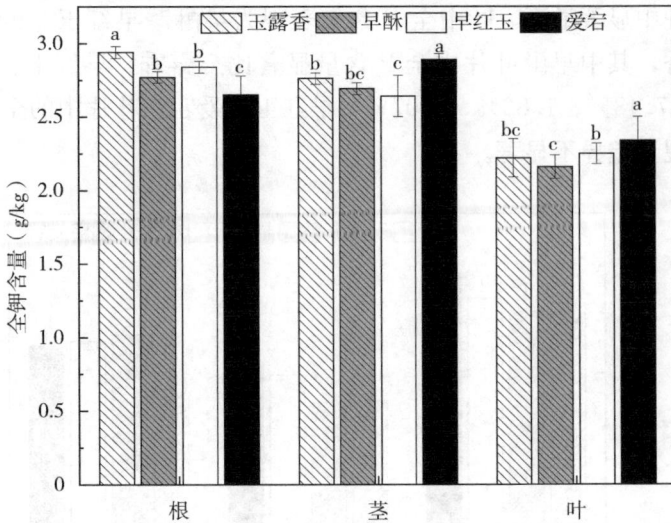

图 3-7　四个梨品种植株全 K 含量的差异比较

（八）四个梨品种植株的中微量营养元素差异性比较

四个梨品种植株的中量矿质营养元素 Ca、Mg 含量和微量矿质营养元素 Fe、Zn 含量在根茎叶中有着不同的表现（表 3-3）。四个梨品种植株的中量矿质营养元素 Ca、Mg 含量均表现为叶＞茎＞根，微量元素 Fe 含量表现为根＞叶＞茎，Zn 含量表现为叶＞根＞茎。在根中，全 Ca 含量表现为爱宕＞早酥＞玉露香＞早红玉，且爱宕较其他三个品种梨显著高出 12.52％、3.69％、39.74％；全 Mg 含量表现为早红玉＞爱宕＞玉露香＞早酥，且早红玉显著高出了 13.27％、23.08％、2.41％；根中玉露香在全 Fe、全 Zn 含量上显著高于早酥、早红玉、爱宕。从茎上来看，玉露香茎中全 Mg 含量在四个梨品种中显著最高，同时早酥茎中的全 Fe、全 Zn 含量上显著高于其他三个品种梨；爱宕茎中全 Ca 含量比玉露香、早酥、早红玉高出了 20.71％、33.88％、7.11％，且差异显著。在叶中，全 Ca 含量表现为爱宕＞早红玉＞玉露香＞早酥，其中爱宕的全 Ca 含量显著高出了 29.01％、8.83％、33.96％；全 Mg 含量表现为早红玉＞爱宕＞玉露香＞早酥，其中早红玉的全 Mg 含量显著高出了 30.37%、11.16%、44.56%；爱宕在全 Fe、全 Zn 含量上显著高于玉露香、早酥、早红玉，早酥在全 Zn 含量上显著高于其他三个梨品种。

表 3-3 四个梨品种植株的中微量营养元素含量的情况

部位	品种	Ca (g/kg)	Mg (g/kg)	Fe (mg/kg)	Zn (mg/kg)
根	玉露香	7.75±0.15b	1.13±0.08ab	878.73±8.17a	31.53±2.18a
	早酥	8.41±0.11a	1.04±0.05b	836.93±6.75b	28.72±1.66b
	早红玉	6.24±0.14c	1.28±0.11a	845.50±3.18b	23.79±1.96c
	爱宕	8.72±0.27a	1.25±0.04a	758.53±5.14c	25.58±0.89c
茎	玉露香	8.74±0.02c	1.53±0.03c	165.87±6.33b	12.36±0.39b
	早酥	7.88±0.16d	1.28±0.01b	190.31±4.22a	14.18±0.44a
	早红玉	9.85±0.19b	1.42±0.03b	158.07±5.09c	10.40±0.78c
	爱宕	10.55±0.11a	1.07±0.01b	143.85±2.12d	11.62±0.73c
叶	玉露香	19.20±0.71c	4.28±0.15b	217.27±5.13c	23.60±0.21a
	早酥	18.49±0.45c	3.86±0.14c	741.79±6.89c	25.92±0.55b
	早红玉	22.76±0.38b	5.58±0.32a	769.64±5.19c	21.06±0.33c
	爱宕	24.77±0.61a	5.02±0.19a	842.43±8.92c	21.66±0.24c

（九）用主成分分析法对四个梨品种植株养分进行综合评价

对四个梨品种植株的总体养分含量数据标准化处理结果见表 3-4。选取四个梨品种植株全 N、全 P、全 K、Ca、Mg、Fe、Zn 含量 7 项指标数据进行主成分分析，以比较出新疆和田地区四个梨品种生长发育的情况。

表 3-4 综合评价植株养分的标准化数据

品种	全 N	全 P	全 K	Ca	Mg	Fe	Zn
玉露香	−1.1519	−1.0142	0.8802	−0.2050	0.7559	−1.0630	−1.1523
早酥	0.6451	0.9852	0.2071	0.8816	−0.3780	0.5409	0.6403

（续）

品种	全N	全P	全K	Ca	Mg	Fe	Zn
早红玉	0.506 9	0.029 0	−1.087 3	−1.086 6	−1.133 9	−0.022 1	0.512 1
爱宕	0.126 5	0.042 6	−1.461 3	0.563 1	1.240 7	0.183 2	−0.410 2

　　利用 SPSS 将主成分分析后的特征向量和主成分 1、2 数据进行标准化，并对植株养分进行综合评价的贡献率如表 3-5 所示。由表可以得知，主成分 1 的特征向量值最大，达到了 4.196，贡献率（解释方差）为 61.759%，主成分 2 各指标特征值为 2.804，贡献率（解释方差）为 38.241%。两种主成分的累积贡献率（累积解释方差）达 100%，表明前 2 个主成分 1、2 代表了植株矿质营养元素的 7 个原始指标 100% 的信息。因此，利用主成分分析评价植株整体养分是可靠的，所以主要提取前 2 个主成分用作综合评价。

表 3-5　主成分分析的特征值与方差贡献率

主成分	起始特征值		
	特征值（λ）	解释方差（%）	累积解释方差（%）
1	4.196	61.759	61.759
2	2.804	38.241	100

　　SPSS 标准数据主成分分析产生的主成分载荷矩阵如表 3-6 所示，主成分 1 主要携带的 N、P、K、Zn、Fe、Mg 含量的信息，主成分 2 主要携带的是 P、Mg、Ca 含量的信息。

表 3-6　主成分初始因子荷载矩阵

生化指标	主成分 1	主成分 2
Zn	0.969	246

（续）

生化指标	主成分 1	主成分 2
Ca	−0.355	0.935
Fe	−0.976	0.216
Mg	−0.782	0.623
全 N	0.968	0.25
全 P	0.776	0.631
全 K	−0.868	0.497

将植株养分营养元素的养分含量进行标准化数值计算，得到四个品种下植株养分指标在 2 个主成分上的得分情况（表 3 - 7）。主成分 1 中植株养分表现最好的是玉露香，主成分 2 中植株养分的吸收情况最优的是早酥。根据两种主成分的贡献率情况，对四个梨品种的植株养分进行综合评价后，养分含量排序的结果为爱宕＞玉露香＞早红玉＞早酥。

表 3 - 7　四个梨品种植株养分含量综合排序

品种	主成分 1 得分	主成分 2 得分	植株养分	排序
玉露香	1.156	−0.264	0.892	2
早酥	−0.962	−0.281	−1.243	4
早红玉	−1.878	1.324	−0.554	3
爱宕	1.549	−0.086	1.463	1

三、讨论

（一）四个梨品种在南疆生长的差异

植物新梢变化趋势、叶长、叶宽、叶面积、叶柄长和叶柄粗以及植株生物量是植株生长最常见的指标。梨树地上生长指标，可以很好地反映出引种果树在当地的适应性情况。果树新梢的生长时期是果树在整个营养生长过程中的重要时期,生长势强,新梢生长旺盛,表明果树更能适应当地环境。南疆夏季温度高,光照度大,同时气候干燥,植株在受到高温强光刺激后,常常会表现出不可逆转的伤害。通过从四个梨品种在和田地区植株地上生长差异的比较,可以看出不同梨品种对高温强光的耐受力存在差异,从而很好地反映出试种果树在当地的适应性情况。

经过对四个梨品种新梢生长情况比较可以看出,四个梨品种的生长趋势相近,初期新梢生长最快,中期生长速度放缓,在后期新梢基本停止生长,生长规律呈现S形生长趋势,这和王文在研究早酥新梢生长特征的规律大体一致。本试验中,四个梨品种在和田地区新梢长度和粗度均表现为爱宕>玉露香>早酥>早红玉。叶面积表现为爱宕>早酥>玉露香>早红玉,差异显著,这说明爱宕叶片在吸收光合作用上面更有利。

植株的地上部干鲜重和地下部干鲜重反映了植株的干物质积累,地上与地下部分之间存在一定的联系和物质交换,地上部位可以为地下部分提供光合作用所产的叶绿素、光合产物等物质,地下部分则为地上部分提供植株正常生长所需的各种矿质元素、水分以及植物激素等。四个梨品种在和田地区引种表现中,爱宕植株的地上干物质量和地下干物质量显著比玉露香、早酥、早红玉高,说明晚熟品种爱宕在南疆地区生长势较强。叶柄长度上早酥叶柄最长,而爱宕的叶柄最粗。通过四个梨品种的生长指标综合来看,四个梨品种生长趋势大致相似,但也存在一定差异,早熟品种早酥和早红玉各生长期起始关键节点均要早于晚熟品种爱宕和中晚熟品种玉露香,且生长速率较快;而晚熟品种爱宕有较长的快速生长期,这与索玉静等人研究的早熟柿与晚熟柿生长趋势比较相一致。

(二)四个梨品种在南疆的氮磷钾营养元素含量差异

矿质营养作为必需的营养元素,参与了植物的新陈代谢,同时在高等绿色植物生长过程中扮演着重要角色,矿质营养元素氮磷钾作为无机营养元素，含量的多少是直接维系植株正常生长发育、促进植株进行新陈代谢的关键。在梨树生长发育的过程中，亟须营养元素的正常供应，主要参与的矿质营养元素包括氮元素、钾元素、磷元素以及铁元素和钙元素等。在植物生长和发育过程中，梨树对各种无机营养元素的需求量也表现出了不同，许多大量营养元素、中量营养元素和微量营养元素都对梨树的生长发育有着积极重要的作用。作为梨树生长发育的必需营养元素，氮、磷、钾元素在梨树进行光合作用、叶绿素的形成以及水分的吸收中发挥着重要的作用。氮元素参与了植株在叶片光合作用中气孔导度的调控，提升了植株叶片的光合能力；磷元素主要是参与植株叶绿体中 ATP 的磷酸化过程，从而促进叶绿素在叶片中的合成。植株体内氮磷钾含量的多少，可以很好地反映出植株的生长状况。植株体的营养元素一方面受到土壤以及气候条件的影响，一方面还与自身对营养元素的吸收能力有关，本试验在对新疆和田地区引种的四个梨品种植株体内氮磷钾营养元素含量的分析比较中，爱宕植株中的全 N、全 P、全 K 含量表现最高，说明爱宕在南疆吸收养分能力最强。

（三）四个梨品种在南疆的中微量营养元素含量差异

矿质营养元素对植物生理反应、生长发育扮演着重要角色。Ca、Mg 等一些中量元素对维持植物体正常的生命活动具有重要意义，同时也增强了植株根系活力。Fe、Zn 等微量元素参与了植物体内各种酶和激素等物质的构成和活化，能够促进植物体内的各种代谢过程；对梨树中矿质元素的含量测定可以很好地反映出植株的营养状况。本试验在引种的四个梨品种植株根茎叶中，爱宕的全 Ca 含量均最高，根和叶中早红玉全 Mg 含量最高，玉露香在根中全 Fe、全 Zn 含量最高。通过对四个梨品种植株的矿质营养元素含量进行主成分分析发现，四个梨品种植株体内养分含量表现为爱宕＞玉露香＞早红玉＞早酥，从营养元素含量综合分析可以得出于南疆引种的爱宕对矿质营养元素吸收能力最强。

四、小结

通过对四个梨品种在新疆和田引种的生长差异比较，可以看出四个梨品种的新梢、叶片、叶柄生长趋势大致相似，但晚熟品种爱宕在生长到最后的新梢长度、粗度、叶面积、叶柄以及生物量都显著高于其他三个品种，通过对四个梨品种的生长指标综合来看，晚熟品种爱宕表现最佳，其次是中晚熟品种的玉露香，早熟品种早酥和早红玉表现较弱。

四个梨品种植株体内的营养元素含量也有不同的差异，通过主成分分析法可以看出，四个梨品种植株体内养分含量表现为爱宕＞玉露香＞早红玉＞早酥。结合四个梨品种在新疆和田地区新梢、叶片、叶柄生长情况以及生物量的比较，可以得出引种的四个梨品种，在南疆生长最好的是晚熟品种爱宕，其次是玉露香、早红玉和早酥。

第三节　果树穴贮砖对爱宕、早酥
土壤理化性质的影响

土壤理化性质反映出了当地土壤肥力情况，对植株的生长发育起到了至关重要的影响。我国新疆的南部地区，普遍干旱少雨、土壤贫瘠，并且是以沙质土壤为主，限制了果树发展的多样性。合理的水肥管理模式有利于作物实现高产、优质，因地制宜地对植株所需的水分和养分进行调节，保持在一个合理的范围，使水肥能够协同作用，起到"以水调肥"和"以肥济水"的效果，这是在农业生产中实现节水节肥和高产高效的主要手段。本试验通过施入以穴贮滴灌为基础的果树穴贮砖，研究不同种类的果树穴贮砖对在南疆种植的晚熟品种爱宕和早熟品种早酥梨土壤理化性质的影响，以期提高南疆沙质土壤干旱区的水肥利用率，为促进梨在南疆沙地条件下的发展提供理论依据和技术支撑。

一、材料与方法

(一)试验区概况

同本章第二节。

(二)试验材料与设计

选取的果树为新疆和田地区现代农业科技示范基地移植的 3 年生爱宕和早酥幼树。种植行距为 4 m,株距为 1.5 m;每个品种梨树选取 30 株根系健壮且长势基本一致的植株,在距植株 20 cm 一侧,距土面 25 cm 处挖穴施入果树穴贮砖,施入穴贮砖后采用常规统一管理方式,每 9 d 滴灌一次为一个灌水周期。

本实验设三个处理,如图 3 - 8。

处理一:无穴贮砖(CK)对照。

处理二:穴贮砖 a(T1)处理。

处理三:穴贮砖 b(T2)处理。

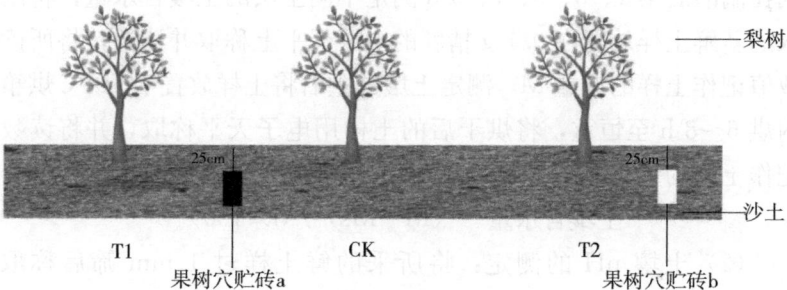

图 3 - 8 施加果树穴贮砖模拟图

每个处理均为单株小区,且每个处理均为 10 个重复。果树穴贮砖 a(规格:长 23 cm,宽 11 cm,高 4 cm。配料:300 g 牛粪,300 g 羊粪,100 g 蛭石,50 g 蒙脱石,10 g 生物炭,将配料加水混合凝固);果树穴贮砖 b(规格:长 23 cm,宽 11 cm,高 4 cm。

配料：300 g 鸡粪，300 g 油渣，100 g 蛭石，50 g 蒙脱石，10 g 生物炭，将上述配料加水混合凝固）。

（三）主要仪器设备

同本章第二节。

（四）测定项目及方法

1. 不同土层土壤取样方法

土壤取样于两个梨品种植株生长成熟后，于 2022 年 10 月 15 日对不同土层采用根钻法取样。每个梨品种的三个处理选取标记好的试验植株，在距树干 30cm 半径的东西南北四面分别均匀取四个点，用钻土器分别在 0～20 cm、20～40 cm、40～60 cm、60～80 cm 四个土层的土壤剖面处均匀取 100 g 土样，并按照不同土层分类混合均匀。所取土样立即过 1 mm 的网筛并装袋做好标记，以待进行相关养分测定。

2. 土壤理化性质测定

（1）土壤含水量的测定：测定一个灌水周期的土壤含水量，分别在滴灌后第 1、3、5、7、9 d 测定不同土层的土壤含水量；将刚取的新鲜土样放置在 0.1 g 精度的电子天平上称取并读数，将所读数值记作土样的湿重 M，测定土壤鲜重后将土样放置于 105℃烘箱内烘 6～8 h 至恒重，将烘干后的土样用电子天平称取，并将读数记作土样的干重 Ms。

$$土壤含水量＝（M－Ms）/M×100\%$$

（2）土壤 pH 的测定：将所采的鲜土样过 1 mm 筛后称取 10 g，并与中性水以 1：2.5 的质量比充分搅拌，混合均匀后静置 30 min，用酸度计进行 pH 的测定。

（3）土壤全 N 的测定：将待测土样用硫酸-双氧水进行消煮后，在全自动凯氏定氮仪上测定并读数。

（4）土壤全 P 的测定：使用碱熔法将待测土样分解后，用比色法进行测定。

（5）土壤全 K 的测定：用 NaOH 熔融法将待测土样分解后取上清液 5 mL，在 FP640 火焰光度计上测定。

（6）土壤有机质的测定：取 1 g 烘干后的待测土样采用重铬酸钾外加热法进行测定。

（7）土壤碱解氮的测定：用 0.1 mol/L NaOH 溶液水解待测土样后采用碱解扩散法进行相关测定。

（8）土壤有效磷测定：取 5 g 烘干后的待测土样加 100 mL 的 0.5 mol/L NaHCO$_3$ 溶液浸取，并使用钼锑抗比色法进行比色。

（9）土壤速效钾的测定：取 5 g 待测土样于三角瓶中，加入 1 mol/L 中性 NH$_4$OAC 溶液 50 mL 浸提，用火焰光度计法进行读数并绘制标准曲线。

（五）数据处理

同本章第二节。

二、结果与分析

（一）果树穴贮砖对爱宕和早酥一个灌水周期土壤含水量的影响

在一个灌水周期的第 1、3、5、7、9 d 后，由图 3-9 和图 3-10 可以看出，爱宕和早酥三个处理的土壤含水量在 0～80 cm 各个土层中均随灌水天数的增加呈现出不同程度的降低趋势。在 0～20 cm 土层处，爱宕和早酥各处理间在第 1、3 d 内土壤含水量均无显著差异；而在第 5、7、9 d 内两个梨品种 T1、T2 处理的土壤含水量均显著高于 CK 处理。20～40 cm 土层处，爱宕和早酥各处理的土壤含水量均为 T1＞T2＞CK，且 T1、T2 处理显著高于 CK 处理。在土层 40～60 cm 中，两个梨品种灌水后第 1、3、5 d 内 T1、T2 处理下的土壤含水量均显著高于 CK 处理。在土层 60～80 cm 处，爱宕和早酥灌水的第 1～9 d，各处理间的土壤含水量均表现为无显著差异。

综上可以看出，一个灌水周期内，果树穴贮砖对爱宕和早酥在
0~20 cm 土层的第 5~9 d、20~40 cm 土层整个灌水周期以及
40~60 cm 土层的第 1~5 d 的土壤含水量具有显著提升作用，且
T1 处理效果更好。

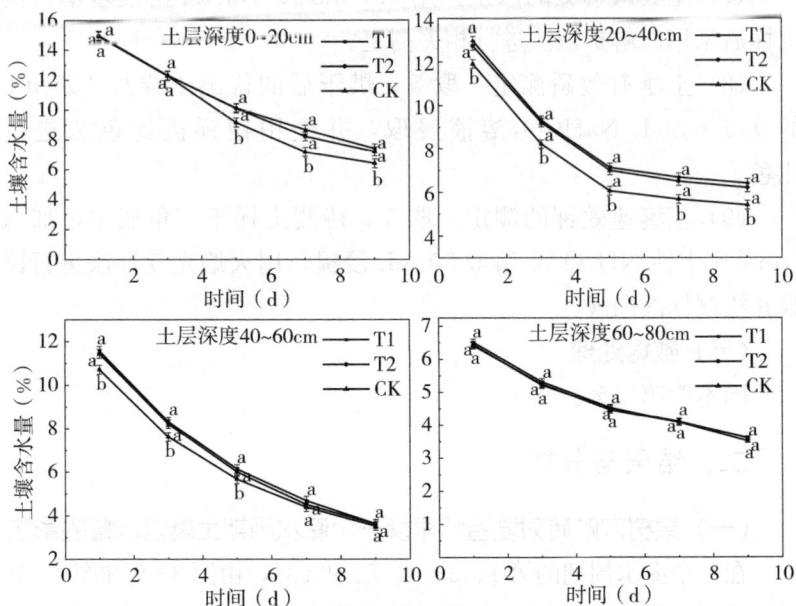

图 3-9　果树穴贮砖对爱宕不同土层一个
灌水周期土壤含水量的影响

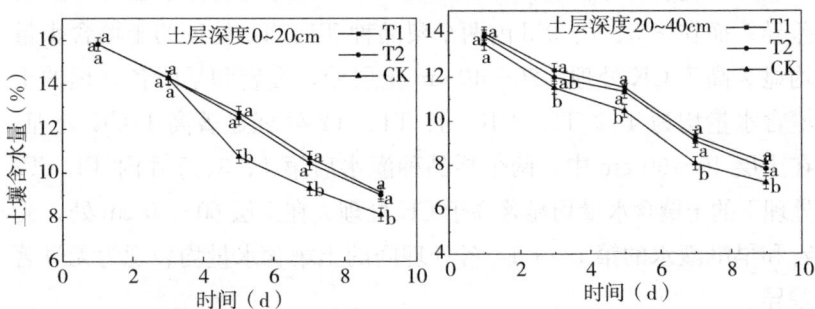

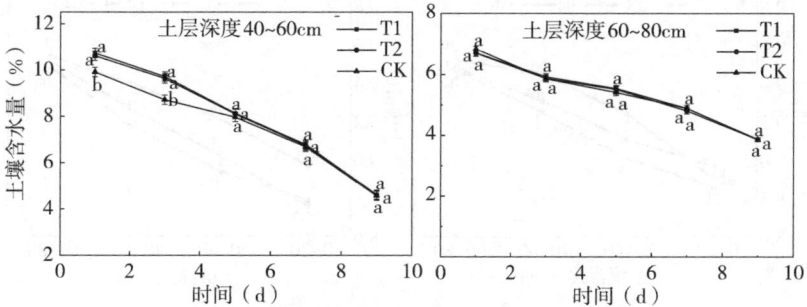

图 3-10 果树穴贮砖对早酥不同土层一个
灌水周期土壤含水量的影响

（二）果树穴贮砖对爱宕和早酥不同土层土壤 pH 的影响

由图 3-11A、B 可得，爱宕和早酥三个处理在 0～80 cm 土层中 pH 均呈随着土层加深不断上升的变化趋势。爱宕在 0～20 cm 土层处 pH 表现为 T2＞CK＞T1，但三个处理间差异不显著；早酥在 0～20 cm 土层处 pH 表现为 CK 显著高于 T1、T2。在 20～40 cm 土层中，两个梨品种 T1、T2 处理较 CK 处理 pH 分别显著降低了 2.49%、1.41% 和 2.93%、2.06%。土层为 40～60 cm 时，两个梨品种 T1、T2 处理较 CK 处理 pH 分别显著降低了 2.12%、1.48% 和 2.45%、1.49%。60～80 cm 土层处，各处理间均表现为无显著差异。可见果树穴贮砖对爱宕 20～60 cm 土层和早酥 0～60 cm 土层土壤的 pH 有显著降低作用，且 T1 处理对改善土壤盐碱情况的效果更好。

（三）果树穴贮砖对爱宕和早酥不同土层土壤氮磷钾含量的影响

果树穴贮砖对爱宕和早酥不同土层土壤的全 N、全 P、全 K 含量也有一定的影响。由图 3-12A、B 可得，两个梨品种在 0～80 cm 土层中，CK 处理的全 N 含量随着土层深度的增加而不断减少，爱宕 T1、T2 处理下土壤全 N 含量随着土层深度的增加先增大后减小；早

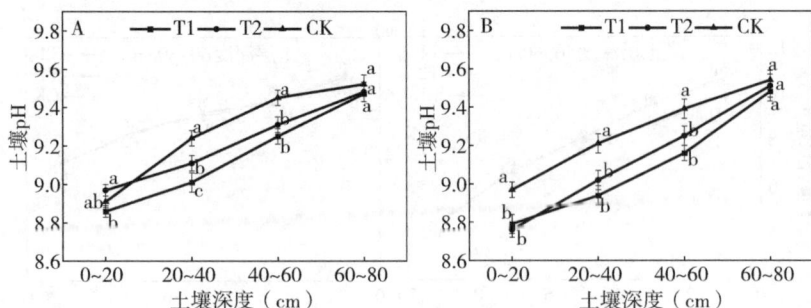

图 3-11　果树穴贮砖对爱宕（A）和早酥
（B）不同土层土壤 pH 的影响

酥 T1 处理的全 N 含量随着土壤深度的增加先增大后减小，T2 处理随着土层深度的增加而不断减少。两个梨品种在土层 0～60 cm 处均表现为 T1＞T2＞CK，且在 20～40 cm 土层处 T1、T2 处理较 CK 处理提升幅度都最大，分别提升了 30.42%、27.08% 和 31.67%、18.33%，且差异均显著。在土层 60～80 cm 处，爱宕土壤全 N 含量表现为 T2＞T1＞CK，差异显著；早酥土壤全 N 含量表现为 T1＞T2＞CK，T1、T2 处理较 CK 显著提高了 19.35%、12.90%，T1、T2 处理处理间无显著差异。

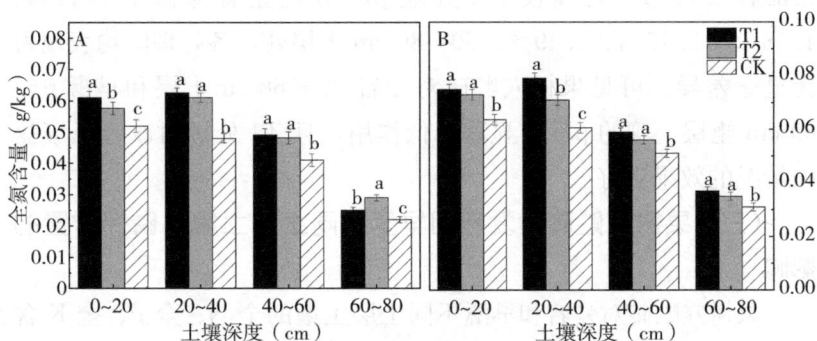

图 3-12　果树穴贮砖对爱宕（A）和早酥
（B）不同土层土壤全 N 的影响

由图 3 - 13A、B 可知，在 0～20 cm 土层中，爱宕的土壤全 P 含量表现为 T2＞T1＞CK，且差异显著；早酥的土壤全 P 含量表现为 T1＞T2＞CK，其中 T1 处理的全 P 含量显著高于 T2、CK，T2 与 CK 之间无显著差异。两个梨品种在 20～40 cm 土层处均表现为 T1＞T2＞CK，且两个梨品种 T1、T2 处理较 CK 分别显著高出了 20.18％、12.65％和 34.19％、21.14％。在土层 40～60 cm 处，爱宕 T1、T2 处理较 CK 分别显著高出了 32.51％、28.51％，早酥 T1、T2 处理较 CK 分别显著高出了 13.57％、18.47％。在 60～80 cm 土层处，爱宕 T1 处理土壤全 P 含量与 CK 处理差异显著；早酥表现为 T1、T2 处理均显著高于 CK，且 T1、T2 处理间的土壤全 P 含量无显著差异。

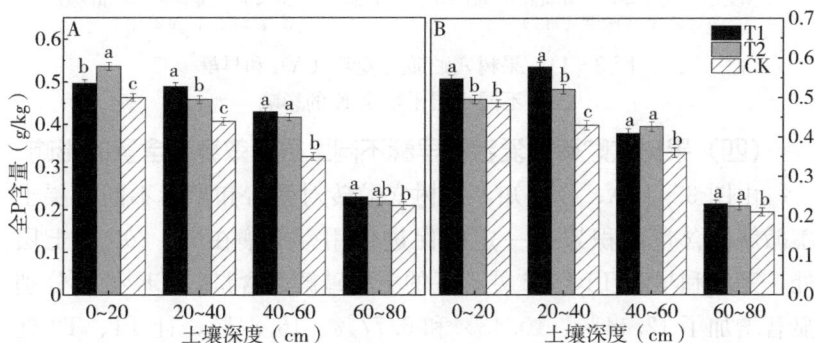

图 3 - 13　果树穴贮砖对爱宕（A）和早酥
（B）不同土层土壤全 P 的影响

从图 3 - 14A、B 可知，两个梨品种在 0～80 cm 土层中，CK 处理的全 K 含量呈现随着土层深度的增加而不断减少的趋势，T1、T2 处理下土壤全 K 含量呈现随着土层深度的增加先增大后减小的趋势。两个梨品种在土层 20～40 cm 处 T1、T2 处理下的土壤全 K 含量最高，且均表现为 T1＞T2＞CK，其中爱宕 T1、T2 处理较 CK 分别显著高出了 18.58％、8.47％，早酥 T1、T2 处理较 CK 分别显著高出了 29.15％、16.95％。在 40～60 cm 土层处，两个梨品种 T2 处理的土壤全 K 含量均高于 T1 和 CK，且 T1 和 CK 处理间差异均不显著。在 60～80 cm 土层处，爱宕 T1 处理下的土壤全 K 含量较 CK 显著高出 14.66％，早酥 T2 处理下的土壤全 K 含量较 CK 显著高出 14.35％。

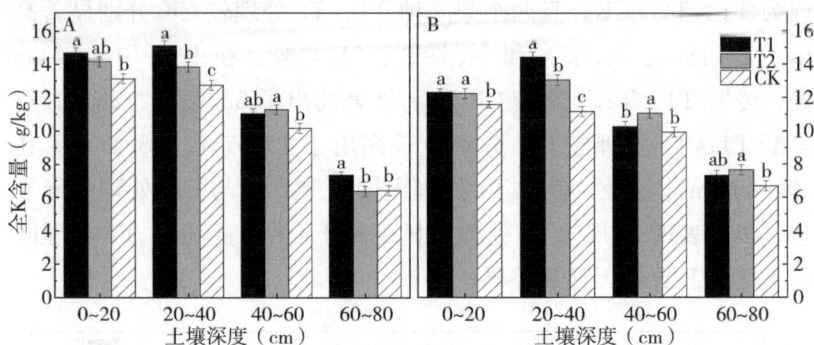

图 3-14　果树穴贮砖对爱宕（A）和早酥
（B）不同土层土壤全 K 的影响

（四）果树穴贮砖对爱宕和早酥不同土层速效养分含量的影响

由图 3-15A、B 可知，果树穴贮砖对爱宕和早酥不同土层土壤碱解氮含量的积累有一定的促进作用。土壤在 0～20 cm 土层处，爱宕和早酥 T1、T2 处理下的土壤碱解氮含量较 CK 处理分别显著增加了 12.14％、10.43％和 6.77％、16.84％，且 T1、T2 处理间无显著差异。在 20～40 cm 土层中，T1、T2 处理较 CK 碱解氮含量有了显著的提升，且两个梨品种土壤的碱解氮含量均表现为 T1＞T2＞CK，其中爱宕 T1 处理下的土壤碱解氮含量较 CK 增加了 26.18％，早酥 T1 处理下的土壤碱解氮含量较 CK 增加了 20.51％。在土层 40～60 cm 处，爱宕 T1、T2 处理下的土壤碱解氮含量显著高于 CK 处理，早酥 T1 处理下的土壤碱解氮含量显著高于 T2、CK 处理。爱宕在土层 60～80 cm 处三个处理间差异不显著，早酥在土层 60～80 cm 中 T2 与 CK 处理之间无显著差异。

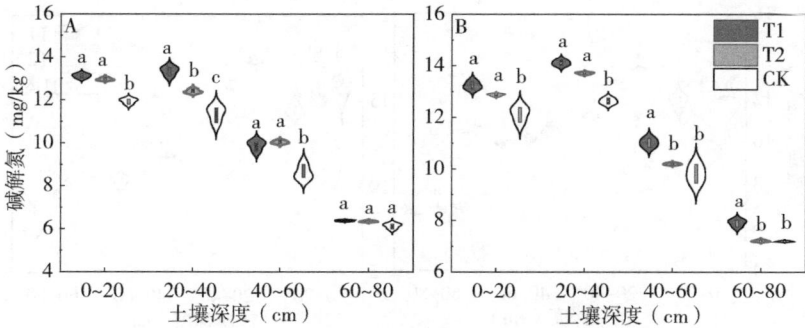

图 3-15　果树穴贮砖对爱宕（A）和早酥
（B）不同土层土壤碱解氮的影响

　　果树穴贮砖对爱宕和早酥不同土层土壤有效磷含量的积累有一定的促进作用（图 3-16A、B）。土层在 0~20 cm 处，爱宕土壤的有效磷含量表现为 T2＞T1＞CK，但三个处理间差异不显著；早酥土壤的有效磷含量表现为 T1＞T2＞CK，其中 T1 处理显著高于CK，T2 与 T1、CK 均无显著差异。土壤在 20~40 cm 土层处，爱宕和早酥 T1、T2 处理下的土壤碱解氮含量较 CK 处理分别显著增加了 19.59％、15.03％和 26.02％、16.42％。40~60 cm 土层处，爱宕 T1 处理下的土壤碱解氮含量较 CK 处理显著高出了 5.63％；早酥 T2 处理下的土壤碱解氮含量较 CK 处理显著高出了 19.81％。爱宕在土层 60~80 cm 处三个处理间差异不显著，在土层 60~80 cm 处早酥 T1 处理与 T2、CK 处理之间均无显著差异，但 T2、CK 处理间差异显著。

　　在 0~80 cm 土壤土层中，施加果树穴贮砖 90 d 后，爱宕和早酥 CK 处理的土壤速效钾含量随土层深度增加而减少，早酥在 T1、T2 处理下的土壤速效钾含量在 0~80 cm 土层中呈现出随土层深度增加先增加后减少的趋势，且在 20~40 cm 土层出现最高值。在土层 20~40 cm 处，爱宕在 T1、T2 处理下的土壤速效钾含量较 CK 处理分别显著增加了 34.88％、13.95％，早酥 T1、T2 处理下的土壤

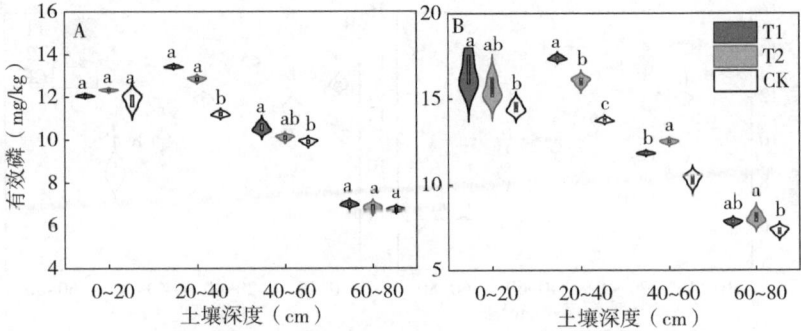

图 3-16　果树穴贮砖对爱宕（A）和早酥
（B）不同土层土壤有效磷的影响

碱解氮含量较 CK 处理分别显著增加了 31.58%、23.68%。土层在
40~60 cm 处，爱宕土壤的碱解氮含量表现为 T1>T2>CK；早酥土
壤的碱解氮含量均表现为 T2>T1>CK，且差异显著。60~80 cm 土
层处，爱宕在 T1、T2 处理下的土壤速效钾含量较 CK 处理分别显著
高出了 16.02%、12.33%；早酥在三个处理下的土壤速效钾含量均
不显著（图 3-17A、B）。

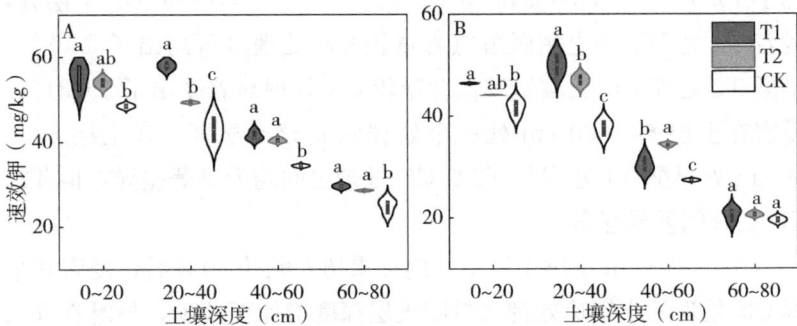

图 3-17　果树穴贮砖对爱宕（A）和早酥
（B）不同土层土壤速效钾的影响

（五）果树穴贮砖对爱宕和早酥不同土层土壤有机质含量的影响
　　土壤有机质含量是表现土壤肥力强弱最重要的指标。由

图 3-18A、B 可知，爱宕和早酥在施加果树穴贮砖 90 d 后，土壤有机质含量得到了显著的提升。爱宕在 0～80 cm 土层中，T1 处理下的土壤有机质含量随土层深度增加而先增大后减小，而 T2、CK 处理下的土壤有机质含量随土层深度增加而减少；早酥在 T1、T2 处理下的土壤有机质含量随土层深度增加而先增大后减小，CK 处理下的土壤有机质含量随土层深度增加而减少。在 0～20 cm 土层中，爱宕有机质含量表现为 T2＞T1＞CK，且 T1 与 T2、CK 均无显著差异；早酥有机质含量 T1、T2 处理较 CK 分别提高了 4.45％、3.93％，且差异显著。两个梨品种的 T1、T2 处理在 20～40 cm 土层中有机质含量较 CK 处理分别显著提高了 21.19％、8.55％ 和 25.91％、20.58％，且都表现为 T1＞T2＞CK。40～60 cm 土层中，两个梨品种土壤有机质含量表现为 T1＞T2＞CK，且 T1、T2 处理显著高于 CK 处理。三个处理下的土壤有机质含量在 60～80 cm 土层中，爱宕各处理间表现为无显著差异，早酥 T1、T2 处理较 CK 分别高出了 14.38％、11.76％，差异显著。

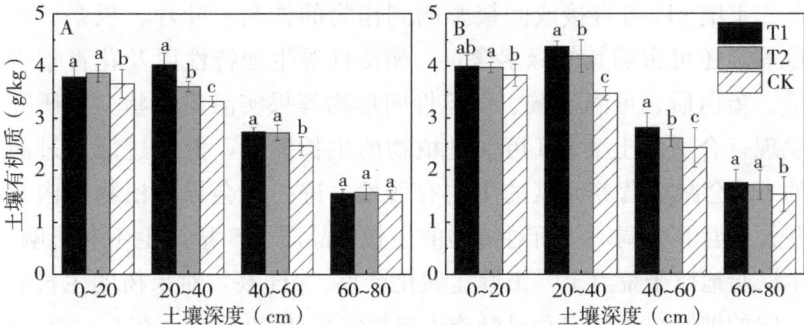

图 3-18　果树穴贮砖对爱宕和早酥不同土层土壤有机质的影响

三、讨论

（一）果树穴贮砖对爱宕和早酥不同土层土壤含水量及 pH 的影响

水分和养分之间的交互作用能直接影响到干旱区植物产量以及生理状况。土壤水分的利用会影响到植株的整个生理过程，进而对植株生物量以及果实品质产生一定的影响。韩多红等研究发现，合适的土壤水分对干旱区的梨树可产生较高净光合速率，提高其光合特性，进一步达到丰产的效果。本试验地位于新疆和田地区，土壤类型属于沙质土壤类型，漏水漏肥严重，施入果树穴贮砖的 T1、T2 处理对以 9 d 为一个灌水周期的爱宕和早酥 0～60 cm 土层土壤含水量有显著的提高作用，且 T1 处理提升的效果更好。60～80 cm 土层由于离施加的果树穴贮砖较远，所以受到的影响较小，故与 CK 的含水量相差无几；本试验材料果树穴贮砖由纳米材料所制，且添加有发酵好的羊粪、鸡粪等有机肥，本身就有保水的作用，减少了土壤水分的流失，提高了土壤含水量，进而为促进植株生长发育提供了良好的水分条件。

土壤 pH 可直接或间接影响到作物的株高、叶片、根系、产量等，还可影响其叶绿素含量、酶活性等生理特性以及花青素含量、蛋白质、可滴定酸、可溶性固形物等果实品质性状。有研究发现，合适的土壤 pH 可促进植物的生长发育，但是过低或过高的 pH 会减少营养元素的生物有效性，进一步会导致植物体内某些元素营养失调，从而对植物的生长、品质及产量产生不利影响。本试验地属于荒漠土，土壤盐碱化严重、pH 高，对果树的生长有一定的抑制。对爱宕和早酥施入果树穴贮砖 90 d 后，在 0～60 cm 土层处 T1、T2 处理与 CK 相比土壤 pH 均有不同程度的降低，说明果树穴贮砖的施入对南疆沙地土壤的盐碱化起到了一定的改善作用。

（二）果树穴贮砖对爱宕和早酥土壤全 N、全 P、全 K 含量的影响

N、P、K 元素作为梨树生长发育的必需营养元素，在植株进行光合作用、叶绿素的形成过程以及对水分的利用和吸收都起着至关重要的作用。土壤 N、P、K 含量是反映土壤肥沃性的一个重要指标，它是衡量土壤能够提供作物生长所需的各种养分的能力。刘建新等研究发现七孔穴施能够提高苹果根际土壤有机质含量和 pH，对土壤 N、P、K 含量也有不同程度的提升。氮素是植物生长所必需的营养元素，充足的氮是植株进行细胞分裂的必要条件，同时氮素在植株体内供应的充足与否也会直接影响到植株体内各器官的正常运行以及树体结构的形成。土壤全 N 的含量表征土壤可提供的氮素总量，土壤全 N 的含量越高，供氮能力越强。本试验中爱宕和早酥施入果树穴贮砖 90 d 后，两个梨品种在 0～80 cm 土层中，土壤全 N、全 P、全 K 的含量都有了显著的提升，且提升幅度最大的均在 20～40 cm 土层处，这和施加果树穴贮砖在距土面 25 cm 紧密相关。从果树穴贮砖 T1、T2 处理对爱宕和早酥不同土层土壤全 N、全 P、全 K 的含量提升的综合表现来看，T1 处理比 T2 提升的效果略优。

（三）果树穴贮砖对爱宕和早酥不同土层速效养分的影响

土壤碱解氮（有效氮）含量的多少是反映近期内土壤氮素供应情况的重要表现形式，包括铵态氮和硝态氮这样的无机态氮及以氨基酸、酰胺和易水解蛋白质为主的易水解的有机态氮。土壤养分含量会直接影响作物的品质及产量。土壤速效养分在土壤养分管理中发挥着重要作用，是土壤转化能力以及土壤养分供应能力的主要体现指标。王巧仙等发现，水肥耦合效应作为一种提高土壤速效养分的方式，可以有效提高土壤有效磷、碱解氮、速效钾的养分含量。彭娜等研究表明，长期有机无机肥配施能够显著增加土壤中不同速效养分的含量。研究表明穴施尿素和生物炭能够吸附土壤中的

NH_4^+，使土壤缓慢释放速效养分，从而减少土壤中氮的淋溶，提高土壤中的氮素利用率。王伟军等研究发现，土壤施肥后可以提高 $0\sim100$ cm 土层中的养分含量，而滴灌施肥则更能够提高土壤养分含量。通过本试验研究得出，土壤在 $0\sim80$ cm 土层，爱宕和早酥施入果树穴贮砖的 T1、T2 处理，与 CK 相比显著提高了土壤碱解氮、有效磷和速效钾的含量，且在 $0\sim60$ cm 土层效果更显著，且 T1 提升的效果均略高于 T2，而由于在 $60\sim80$ cm 土层离施入的果树穴贮砖距离较远，肥效很难到达，因此提升该土层速效养分的效果不是很显著。本试验所施的果树穴贮砖就含有鸡粪或羊粪等有机肥，这与赵满兴等人研究配施有机肥处理能够显著提高土壤速效养分含量的结果相符合。

（四）果树穴贮砖对爱宕和早酥不同土层有机质的影响

土壤有机质酸性基团可促进微量元素形成可溶性的络合物，增强微量元素有效性。适量增加土壤有机质，可以调节有效态的微量元素含量，进而提高土壤肥力，提高果实品质及产量。土壤有机质是土壤固相部分的重要成分，具有明显的非均匀性是其在土壤中的分布特征，同时土壤有机质的含量、组成和性质也会随着外界环境如生物、气候、地形和人为耕作利用方式等的改变呈现出规律变化。土壤养分含量会直接影响作物的品质及产量。张超辉研究发现土壤有机质含量和土壤 pH 具有明显的剖面分异，其表层土壤有机质含量显著高于底层土壤，且表层土壤 pH 基本高于底层土壤。通过本试验研究可以得出，果树穴贮砖的施入可显著提高荒地条件下沙质土壤爱宕和早酥的土壤有机质含量，且在 $20\sim40$ cm 土层 T1、T2 处理的提升效果最显著，均表现为 T1＞T2＞CK；果树穴贮砖对早酥 $0\sim80$ cm 土层的土壤有机质含量均有促进效果，对爱宕仅在 $0\sim60$ cm 土层有显著效果，从各个土层土壤有机质含量的提升效果综合来看，T1 处理提升土壤有机质含量的效果更好。

四、小结

在对晚熟品种爱宕和早熟品种早酥施加果树穴贮砖 90 d 后发现，果树穴贮砖显著提高了爱宕和早酥土壤的含水量、pH、全 N、全 P、全 K 及速效养分和有机质的含量。其中，爱宕和早酥土壤在 0～20 cm 土层的第 5～9 d 内和 20～40 cm 土层整个灌水周期以及 40～60 cm 土层的第 1～5 d 内土壤含水量得到了显著的提高，且 T1 处理效果更好。果树穴贮砖主要是在 0～60 cm 土层改善了土壤的 pH，同时也显著提高了土壤的养分含量，且在 20～40 cm 土层处的提升效果最显著。

第四节 果树穴贮砖对爱宕、早酥生长发育的影响

梨树的生长发育期间，水肥的供给将直接关系到植株的营养生长和生殖生长。前人研究表明，通过穴贮肥水技术可以促进植株根系的生长和生物量的累积。并且已有研究表明梨树根系在生长过程中有明显的趋水、趋肥特征。作物的根系作为植株吸收外界养分和水分的重要器官，其数量的多少、活性的强弱对植株来说发挥着重要作用，将会直接影响到植株在地上部分的生长发育以及产量的高低，在人类生产中，不合理的水分和养分管理在导致土壤理化性状恶化的同时，还会严重影响到生产过程中植株根系的正常生长发育。本试验通过施入以穴贮滴灌为基础的果树穴贮砖，研究不同种类的果树穴贮砖对在新疆和田地区引种的晚熟品种爱宕和早熟品种早酥矿质营养元素吸收及生长发育的影响，以期探讨穴贮滴灌技术对梨生长发育的影响，探究适合梨在南疆沙质土壤生长的滴灌节水模式。

一、材料与方法

（一）试验区概况
同本章第二节。

（二）试验材料及设计
同本章第三节。

（三）主要仪器设备
同本章第二节。

（四）试验项目测定及方法
同本章第二节。

（五）数据处理
同本章第二节。

二、结果与分析

（一）果树穴贮砖对爱宕和早酥新梢生长的影响

新梢长度和新梢粗度是衡量植物生长量的标准之一。由图 3-19A、C 可知，爱宕在施加果树穴贮砖处理 90 d 中，前期 0～30 d，新梢长度表现为 CK＞T1＞T2，在 30 d 后，T1、T2 新梢长度有大幅度上升；30～90 d，新梢长度表现为 T1＞T2＞CK；新梢粗度在果树穴贮砖处理 90 d 中，一直表现为 T1＞T2＞CK。穴贮砖处理后第 90 d，爱宕 T1、T2 的新梢长度和粗度显著优于 CK 处理，新梢长度分别比 CK 长 14.62%、10.52%，新梢粗度分别比 CK 增长了 16.22%、11.67%。

由图 3-19B、D 可知，早酥在施加果树穴贮砖处理 90 d 后，新梢长度和粗度都得到了较大的提升。穴贮砖处理的 30～60 d，T1、T2 的新梢长度增长幅度较大，60 d 后增长幅度有所减少。40～60 d，T1 处理的新梢粗度增长幅度最大，而后增长趋于平稳；20～60 d，T2 处理的新梢粗度明显增长，而后增长缓慢。

穴贮砖处理 90 d 中，新梢长度一直是 T1 高于 T2；穴贮砖处理的 50 d 前，新梢粗度 T2 优于 T1；50 d 后，新梢粗度 T1 优于 T2。早酥在施加果树穴贮砖处理 90 d 后，新梢的长度和粗度均表现为 T1＞T2＞CK，其中，T1、T2 的新梢长度较 CK 处理的新梢长度分别增加了 20.47％、13.35％，差异显著；T1、T2 的新梢粗度较 CK 处理的新梢粗度分别增加了 13.52％、8.19％，且差异均显著。

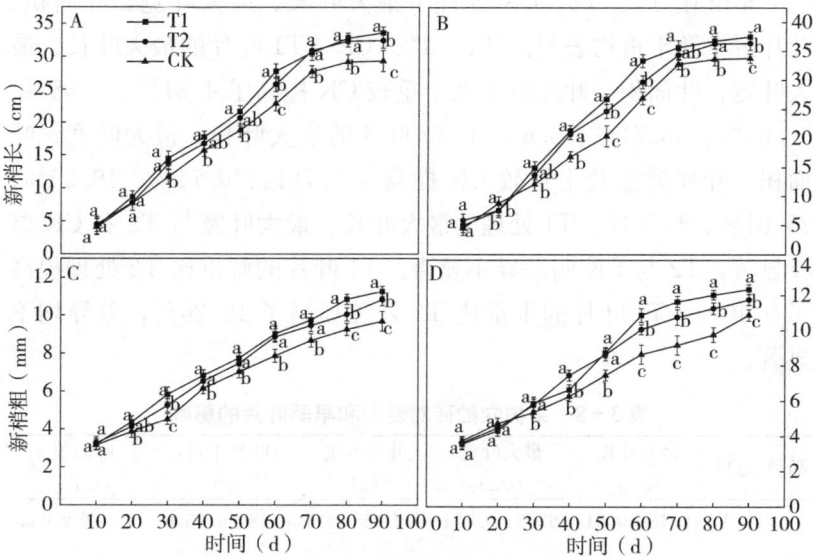

图 3-19　果树穴贮砖对爱宕（A、C）和早酥
（B、D）新梢长度和粗度的影响

（二）果树穴贮砖对爱宕和早酥叶片生长的影响

叶片是果树的重要器官，是进行光合能力的作用部位，良好的叶片发育不仅可促进树体健壮生长，而且也是成为果树高产、稳产、优质的基础。由表 3-8 可知，施加果树穴贮砖 90 d 后，两个梨品种的叶片最大叶长、最大叶宽、叶面积、叶片鲜重及干重都有了较大的差异。爱宕在施加果树穴贮砖 90 d 后，T1、T2 处理显著

提高了叶片的最大叶长、最大叶宽、叶面积，T1、T2 处理间差异不显著，其中 T1 处理较 CK 处理提高了 22.85%、30.82%、15.70%；T2 处理较 CK 处理提高了 7.59%、11.99%、9.92%。对于叶片鲜重，表现为 T2>T1>CK，差异均显著，其中 T2 处理较 T1、CK 处理显著提高了 8.93%、17.31%，T1 处理比 CK 处理提高了 7.69%。对于叶片干重，T1、T2 处理较 CK 提升了 18.60%、11.63%。

早酥在 T1、T2、CK 处理下最大叶长、最大叶宽、叶面积、叶片鲜重及干重均表现为 T1>T2>CK，T1 叶片的最大叶长、最大叶宽、叶面积、叶片鲜重及干重较 CK 提高了 4.31%、3.68%、30.61%、38.71%、6.60%；T2 叶片的最大叶长、最大叶宽、叶面积、叶片鲜重及干重较 CK 提高了 1.78%、0.74%、19.39%、25.81%、1.76%。T1 处理的最大叶长、最大叶宽与 T2 和 CK 差异显著，T2 与 CK 间差异不显著。T1 叶片的鲜重比 T2 处理提高了 9.40%，T1 叶片的干重比 T2 处理提高了 10.26%，差异均不显著。

表 3-8   果树穴贮砖对爱宕和早酥叶片的影响

品种	处理	最大叶长 (cm)	最大叶宽 (cm)	叶片鲜重 (g)	叶片干重 (g)	叶面积 (cm^2)
爱宕	T1	12.18±0.01a	6.02±0.13a	1.12±0.04b	0.48±0.05ab	71.94±2.68a
	T2	11.94±0.02a	5.91±0.02a	1.22±0.03a	0.51±0.04a	68.35±3.26a
	CK	11.85±0.04b	5.84±0.01b	1.04±0.02c	0.43±0.05b	62.18±2.11b
早酥	T1	12.34±0.09a	8.46±0.08a	1.28±0.05a	0.43±0.07a	95.79±2.58a
	T2	12.04±0.21a	8.22±0.12b	1.17±0.06a	0.39±0.04a	91.44±2.28b
	CK	11.83±0.34b	8.16±0.73b	0.98±0.08b	0.31±0.01b	89.86±2.34b

（三）果树穴贮砖对爱宕和早酥叶柄生长的影响

果树穴贮砖对爱宕和早酥叶柄生长的长度和粗度具有一定的影响。由图 3-20 可知，在施加果树穴贮砖处理 90 d 后，爱宕的叶柄长度和粗度均表现为 T2>T1>CK，T1、T2 处理的叶柄长度较 CK 处理的叶柄长度分别增加了 13.61%、9.86%，呈显著性差异；T1、T2 的叶柄粗度较 CK 处理的叶柄粗度分别增加了 13.77%、7.54%，差异显著。

早酥 T1、T2 叶柄长度一直显著高于 CK 处理，在 0～50 d，T1、T2 差异不显著，50 d 后，T1 与 T2 呈显著性差异。在施加果树穴贮砖处理 90 d 后，早酥的叶柄长度表现为 T1>T2>CK，T1、T2 的叶柄长度较 CK 处理的叶柄长度分别增加了 18.21%、11.67%，差异显著，但 T1 与 T2 处理的叶柄长度差异不显著。90 d 后，叶柄粗度表现为 T2>T1>CK，T1、T2 处理的叶柄粗度较 CK 显著提高了 10.74%、19.42%。

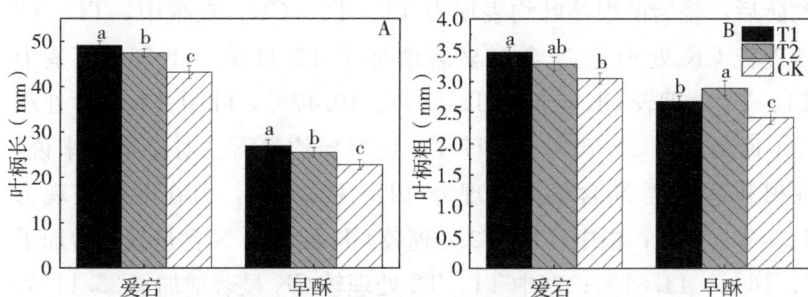

图 3-20 果树穴贮砖对爱宕和早酥叶柄生长的影响

（四）果树穴贮砖对爱宕和早酥生物量的影响

果树穴贮砖显著提高了爱宕和早酥植株的生物量（图 3-21）。爱宕各处理间地上干物质量 T1、T2 比 CK 分别高 6.30%、5.51%，地下干物质量 T1、T2 比 CK 分别高 21.85%、18.78%，差异均显著，但 T1、T2 之间无显著差异。早酥各处理间地上干物质量 T1、T2 比 CK 分别高 18.75%、5.36%，地下干物质量 T1、T2 比 CK 分别高 46.24%、23.56%，各处理间差异均显著。

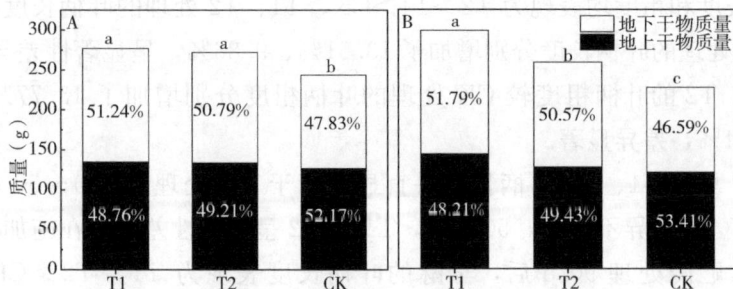

图 3-21　果树穴贮砖对爱宕和早酥生物量的影响

（五）果树穴贮砖对爱宕和早酥植株全 N 含量的影响

由图 3-22 可知，果树穴贮砖显著提高了植株根茎叶中的全 N 含量，但对每个梨品种植株不同部位的增长幅度不同。施加果树穴贮砖后，爱宕的根茎叶均表现为 T1＞T2＞CK；在根中，T1、T2 处理较 CK 处理全 N 含量显著增加了 12.41%、11.73%，茎中 T1、T2 处理较 CK 增加了 14.92%、10.47%，叶中 T1、T2 处理较 CK 增加了 21.71%、3.17%，且差异均显著。对于早酥来说，在根和茎中全 N 含量均表现为 T1＞T2＞CK，但在叶中表现为 T2＞T1＞CK；根中 T1、T2 处理较 CK 处理全 N 含量显著增加了 21.16%、14.81%；茎中 T1、T2 处理较 CK 显著增加了 25.11%、19.25%；叶中 T1、T2 处理较 CK 增加了 0.49%、9.77%，其中 T2 与 CK 差异显著，T1 与 CK 无显著差异。

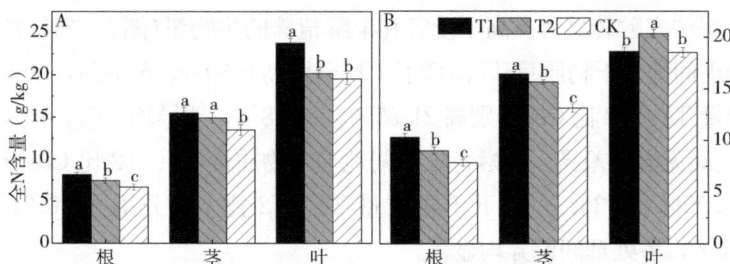

图 3-22　果树穴贮砖对爱宕和早酥植株全 N 含量的影响

（六）果树穴贮砖对爱宕和早酥植株全 P 含量的影响

施加果树穴贮砖后，爱宕的根、茎的全 P 含量表现为 T1＞T2＞CK，叶中表现为 T2＞T1＞CK；在根中，T1、T2 处理较 CK 处理全 P 含量显著增加了 6.57％、3.54％，茎中 T1、T2 处理较 CK 显著增加了 10.13％、11.69％，叶中 T1、T2 处理较 CK 增加了 4.73％、17.75％，T2 与 T1、CK 差异显著，T1 与 CK 间无显著差异。反观早酥，在根、茎、叶中全 P 含量均表现为 T1＞T2＞CK；根中 T1、T2 处理较 CK 处理全 P 含量显著增加了 29.61％、25.70％，T1、T2 间差异不显著；茎和叶中 T1、T2 处理较 CK 分别显著增加了 18.24％、17.94％和 27.38％、19.64％（图 3-23）。

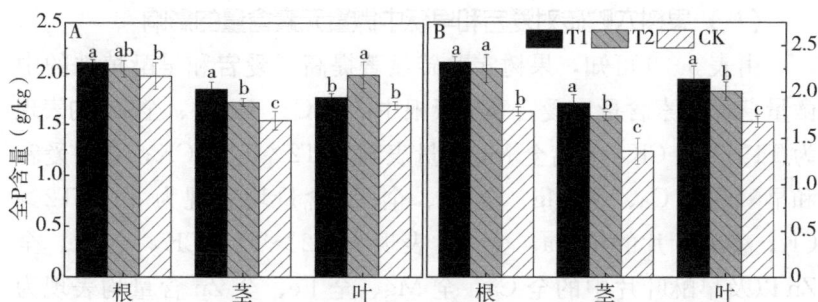

图 3-23 果树穴贮砖对爱宕和早酥植株全 P 含量的影响

（七）果树穴贮砖对爱宕和早酥植株全 K 含量的影响

果树穴贮砖显著提高了植株根、茎、叶中的全 K 含量。由图 3-24 可知，爱宕的根中全 K 含量表现为 T2＞T1＞CK，T1、T2 处理较 CK 处理的全 K 含量显著提高了 6.79％、12.45％；在茎、叶中，全 K 含量表现为 T1＞T2＞CK，且 T1、T2 处理较 CK 分别显著增加了 16.26％、7.96％和 18.38％、13.25％。对于早酥来说，根、叶中全 K 含量表现为 T1＞T2＞CK，T1、T2 处理较 CK 分别显著增加了 24.91％、10.47％和 23.33％、12.50％；茎

中全 K 含量表现为 T2>T1>CK，T1、T2 处理较 CK 显著增加了
6.69%、13.01%，T1、T2 无显著差异。

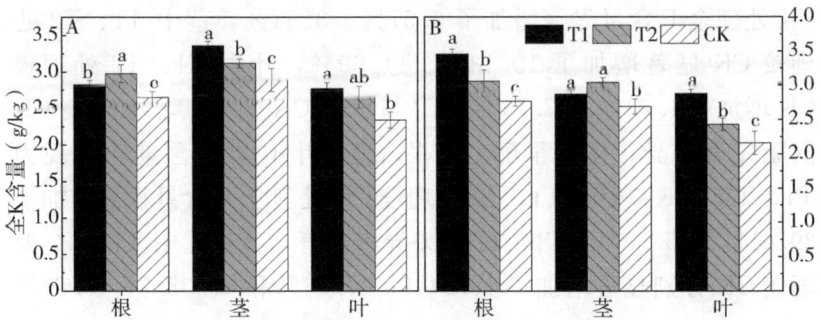

图 3-24　果树穴贮砖对爱宕和早酥植株全 K 含量的影响

（八）果树穴贮砖对爱宕和早酥中微量元素含量的影响

由表 3-9 可知，果树穴贮砖显著提高了爱宕和早酥植株的中
微量营养元素含量。爱宕和早酥根中的全 Ca、全 Fe、全 Zn 均表现
为 T1>T2>CK，爱宕全 Mg 含量表现为 T2>T1>CK；茎中爱宕
和早酥的全 Ca、全 Mg、全 Fe、全 Zn 含量均表现为 T1>T2>
CK；爱宕叶片的全 Ca、全 Mg 表现为 T2>T1>CK，全 Fe、全
Zn 以及早酥叶片中的全 Ca、全 Mg、全 Fe、全 Zn 含量均表现为
T1>T2>CK。爱宕和早酥 T1、T2 处理的根中全 Ca 含量较 CK
分别显著增加了 6.08%、4.82% 和 17.96%、15.81%；全 Mg 含
量较 CK 分别显著增加了 6.40%、15.20% 和 29.81%、18.27%。
在茎中，爱宕和早酥 T1、T2 处理的全 Fe 含量较 CK 分别显著增
加了 26.57%、11.12% 和 27.05%、25.40%。叶片中爱宕和早酥
T1、T2 处理的全 Zn 含量较 CK 分别显著增加了 24.88%、
22.85% 和 30.25%、18.61%，爱宕 T1、T2 处理的叶片全 Zn 含
量之间差异不显著。

表 3-9　果树穴贮砖对爱宕和早酥中微量元素含量的影响

部位	品种	处理	Ca (g/kg)	Mg (g/kg)	Fe (mg/kg)	Zn (mg/kg)
根	爱宕	T1	9.25±0.15a	1.33±0.08ab	818.73±8.17a	30.53±2.18a
		T2	9.14±0.11b	1.44±0.05a	786.93±6.75b	28.72±1.66b
		CK	8.72±0.27c	1.25±0.04b	758.53±5.14c	25.58±0.89c
	早酥	T1	9.92±0.17a	1.35±0.04a	958.53±5.14a	33.58±0.89a
		T2	9.74±0.12a	1.23±0.03b	865.87±6.33b	30.36±0.39b
		CK	8.41±0.11b	1.04±0.05c	836.93±6.75c	28.72±1.66c
茎	爱宕	T1	11.43±0.19a	1.32±0.03a	182.07±5.09a	12.40±0.78a
		T2	10.85±0.23b	1.16±0.01b	159.85±2.12b	11.78±0.73b
		CK	10.55±0.11b	1.07±0.01c	143.85±2.12c	11.62±0.73c
	早酥	T1	9.49±0.45a	1.86±0.14a	241.79±6.89a	18.92±0.55a
		T2	8.76±0.38b	1.38±0.32b	238.64±5.19a	17.06±0.33b
		CK	7.88±0.16c	1.28±0.01b	190.31±4.22b	14.18±0.44c
叶	爱宕	T1	26.74±0.14b	6.46±0.21b	975.64±7.99a	27.05±0.56a
		T2	27.96±0.19a	6.84±0.15a	902.73±8.52b	26.61±0.49a
		CK	24.77±0.61a	5.02±0.19ac	842.43±8.92c	21.66±0.24b
	早酥	T1	25.64±0.22a	4.52±0.21a	921.78±5.69a	33.76±0.33a
		T2	22.15±0.19b	4.16±0.29b	846.73±7.84b	30.74±0.51b
		CK	18.49±0.45c	3.86±0.14c	741.79±6.89c	25.92±0.55c

三、讨论

(一) 果树穴贮砖对爱宕和早酥生长的影响

在地下滴灌过程中，水通过地埋滴灌管上的灌水孔缓慢渗入土壤，在重力和毛细管作用下扩散到整个作物根系区域。相比地表滴灌，地下滴灌大大减少了地面径流损失、地表蒸发和深层渗漏，不仅可以提高灌溉水分利用效率，还能减轻对土壤结构的破坏。植株生物量可以很好地检验出植株生长状况，贾朗等发现地下滴灌可显著增加玉米株高和叶片数量生长以及茎生物量，徐杰等在对东北地区春玉米的研究发现，地下滴灌与地上滴灌相比可显著促进玉米干物质的积累。本试验中，施入以地下穴贮滴灌为基础的果树穴贮砖90 d后，T1、T2处理显著提高了爱宕和早酥的干物质量，正是结合了地下滴灌的这一优势。

果树地下穴贮滴灌技术不仅减少了地面径流和蒸发，还降低了灌溉水向土壤深层渗漏量，并且将根系"圈养"在肥水穴周围，促进了养分和水分的高效利用。前人研究表明，穴贮滴灌能促进植株的生长及生物量的累积。毕润霞等人研究表明，地下穴贮滴灌将土壤水分稳定在根系集中分布层，提高了光合速率和叶片水分利用率。秦晓娟等研究认为，通过穴贮肥水技术可显著调控苹果新梢生长模式，促进春梢生长以及叶面积增大，从而使果树形成一个良好的物质循环过程。在本试验研究中，通过对引种的爱宕和早酥施入以地下穴贮滴灌为基础所形成的果树穴贮砖，90 d后发现果树穴贮砖对新梢、叶片、叶柄的生长以及植株生物量都有显著的促进作用，其中T1显著促进了爱宕和早酥的新梢长度、粗度、叶面积、叶干重以及植株生物量，T2显著促进了叶柄长和叶柄粗，T1处理所用的果树穴贮砖a以羊粪有机肥为制砖材料，这与范伟国等在不同基质对平邑甜茶幼树生长影响的研究中发现羊粪处理的植株新梢最粗、最长、叶片数量多的观点相符合。

（二）果树穴贮砖对爱宕和早酥矿质营养元素吸收的影响

果树穴贮砖中是以羊粪、牛粪或鸡粪作为有机肥，有机肥包含丰富的养分和矿物质可以改善土壤肥力，有益微生物在土壤中生长增殖并分泌次生代谢产物，可有效增强植物抗病性、提高土壤养分有效性、促进植株生长发育。有机肥除普通化肥所含有的N、P、K大量元素之外，还含有较高的有机质含量和特定的功能微生物，能够满足植物不同营养的需求。有机肥与化肥配施可增加叶片营养元素含量，改善叶片的光合性能。在本试验中，果树穴贮砖显著提升了爱宕和早酥植株的矿质营养元素含量，T1、T2 处理显著提高了爱宕和早酥根茎叶中的全 N、全 P、全 K 等大量营养元素含量。滴灌施肥能够提高果树根系集中区的 N、P、K 的含量，有利于提高大量营养元素利用率，而果树穴贮砖作为一种穴贮滴灌材料，在本试验中也得到了验证。

有机肥部分代替常规施肥能够促进养分吸收，提高出苗率，增加玉米籽粒百粒重，玉米增产达到 3.96%，有效降低大斑病病情指数。不同有机肥的合理配施能够提高土壤肥力，进而改善果树的生长状况，优化叶片效能。有机肥富含作物生长所需的各种养分，施入土壤后，可提高土壤养分的有效性，促进植株对养分的吸收利用。果树穴贮砖肥效快、吸收能力强，使土壤能够保蓄更多养分以及水分，进而改善土壤结构及理化性质，提高土壤肥力和水分利用率，有效促进植株的营养生长和生殖生长。在本试验中，施加果树穴贮砖后，爱宕和早酥植株根茎叶中的 Ca、Mg、Fe、Zn 等中微量营养元素含量，晚熟品种爱宕在增长幅度上没有早熟品种早酥增长的大，可能除了跟果树的早熟品种和晚熟品种的差别外，还与果树自身品种的生理特性有关，这与王静研究发现的爱宕的根系比较稀疏且吸收能力较弱，生长反应慢，根系吸收能力弱，对当季肥料利用率低，肥效表现慢相保持一致。

四、小结

以地下穴贮滴灌系统为基础的果树穴贮砖显著提高了晚熟品种爱宕和早熟品种早酥的新梢长、叶片面积、干鲜重、叶柄长、叶柄粗、生物量以及植株矿质营养元素含量，其中果树穴贮砖 T1 对爱宕和早酥新梢长较 CK 处理分别增长了 14.62%、20.47%，T2 处理较 CK 分别增长了 10.52%、13.35%；此外果树穴贮砖 T1、T2 对两个梨品种根茎叶中全 N、全 P、全 K 等矿质营养元素含量也有显著的提升，但提升的幅度有所差异。综合对比来看，果树穴贮砖对两个梨品种生长发育的促进效果表现为 T1＞T2＞CK，且对早熟梨品种早酥的提升幅度更大。

第五节 结论与展望

一、四个梨品种在南疆引种比较

通过对四个梨品种在新疆和田地区引种的生长差异比较，可以看出四个梨品种的新梢、叶片、叶柄生长趋势大致相似，但晚熟品种爱宕在生长到最后的新梢长度、粗度、叶面积、叶柄以及生物量都显著高于其他三个品种，通过对四个梨品种的生长指标综合来看，晚熟品种爱宕表现最佳，其次是中晚熟品种的玉露香，早熟品种早酥和早红玉较弱。

四个梨品种植株体内的营养元素含量也有不同的差异，通过主成分分析法可以看出，四个梨品种植株体内养分含量表现为爱宕＞玉露香＞早红玉＞早酥。结合四个梨品种在和田地区新梢、叶片、叶柄生长情况以及生物量的比较，可以得出引种的四个梨品种，在南疆生长最好的是晚熟品种的爱宕，其次是玉露香、早红玉和早酥。

二、果树穴贮砖对爱宕、早酥土壤理化性质的影响

本试验地处于新疆和田荒地条件，土壤类型属于沙质土壤，漏水漏肥严重，在对晚熟品种爱宕和早熟品种早酥施加果树穴贮砖 90 d 后发现，果树穴贮砖显著提高了爱宕和早酥土壤的含水量、pH、全 N、全 P、全 K 及速效养分和有机质的含量。其中，爱宕和早酥土壤在 0～20 cm 土层一个灌水周期的第 5～9 d 内和 20～40 cm 土层整个灌水周期以及 40～60 cm 土层的第 1～5 d 内土壤含水量得到了显著的提高，且 T1 处理效果更好。果树穴贮砖主要

是在 0～60 cm 土层改善了土壤的 pH，同时也显著提高了土壤的养分含量，且在 20～40 cm 土层处的提升效果最显著，表现为 T1＞T2＞CK。

三、果树穴贮砖对爱宕、早酥生长发育的影响

以地下穴贮滴灌系统为基础的果树穴贮砖显著提高了爱宕和早酥新梢、叶片面积及干鲜重、叶柄长及叶柄的粗度、植株的生物量以及植株矿质营养元素含量，T1 处理显著提高了爱宕和早酥根中的全 N、全 P、全 K、Ca、Mg、Fe、Zn 等含量以及早酥叶中全 N、全 P、全 K、Ca、Mg、Fe、Zn 等含量，T2 处理显著提高了爱宕叶中全 P、Ca、Mg 以及早酥叶中的全 N 含量。从植株矿质营养元素综合表现来看，果树穴贮砖对在南疆引种的早熟品种早酥品质提升的效果更大。

第四章　果树穴贮砖对南疆温室软籽石榴生长发育及氮吸收效率的影响

第一节　文献综述

一、软籽石榴概述

软籽石榴是一种落叶果树，生长在热带和亚热带地区，原产中亚，这是一种气候温和的物种，需要高温才能使果实正常成熟。因为它耐盐碱和抗旱性强，所以在世界干旱和半干旱地区广泛传播，但其抗寒性、抗病性等较弱，栽培区域不够广泛。软籽石榴口感美味，而且对人类健康有益，可预防疾病，因此人们对这种水果越来越感兴趣。中国气候条件多样，是世界上最大的石榴生产国之一，主要产区集中于河南、云南和安徽。因为生长地区、环境条件的差异，因此果实的特性不尽相同。1987 年软籽石榴苗移栽试验通过科研人员扦插繁育苗木、建园等措施，初步取得成功。2012—2015年，全国每年新栽约 1 000 hm²，累计发展近 30 000 hm²。到 2016年，荥阳市已发展该品种约 300 hm²，取得了比较显著的经济、生态和社会效益。根据最新统计，截至 2016 年底，我国软籽石榴的保护地栽培面积达到了 4 165 hm²，占石榴总面积的 5%，其中，突尼斯软籽石榴的保护地栽培面积达到了 3 850 hm²，主要分布在四川、云南、河南等地。与此同时新疆地区也引种试栽，新疆石河子、哈密等地进行塑料薄膜大棚栽培试验，目前已取得初步成功。

二、滴灌技术的应用与发展

灌溉是保证干旱和半干旱地区作物生产的重要因素。然而，超过植物要求或土壤持水量可能会降低其水生产率，导致不必要的资源浪费。滴灌是一种节水灌溉形式，滴灌因其生产成本低、水分利用效率高，已成为干旱、半干旱地区主要的灌溉方式。滴灌技术可以大大降低水的流动速度，避免地面蒸发和深部渗漏，从而提高灌溉的效率。它的节水作用明显优于传统的灌溉方法，如漫灌和喷灌。滴灌条件下配施化肥已经被广泛应用于作物的大规模生产，尤其依赖大量施用氮肥来提高作物产量，这种施肥模式也大大提高了粮食产量。然而在这种施肥模式下，超过一半的氮肥流入到了环境中，其对环境的负面影响也日益受到世界各国的关注，氮肥的过度施用不仅导致肥料利用率低，环境问题严重，而且造成了巨大的经济损失。由此可见，滴灌配施化肥的施肥策略作为一项现代果园的管理制度是提高水分利用率及促进植株生长发育的一项有效技术措施，但仍然存在氮肥利用率低、环境污染严重等缺点。

三、滴灌技术在国内外的发展概况

（一）国外发展概况

自 20 世纪初以来，滴灌的研究就一直在不断深入，于 70 年代被大规模地应用于实践中。保持作物产量和质量的同时提高水效率和减少农业污染物排放是现代农业面临的重要任务，改善滴灌系统和优化氮肥使用是解决这一难题的有效策略。以色列约有 22 万 hm² 的灌溉面积，其中约 75% 是滴灌技术。滴灌面积最大的国家是美国，约有 1 999 万 hm² 的灌溉面积，其中喷灌和滴灌占 27%。滴灌技术是起步晚但发展迅速的灌溉方式。

自 20 世纪 60 年代初以来，随着现代塑料工业的出现，微灌技术迅速发展。从 1981 年到 1995 年，美国的微灌面积从 1.85 万 hm^2 增加到 100 万 hm^2，占总灌溉面积的 5%。加州约有 62.6 万 hm^2 的微灌面积，其中约 9.9 万 hm^2 采用地下滴灌。

大多数微灌都是在树木和葡萄等永久性植物上进行的，对大田作物的应用受到限制。由于地面安装的滴灌管可能会干扰耕作作业，因此很难将微灌技术应用于大田作物。为了缓解这一困难，提出并测试了地下滴灌的使用。地下滴灌系统的设计与地面系统的设计相同，但管道是埋地的。埋管会增加系统的初始成本，但无需在每个生长季节的开始和结束时安装和拆除管道。

Phene 等证明，使用地下滴灌技术，可以精确管理肥力。Hutmacher 等发现，使用埋在 0.7 m 深处的地下滴灌系统可以提高苜蓿产量。通过使用地下滴灌，水的利用效率显著提高。地下滴灌技术是滴灌技术的一种形式，世界各地采用许多灌溉技术，但滴灌在灌溉作物方面越来越受青睐。

滴灌一般采用水肥一体化技术，灌溉一般采用人工施肥。不同的施肥方式可能会影响氮的利用和转化。此后，以色列研究棉花和果树地下滴灌系统正常运行 3 年多。20 世纪末由于缺乏对地下滴灌的正确认识，澳大利亚把棉花地下滴灌系统设计耗水强度按地表滴灌来考虑。21 世纪初堪萨斯州立大学连续 10 年开展大田作物地下滴灌节水研究。完成多项地下滴灌项目，对地下滴灌的设计、技术、维护和长期效果进行了广泛研究，滴灌是一种先进的水肥一体化技术，可通过"少量加多次"的方式及时精确地将水和养分输送到根区，有效减少下渗和养分浸出。

(二) 国内发展概况

我国开始对滴灌技术进行研究是在 1974 年，灌溉的主要目的是为植株提供正常生理活动所需的水。然而，超过植物需求或土壤持水能力可能会降低其水分生产力，导致不必要的资源浪费。我国地下滴灌技术的初步应用始于20世纪80年代初，但长期以来，不能完全解决滴灌堵塞问题，导致滴灌技术发展缓慢。1990年我国引进以色列滴灌技术，直到能自行研发出滴灌带和过滤器后，滴灌技术才得以快速发展。20世纪90年代，有学者自发提出用塑料管打孔做成地下滴灌管，使用后有较好的省水效果。然而，由于对地下滴灌技术本身缺乏了解，使用塑料管钻孔过程中的缺陷、操作和管理措施无效、灌溉不均匀、堵塞等问题日益严重，导致大多数项目失败。

　　我国地下滴灌起源于地下水浸润灌溉。孙新忠通过对葡萄采用渗灌、地表滴灌、旱地3种处理研究葡萄节水与增产的效果。发现渗灌较地表滴灌平均增产较好，旱地处理最差。新疆地区在大田安装三百多公顷的地下滴灌，已使用2年，取得良好的运用效益。1981年以后，中国一直在努力引入国际最新的生产技术，以拓展滴灌设备的市场，并且不断投入资源，使其能够更好地普及。1985年，中国的滴灌面积已经达到1.5万 hm^2，这标志着我国滴灌技术的发展取得了重要的成就。20世纪90年代中期，中国对水肥一体化理论的研究和应用越来越重视。自21世纪初以来，我国水肥一体化技术的发展已经达到了中级水平，在许多领域已经达到了国际先进水平，甚至可以说是国际领先水平。但我国正处于水肥一体化技术的千头万绪之中许多方面需要改进，尽管水肥一体化技术体系理论上仍有不足，但我们仍应加大对滴灌技术培训的投入和支持，以促进其长期发展，并共同努力实现这一目标。

四、穴贮滴灌对果树生长发育的影响

　　穴贮肥水是果园优质高产的一项抗旱保肥根系施肥管理新技术，其优势在于穴中肥水充足而稳定，气热环境状况良好。穴贮滴灌使果树根系一直处于适宜的生长条件下，通过促进果树的生长和健康，叶片变得更深绿，更具抗旱和抗逆性，避免了早期落叶和生理缺素症的发生，果实表面光滑、颜色鲜艳，产量大幅提高。穴贮肥能够将有限的肥水集中，以提高土壤中局部地区的肥水含量。肥水贮存起来，再逐渐地释放出养分，为果树根系局部稳定地吸收肥水创造条件，以改善果树生长。通过将施入的水肥暂时储存起来，有效防止其流失，并且不断释放养分和水分，以确保果树全年水肥供应稳定，进而显著改善果树的生长发育状况，最终实现增产、壮树的目标。温爱存研究发现，大樱桃园盆穴贮肥水技术对促进大樱桃树的健壮生长、提高产量和果实品质具有显著的效果，且在连续几年中效果更为明显。改良土壤穴贮肥水技术可以显著改善果园土壤的理化性质，增强其保水保肥能力，使果树茁壮成长，克服大小年，从而提升产量和品质，因此，应该积极推广和普及穴贮肥水技术，以期在山旱地果园中取得良好的效果。潘增光等研究认为，采用穴贮肥水技术，可以有效地控制苹果新芽的生长，使其春梢发育更快、秋梢发育更慢，叶片面积也更大，从而促进果树物质循环的正常运行。

五、土壤调理剂对土壤水氮的调节作用

研究发现，改良土壤需要通过改善某些土壤性质（包括土壤质地、有机质含量和养分水平）来提高土壤的保水和保肥能力。土壤调节剂在一定程度上能够疏松土壤、保湿保鲜、改良土壤理化性质，促进植物对水分和养分的吸收。

有机肥在土壤中经过转变成为腐殖质，能促进团粒结构变化，并吸附大量的阳离子，因此有机肥可以提高土壤的保水、保肥能力。生物有机肥通常富含氮和养分，如鸡粪肥富含蛋白质和铵，这是一种很好的有机氮肥。然而，含氮的粪肥也存在氮损失的问题。据报道，在不同材料的堆肥过程中，会损失16%～76%的氮。特

别是包括氨基酸、氨基糖和胺等的生物可利用有机氮，易于被微生物利用并转化为无机氮（NH_4^+、NO_3^-）。杜红霞等研究发现，通过使用土壤改良剂和氮肥，可以改善成熟期的冬小麦土壤的水分状况，增加土壤的含水量，提升水分的利用率，并增加籽粒的产量。在灌溉的情况下，这种改良的效果尤其显著。生物炭、蒙脱石、蛭石是三种常见的改良剂，已广泛应用于改善土壤结构。生物炭结构多孔、表面积大和官能团丰富，在有机物封存中发挥着重要作用。Wang 等发现，生物炭改良提高了猪粪堆肥过程中的有效养分含量并减少了氮损失。蒙脱石由一个八面体和两个四面体薄片组成，可以通过范德华相互作用、配体交换和阳离子桥接等方式吸附有机物。蛭石具有良好的阳离子交换性和吸附性。有学者在家禽粪便中添加膨胀蛭石以减少氮的损失。但关于生物炭、蒙脱石、蛭石与有机肥联合施用对沙质土壤的改良鲜有报道，且对氮素的吸收效果也是未知的。

六、研究目的与内容

（一）研究目的

利用深埋穴贮砖，选择不同设施中多年生突尼斯软籽石榴树。设置有无穴贮砖、施氮肥两个因素，通过测定生长指标、土壤理化性质、植株全氮、铵态氮、硝态氮、植株和土壤对氮元素吸收效率、植株光合特性等方面数据，研究分析地下穴贮砖对沙地条件下日光温室内突尼斯软籽石榴生长和光合特性以及土壤氮元素吸收转化效率的影响，进行果树穴贮砖对突尼斯软籽石榴生长和土壤氮吸收效率的有效性的验证。

（二）研究内容

（1）为探究在南疆沙地条件下果树穴贮砖对日光温室软籽石榴植株生长发育的影响。本试验通过施加果树穴贮砖和滴施尿素处理后，研究南疆地区软籽石榴新梢长度、粗度；叶柄长度、粗度；叶片大小、叶面积、干湿重；节间长度和生物量的变化，分析出果树穴贮砖对软籽石榴植株生长发育的影响。

（2）为探究在南疆沙地条件下果树穴贮砖对日光温室软籽石榴土壤理化性质的影响。本试验通过施加果树穴贮砖和滴施氮肥处理后，研究日光温室软籽石榴土壤碱解氮、有效磷、速效钾、有机质、pH 的变化，分析出果树穴贮砖的施入对日光温室软籽石榴土壤理化性质的影响。

（3）为探究在南疆沙地条件下果树穴贮砖对日光温室软籽石榴氮素吸收影响。本试验通过施加果树穴贮砖和滴施氮肥处理后，研究日光温室软籽石榴植株根、新梢、叶器官氮含量、铵态氮、硝态氮以及 $0\sim80$ cm 土层土壤中氮含量的变化，分析出果树穴贮砖的施入对日光温室软籽石榴吸收的影响。

（4）为探究在南疆沙地条件下果树穴贮砖对日光温室软籽石榴植株光合日变化特性的影响。本试验通过施加果树穴贮砖和滴施氮肥处理后，研究日光温室软籽石榴植株叶绿素、氮平衡指数、类黄酮素、净光合速率、胞间 CO_2 浓度、气孔导度、蒸腾速率、瞬时水分利用率的变化，分析出果树穴贮砖的施入对日光温室软籽石榴光合日变化特性的影响。

（5）为探究在南疆沙地条件下不同年际果树穴贮砖对日光温室软籽石榴植株生长发育及氮吸收效率的影响。本试验通过连续两年试验，研究日光温室软籽石榴植株新梢、叶柄、土壤理化性质、土壤氮含量和不同土层土壤含水量的变化，分析出果树穴贮砖的施入对日光温室不同年际软籽石榴生长发育及氮吸收效率的影响。

（三）技术路线

果树穴贮砖对南疆温室软籽石榴生长发育及氮吸收率的影响技术路线图见图 4-1。

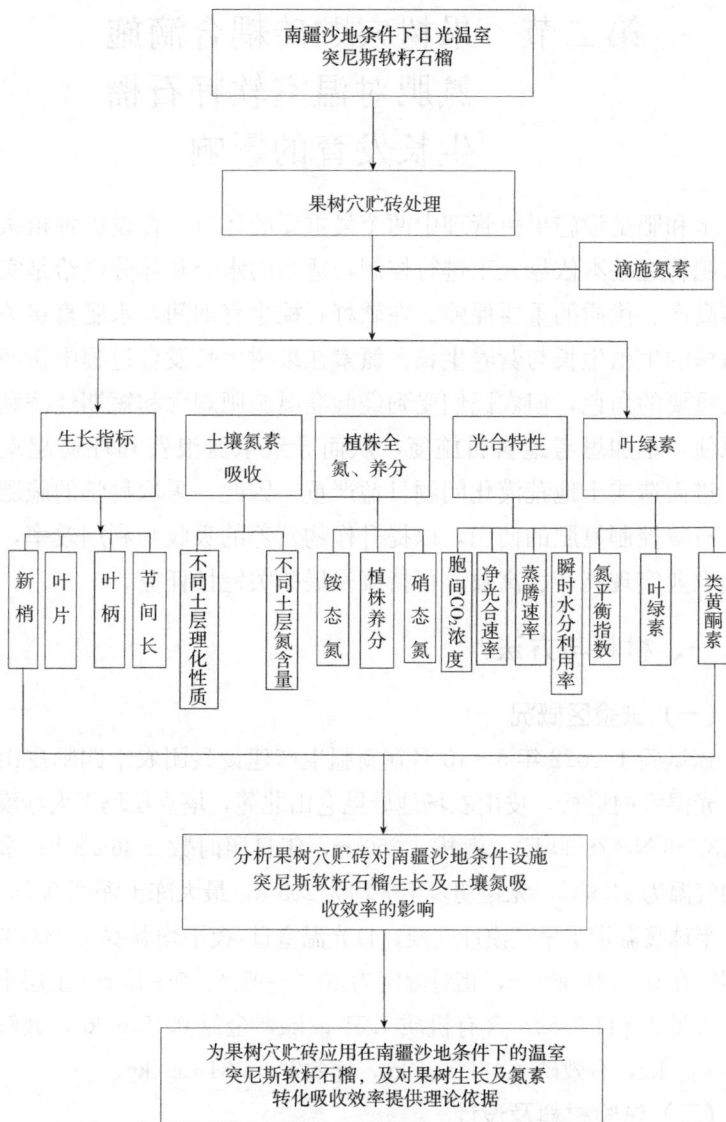

图 4-1　果树穴贮砖对南疆温室软籽石榴生长
发育及氮吸收效率的影响技术路线图

第二节 果树穴贮砖耦合滴施 氮肥对温室软籽石榴 生长发育的影响

水和肥是设施果树管理中两个最重要的环节，在设施种植条件下水肥管理基本依靠人工进行控制，适当的水分和养分供给是实现果实高产、优质的重要保障。在软籽石榴生育期间，水肥直接关系到植株的生殖生长与营养生长。氮素在果树生长发育过程中扮演着至关重要的角色，但农民们受到经验灌溉施肥观念和短期经济利益的驱使，不加思考地盲目施氮，从而导致水氮浪费和环境超重负荷，进而造成土地荒漠化问题日益严重。因此，采取科学的施肥方式，有效控制氮肥的使用，以提升作物营养的吸收和利用效率，是现代农业实现高产、高效、可持续发展的关键性任务。

一、材料与方法

（一）试验区概况

该试验于 2022 年 5～10 月在新疆生产建设兵团农十四师皮山农场日光温室内进行，皮山农场地处昆仑山北麓，塔克拉玛干大沙漠南缘（$37°46'$N，$78°30'$E），海拔 1 350 m，年日照时数 2 466.8 h；多年平均气温为 11.9℃，无霜期多年平均为 205 d，最大冻土深度 0.78 m，属北半球暖温带干旱荒漠性气候，日光温室日/夜平均温度为 38/13℃，光照度在 0～134 369 lx，相对湿度为 10％～95％。0～40 cm 土层土壤养分含量为 pH 9.52，含有机质 1.51 g/kg，全氮 0.15 g/kg，碱解氮 9.54 mg/kg，有效磷 10.46 mg/kg，速效钾 63.84 mg/kg。

（二）试验材料及设计

选取果树为新疆生产建设兵团农十四师皮山农场引进的 3 年生突尼斯软籽石榴，种植行距为 300 cm，株距为 150 cm。在日光温室中选择树形一致，大小相近的软籽石榴作为试材。本试验设置有果树穴贮砖 a、果树穴贮砖 b 和无果树穴贮砖 3 种处理方式，单株为 1 次重复，每处理 10 株，共 30 株试验材料，3 个处理进行统一灌溉水平和施磷钾肥管理，且每株树朝东西方向施入一块穴贮砖（图 4-2、图 4-3）。于 2022 年 5 月 16 日，在距植株 20 cm，距土面 25 cm 处挖穴施入果树穴贮砖，处理后统一安装滴灌带，施入果树穴贮砖后分别在软籽石榴植株埋砖后 10 d、埋砖后 40 d，两个时期分别加入尿素（N≥46%），每个时期每株 40 g，氮肥在果树穴贮砖正上方单侧滴施；其他田间栽培管理措施均保持一致，每 9 d 为一个灌水周期。

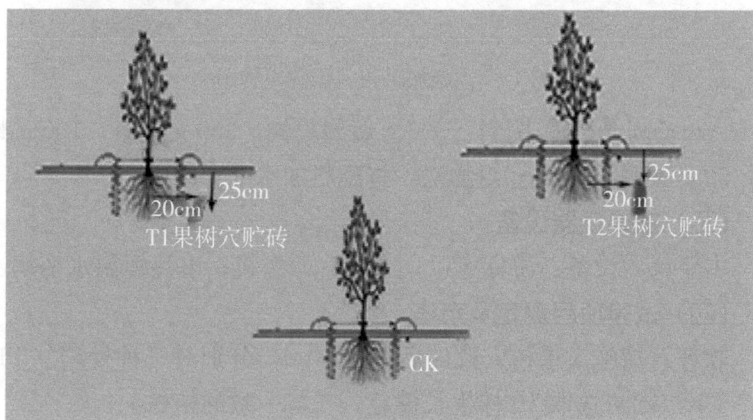

图 4-2 施加果树穴贮砖模式图

本试验设三个处理。

处理一：无穴贮砖（CK）对照。

处理二：穴贮砖 a（T1）处理。

处理三：穴贮砖 b（T2）处理。

果树穴贮砖 a（规格：长 23 cm，宽 11 cm，高 4 cm。配料：300 g 腐熟牛粪，300 g 腐熟羊粪，100 g 蛭石，50 g 蒙脱石，10 g 生物炭，将配料加水混合凝固）；果树穴贮砖 b（规格：长 23 cm，

图 4 - 3　施加果树穴贮砖实物图

宽 11 cm，高 4 cm。配料：300 g 腐熟鸡粪，300 g 油渣，100 g 蛭石，50 g 蒙脱石，10 g 生物炭，将配料加水混合凝固）。

（三）主要仪器设备

主要仪器设备：游标卡尺；卷尺；研磨机；电热恒温水浴锅。

（四）试验项目测定及方法

软籽石榴施入果树穴贮砖后每隔 10 d，分别对三种处理（T1、T2、CK）随机选取 10 株生长健壮，长势一致的植株。

（1）用卷尺测定软籽石榴的新梢长（梢基部到梢顶端）和叶柄长度（标记基部到顶端第 4、5 片叶），均取平均值。

（2）用游标卡尺测定茎粗（植株从基部到顶端第 4、5、6 节）和叶柄粗度（标记基部到顶端第 4、5 片叶），均取平均值。

（3）叶片大小的测定（标记植株基部到顶端第 4、5 片叶）：待生长结束后，用米尺测定最大叶长和最大叶宽。

（4）叶片干鲜重用电子分析天平测定；叶片面积用方格计数法；均取平均值。

（5）节间长度的测定：标记植株基部到顶端第 4、5 片叶间茎的长度。

二、结果与分析

（一）果树穴贮砖耦合滴施氮肥对软籽石榴新梢的影响

由表 4-1 所示，穴贮砖处理 20～60 d 后植株新梢增长幅度较大，60 d 后生长幅度有所减少。穴贮砖处理后 70 d，T1、T2 处理新梢生长量较 CK 增长最明显，分别显著增长了 26.77%、17.70%，处理后 80 d，T1 处理比 T2 处理提高了 3.37%，但差异不显著，比 CK 处理显著提高了 16.80%。穴贮砖处理后 50 d，T1、T2 处理新梢粗度增长量较 CK 处理分别显著增长了 21.50%、11.55%。在整个生长期内，T1、T2 处理下植株的新梢粗度分别在 30 d、70 d 时，各处理间均差异显著，而其他时间段 T1 与 T2 处理间差异均不显著。穴贮砖处理后 80 d，T1、T2 处理的新梢粗度分别比 CK 高了 9.49%、6.01%。表明施加果树穴贮砖可以促进软籽石榴新梢长度和粗度的生长，且 T1 处理最佳。

表 4-1　果树穴贮砖耦合滴施氮肥对软籽石榴新梢的影响

施砖后时间	指标	T1	T2	CK
10 d	长度（cm）	12.50±0.79a	12.00±1.43a	11.61±2.60a
	粗度（mm）	1.43±0.10a	1.58±0.06a	1.36±0.06a
20 d	长度（cm）	18.72±0.66a	18.56±0.66a	17.60±1.53b
	粗度（mm）	1.81±0.06a	1.87±0.05a	1.79±0.04a
30 d	长度（cm）	25.90±2.41a	23.36±2.01b	20.99±1.16c
	粗度（mm）	2.27±0.04b	2.17±0.05a	2.01±0.06c
40 d	长度（cm）	30.11±3.08a	28.56±3.37a	22.10±2.23b
	粗度（mm）	2.64±0.05a	2.44±0.05a	2.35±0.08b

（续）

施砖后时间	指标	T1	T2	CK
50 d	长度（cm）	38.65±0.80a	36.45±0.97a	30.23±0.90b
	粗度（mm）	3.05±0.07a	2.80±0.06a	2.51±0.05b
60 d	长度（cm）	45.41⊥2.26a	41.80±1.88a	35.56±1.32b
	粗度（mm）	3.29±0.04a	2.97±0.03a	2.86±0.04b
70 d	长度（cm）	49.44±2.28a	45.89±1.84a	39.00±2.67b
	粗度（mm）	3.42±0.03b	3.24±0.02a	3.12±0.02c
80 d	长度（cm）	52.10±2.50a	50.40±2.54a	44.61±1.14b
	粗度（mm）	3.46±0.02a	3.35±0.02a	3.16±0.03b

注：不同字母表示 Duncan 法在 0.05 水平上存在显著差异，底部报告了双向方差分析的重要结果，不同字母分别表示 $p < 0.05$ 显著性水平。值是均值的±标准误差，下同。

（二）果树穴贮砖耦合滴施氮肥对软籽石榴叶柄长度的影响

如表 4-2 所示，施加果树穴贮砖对植株的叶柄长度具有促进作用。在 0～40 d 内，T1、T2 叶柄长度高于 CK，但无显著差异；施加果树穴贮砖 20～80 d 内，叶柄长度为 T1＞T2＞CK，但在 20～30 d，各处理间差异不显著；叶柄长度在 10 d 时为 T2＞T1＞CK，分别较 CK 处理提高了 9.90%、8.91%，但各处理间差异不显著。10～80 d 内，各处理的叶柄长度有不同幅度的增加，T1 处理在 40 d 时增加值最大，为 0.40 cm，T2 处理在 50 d 时增加值最大，为 0.36 cm，而 CK 最大增加值在 60 d，其值为 0.30 cm；在 50 d，T1、T2 叶柄长度较 CK 处理增长最大，分别增长了 17.51%、17.83%；表明施加果树穴贮砖可以促进软籽石榴叶柄长度，且在 10～50 d，T2 处理对叶柄长度的影响最大，在 50～80 d，T1 处理对叶柄长度的影响最大。

表 4-2　果树穴贮砖耦合滴施氮肥对软籽石榴叶柄长度的影响

施砖后时间	叶柄长度（mm）		
	T1	T2	CK
10 d	2.20±0.15a	2.22±0.26a	2.02±0.47a
20 d	2.56±0.51a	2.60±0.50a	2.31±0.49a
30 d	2.94±0.67a	2.98±0.62a	2.57±0.46a
40 d	3.29±0.75a	3.34±0.62a	2.84±0.33a
50 d	3.69±0.26a	3.70±0.79a	3.14±0.49b
60 d	3.82±0.46a	3.79±0.62a	3.40±0.42b
70 d	3.98±0.73a	3.96±0.83a	3.65±0.37b
80 d	4.17±0.36a	4.06±0.96a	3.81±0.26b

（三）果树穴贮砖耦合滴施氮肥对软籽石榴叶柄粗度的影响

由图 4-4 可知，随施果树穴贮砖天数的增加，植株叶柄粗度也有不同程度的增加，在施砖 10～30 d 内，各处理间差异不显著，第 20 d 时，T1 处理叶柄粗度显著高于 CK，且比 CK 提高了 10.53%，比 T2 处理高出了 8.6%，但差异不显著；第 30 d，T1、T2、CK 分别为 0.68、0.74、0.66；施砖 40～80 d 内，T1、T2 显著高于 CK，其中第 60 d，T1、T2 处理较 CK 提高了 18.89%、14.44%。施加穴贮砖处理后 80 d，T1、T2 处理的叶柄粗度分别较 CK 处理显著增加了 32.94%、26.24%，且 T1 较 T2 处理叶柄粗度显著增加了 3.67%。在穴贮砖处理后 70 d，T1、T2 处理的叶柄粗度显著高于 CK，分别较 CK 增长了 33.74%、27.71%，在 0～30 d 内，T1、T2 处理叶柄粗度均高于 CK 处理，但差异不显著。表明施加果树穴贮砖可以促进软籽石榴叶柄粗度，施砖后 10～50 d，T2 处理叶柄粗度的促进效果更佳，而施砖后 60～80d，T1 处理对叶柄粗度的效果好于 T2 处理。

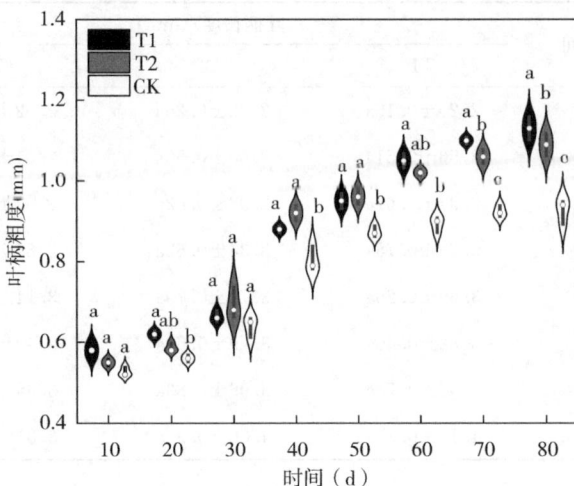

图 4-4　果树穴贮砖耦合滴施氮肥对软籽石榴叶柄粗度的影响

图中不同字母表示差异在 $p<0.05$ 时达到显著水平，下同。

（四）果树穴贮砖耦合滴施氮肥对软籽石榴节间长度的影响

由图 4-5 可知，在 10～20 d，T1、T2 处理植株节间长度较 CK 分别增长了 2.86%、5.14% 和 13.33%、14.87%。在 30～80 d，T1、T2 处理相较于 CK 显著提高了植株的节间长度。在 40 d 时，T1、T2 处理的节间长度较 CK 增长最显著，分别增加了 13.64%、10.00%，其中 T1 处理较 T2 处理显著增加了 3.30%。节间长度 T1 处理最大增加值在第 30 d，为 0.19 cm，T2 处理最大值在第 40 d，为 0.11 cm，CK 处理最大增加值在第 50 d，为 0.16 cm；在 70～80 d，T1、T2 处理与 CK 相比，显著增加了植株的节间长度。综上所述，果树穴贮砖的施用可以显著促进植株节间长度的增长。T1 处理相较于 T2、CK 处理对软籽石榴节间长度的增长效果更佳。

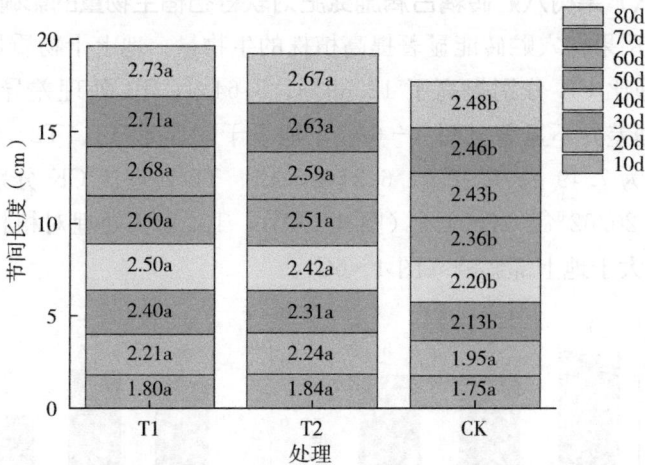

图4-5　果树穴贮砖耦合滴施氮肥对软籽石榴节间长度的影响

（五）果树穴贮砖耦合滴施氮肥对软籽石榴叶片的影响

由表4-3可知，在施加两种不同的果树穴贮砖后，T1、T2处理的叶片最大叶长、最大叶宽、叶面积、叶片鲜重及干重相较CK，均有差异显著。其中T1处理的叶面积较CK增长了23.39％；T1处理叶片鲜重较CK增长了16.96％。T2处理的植株最大叶长、最大叶宽、叶片鲜重及干重较CK分别显著增加了19.71％、21.40％、19.42％、17.50％，而T1处理的植株最大叶宽和叶面积较T2分别显著增加了8.20％、12.64％；同时T1处理的植株最大叶长、最大叶宽、叶片干重较CK分别显著增加了16.40％、12.21％、15.63％，叶面积为T1＞CK，但无显著差异。

表4-3　果树穴贮砖耦合滴施氮肥对软籽石榴叶片的影响

处理	最大叶长（cm）	最大叶宽（cm）	叶片鲜重（g）	叶片干重（g）	叶面积（cm²）
T1	4.73±0.79a	2.05±0.23a	0.15±0.01a	0.08±0.01a	6.59±0.11a
T2	4.61±0.46a	1.96±0.14a	0.11±0.01b	0.06±0.02b	6.14±0.10b
CK	3.37±0.25b	1.37±0.12b	0.09±0.01c	0.06±0.01b	3.14±0.08c

（六）果树穴贮砖耦合滴施氮肥对软籽石榴生物量的影响

施用果树穴贮砖能显著提高植株的生物量。地上干物质量 T1、T2 处理比 CK 分别提高了 12.39％、8.64％，T1 处理差异显著，T2 处理差异不显著（图 4-6A）；地下干物质量 T1、T2、CK 处理分别为 7.49 g、7.92 g、6.21 g，T1、T2 处理比 CK 分别显著增长了 20.62％、27.54％（图 4-6B），T1、T2 处理对植株地下部影响大于地上部影响（图 4-6C）。

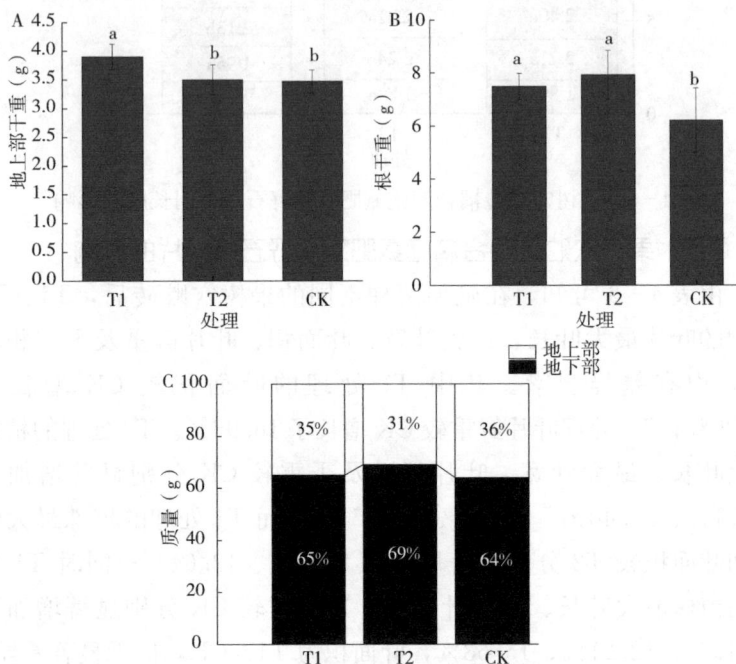

图 4-6　果树穴贮砖耦合滴施氮肥对软籽石榴生物量的影响

三、讨论

（一）果树穴贮砖耦合滴施氮肥对软籽石榴植株新梢和叶柄的影响

新疆南部地区多沙地、戈壁，果树水肥渗漏严重，且利用率低，严重制约了果树可持续生产。土壤改良剂可以改善土壤物理性质，增加土壤中微生物数量，提高作物生物量，促进作物对养分的吸收，进而提高作物的生长。Mazzola 等人发现，在种植前用土壤改良剂处理的果园，苹果幼苗对于所有生长参数（株长、芽重、根重）效果显著。Nemec 等人报道，土壤改良剂种植前深耕对柑橘生长具有显著促进作用。Schmidt 等发现，与不加生物炭相比，添加生物炭可使葡萄直径显著增长 10%。土壤有机改良剂显著改善了半干旱条件下橄榄树枝条的生长。本研究发现，施用果树穴贮砖显著促进了突尼斯软籽石榴植株新梢和叶柄的生长，其中，T1 处理的效果更加显著。同时，T1、T2 处理也显著增加了这两种果树的叶面积，叶面积的增加会直接影响果树的光合作用以及生长发育。

（二）果树穴贮砖耦合滴施氮肥对软籽石榴植株节间长度和叶片生长的影响

果树穴贮砖是由有机肥和一些纳米材料组合而成的。彭海峰的研究表明，有机肥具有良好的吸收代换能力，可以有效地改善土壤的物理性质，提升土壤的肥力，从而改善作物的营养状况。此外，将有机肥与氮磷钾肥混合施用，可以显著提升紫花苜蓿的节间数、节间距和叶片，因此，这种施用方式在大田生产中具有重要的意义。孙延国等的研究发现，使用土壤改良剂可以显著增加烟株中部叶片的长度，从而有效地促进烤烟的生长，并且可以显著提升烟叶的产量。本试验得出，T1、T2 处理对软籽石榴植株节间长度和叶片的生长均有显著的促进作用；T1、T2 处理显著提高了叶片的干鲜重和叶面积大小；本试验通过施加果树穴贮砖，在 80 d 时间段内，软籽石榴的节间长度和叶片的生长均有显著促进作用。在施砖80 d 后的软籽石榴叶片生长中，T1、T2 处理中植株最大叶长、叶宽、叶面积均显著高于 CK 处理，且 T1 处理略高于 T2 处理，说明 T1 处理对植株生长的影响高于 T2 处理。

（三）果树穴贮砖耦合滴施氮肥对软籽石榴植株生物量的影响

植株生物量具有支持、繁殖、贮存合成有机物质的作用。石榴植株的不同处理，生物量表现也不一致，原因可能是 T1 处理中牛羊粪和 T2 处理中鸡粪、油渣成分不同。前人研究表明，合理地下滴灌和施肥相结合能促进植株根系的生长和生物量的累积。本试验结果表明果树穴贮砖能够有效地促进软籽石榴植株生物量的生长，穴贮砖处理的植株地下部较地上部生长旺盛，而无果树穴贮砖处理的石榴地上部增长较快，地下部较慢。Schmidt 等研究表明，地下滴灌能够有效促进根系发育、提高产量和产品品质。本研究结果表明 T1、T2 处理下的地下穴贮滴灌系统与 CK 处理相比，能有效促进软籽石榴的地上部和地下部分生物量的累积。

四、小结

施加果树穴贮砖能显著促进植株新梢、叶柄、节间长和叶片的生长；也提高了植株生物量的累积，对叶片长度、宽度、干鲜重和叶面积均有显著的影响。植株新梢长度和粗度分别在 70 d 和 50 d 时相较于 CK 差异最为明显，且 T1 处理最好。叶柄长度和粗度分别在 40 d 和 70 d 时相较于 CK 差异最好，且 T1 处理最佳。果树穴贮砖的施用显著促进植株节间长度，T1 处理相较于 T2、CK 处理，对软籽石榴节间长度的促进效果更好。T1、T2 处理叶片的最大叶长、最大叶宽、叶面积、叶片干鲜重较 CK 均有显著性差异，综合相比较 T1 处理效果最佳。对于植株生物量，地上部 T1 处理更佳，地下部 T2 处理更佳。

第三节 果树穴贮砖耦合滴施氮肥对温室软籽石榴叶绿素、光合特性的影响

光合作用是地球生命的核心，利用阳光、水和二氧化碳产生化学能和氧气。人们普遍认为，提高其效率提供了一种在农艺现实条

件下提高作物产量的有前途的方法。叶片是果树主要的营养器官和光合器官。在叶片尺度上，较少的叶绿素可以使蓝光和红光更深入地渗透到叶片中，并提高叶片下部区域的光合作用速率。氮是生物生存和生长的关键元素之一，其通过果树体内多种生物化学反应进而影响整个光合作用环节。大量研究表明，约 92％的作物干物质积累来自光合作用产生的有机质，光合速率是作物产量形成的基础。光合速率的变化趋势与土壤水分和氮营养的供应密切相关。土壤氮和水是限制光合性能和作物产量的两个因素。缺氮主要通过减少叶片大小从而影响光合面积来影响光合作用，氮或水供应不足会导致植株光合作用下降。严重干旱还会诱发氧化应激，从而加速衰老并缩短叶片的功能寿命。

一、材料与方法

（一）试验区概况

同本章第二节。

（二）试验材料及设计

同本章第二节。

（三）主要仪器设备

主要仪器设备：植物多酚-叶绿素测量计；LI-6400 光合仪。

（四）测定项目及方法

1. 叶绿素含量的测定

果树穴贮砖处理 80 d 后，在同一灌溉期灌溉 1、3、5、7、9 d 后，采用植物多酚-叶绿素测量计进行测定叶片叶绿素、氮平衡指数和类黄酮素。在 11～13 时每个处理选取生长一致的植株 5 株（重复 5 次），灌水周期内选择各处理第 5～6 节位成熟叶片（相同朝向且刚完全展开的绿叶），测量时选择叶片中部且避开主叶脉，每株重复测定 3 片叶子，每个叶片记录 3 个数值，结果取平均值。

2. 光合特性测定

果树穴贮砖处理 80 d 后，在晴天自然条件下，采用 LI-6400 光合仪测定系统。选取向阳面新梢生长状况良好的完全展开叶片为固定待测对象，每株测定 3 个叶片，每个叶片记录 2~4 个数据组，结果取平均值。在 10~20 时的时间段内，我们每隔 2 h 进行一次光合作用指标的测量，包括净光合速率（P_n）、蒸腾速率（T_r）、胞间二氧化碳浓度（C_i）、气孔导度（$Cond$）以及瞬时水分利用率（Wue），Wue 的变化可以通过光合速率与蒸腾速率的比值来反映出来。

3. 土壤含水量的测定

土壤样品取样时间与光合指标测定时间一致。为了准确评估穴贮砖的蓄水性，我们将对 0~80 cm 深的土壤样本进行测试。每隔 20 cm 收集一次样品，并将其装入密封容器中，以检验其新鲜程度。随后，将其置于 105℃的烘箱中，烘干至恒重。

土壤含水量的公式：土壤含水量（％）＝（原土重－烘干土重）/烘干土重×100％。

（五）数据处理

通过使用 Excel 2010 和 SPSS 19.0 统计软件，我们进行了单因素方差分析（One-way ANOVA），并采用邓肯氏方法进行了多重比较和差异显著性检验，以确保分析结果的准确性和可靠性。使用 Origin Pro 2021 来创建一个完整的图表。

二、结果与分析

（一）果树穴贮砖耦合滴施氮肥对软籽石榴叶片氮平衡指数、叶绿素和类黄酮素含量的影响

由图 4-7 所示，施加果树穴贮砖能够显著提高叶绿素的含量，在灌水后 3 d，T1 处理的植株叶绿素含量最高，相比 T2、CK 处理分别显著提高了 7.32％和 13.21％，在灌水后 1 d，T1、T2 处理的叶绿素相对含量较 CK 显著提高了 26.26％、14.32％，其余时间段 T2、CK 处理无显著差异。类黄酮含量方面，T1、T2 处理后 5 d 时植株的类黄酮含量上升，较 CK 处理分别增加了 48.02％、25.99％，T1 处理较 T2 显著增长了 17.49％；穴贮砖处理后 5 d，

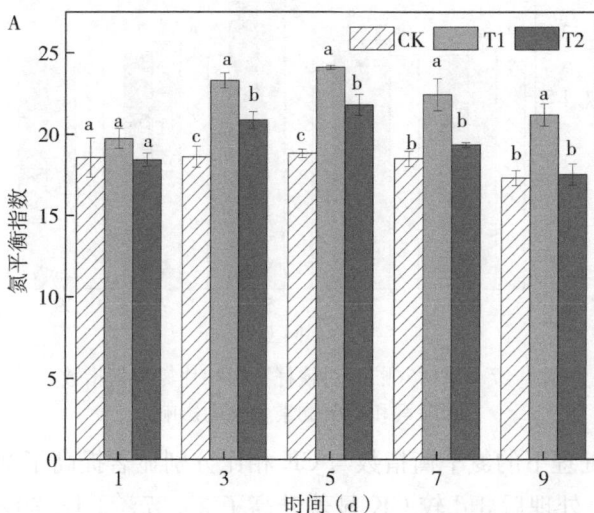

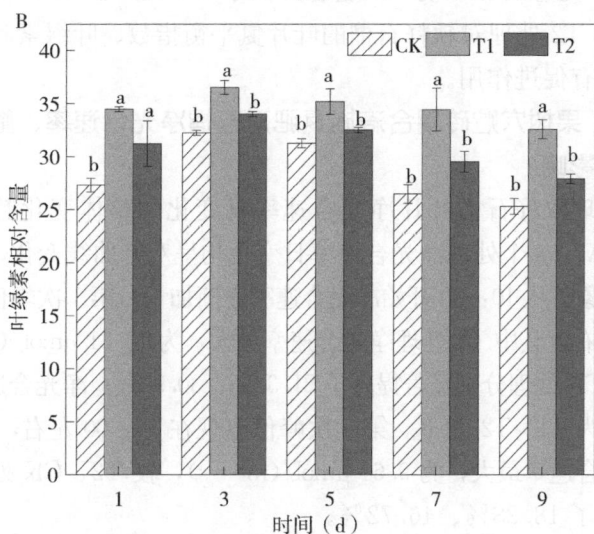

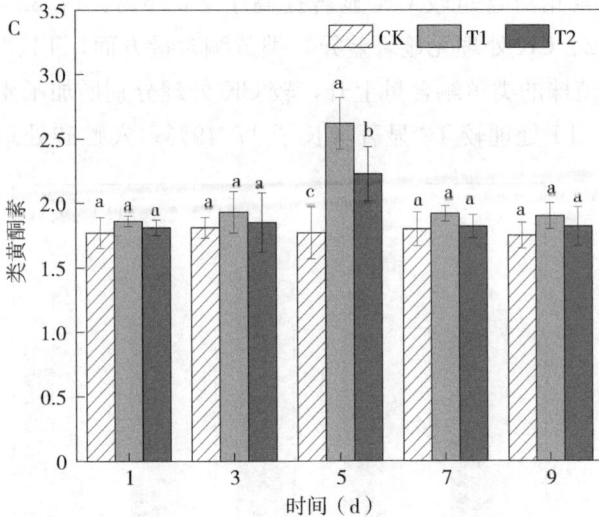

图 4-7　果树穴贮砖对软籽石榴叶片氮平衡指数、
叶绿素和类黄酮素含量的影响

T1、T2 处理下的氮平衡指数与 CK 相比分别显著提高了 28.12%、15.90%，处理后 3 d 较 CK 显著升高了 25.27%、12.20%。以上说明 T1、T2 处理对软籽石榴的叶片氮平衡指数、叶绿素和类黄酮素含量均有促进作用。

（二）果树穴贮砖耦合滴施氮肥对石榴净光合速率、胞间 CO_2 日变化的影响

各处理软籽石榴叶片净光合速率日变化的整体变化趋势相同（图 4-8A），3 个处理净光合速率日变化均呈双峰曲线变化，具有光合午休现象，从 10:00 开始净光合速率逐渐加快，第 1 次峰值出现在 12:00 左右，其中 T1 处理净光合速率最大，为 12.51 μmol/(m² · s)，较 T2 和 CK 处理分别显著提高了 21.33%、30.99%。净光合速率从大到小依次为 T1>T2>CK。第 2 次峰值出现在 16:00 左右，且以 T1 处理净光合速率最大，为 9.64 μmol/(m² · s)，较 T2、CK 处理分别显著提高了 18.28%、46.72%。

不同处理的软籽石榴叶片胞间 CO_2 浓度表现为先减后增再减的趋势（图 4-8B），10：00 时各处理胞间 CO_2 浓度最高；14：00 时，T1、T2 和 CK 处理均降到最低值，分别为 291.67、243.31 和 239.94 $\mu mol/(m^2 \cdot s)$；14：00 后逐渐升高。第 2 次峰值出现在 18：00

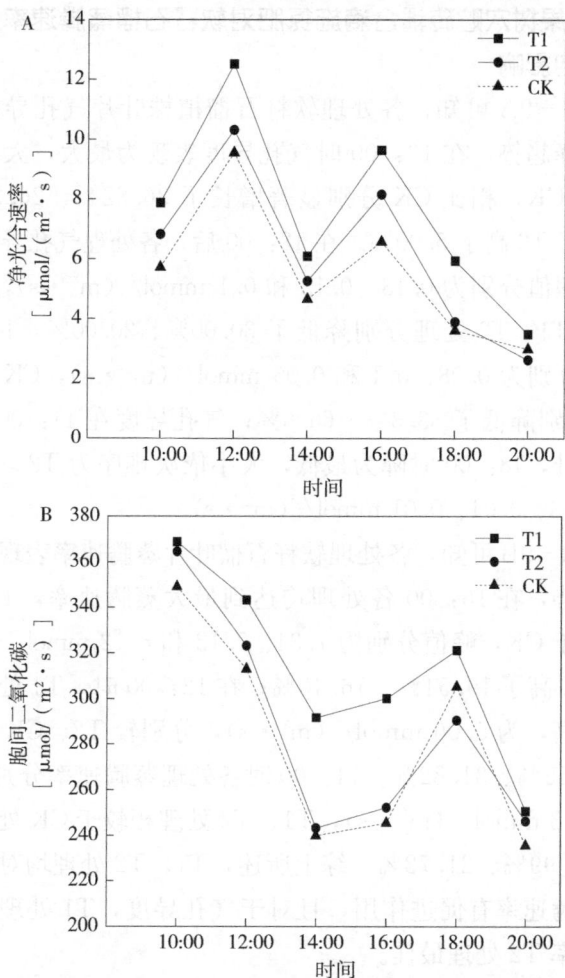

图 4-8　果树穴贮砖对软籽石榴叶片净光合速率、
　　　　　胞间二氧化碳的影响

左右，且以 T1 处理胞间 CO_2 浓度最大，为 321.23 $\mu mol/(m^2 \cdot s)$，较 T2、CK 处理分别显著提高了 10.56%、5.06%；T1 处理和 T2 处理在 20：00 时，胞间 CO_2 浓度分别较 CK 显著提高了 6.35%、4.52%。

（三）果树穴贮砖耦合滴施氮肥对软籽石榴蒸腾速率、气孔导度口变化的影响

由图 4-9A 可知，各处理软籽石榴植株叶片气孔导度日变化曲线为下降趋势，在 10：00 时气孔导度表现为最大，大小依次为 T1＞T2＞CK，相比 CK 分别显著增长了 36.82%、26.35%，T1 处理相较于 T2 高了 5.00%。在 12：00 后，各处理气孔导度缓慢下降，各处理值分别为 0.13、0.12 和 0.1 $mmol/(m^2 \cdot s)$，CK 处理下降值较 T1、T2 处理分别降低了 30.00%、20.00%，14：00 时，各处理值分别为 0.08、0.1 和 0.06 $mmol/(m^2 \cdot s)$，CK 处理 T1、T2 处理分别降低了 33.3%、66.6%；气孔导度在 14：00～16：00 时略有上升，18：00 时降为最低，大小依次排序为 T2＞T1＞CK，分别为 0.03、0.04、0.01 $mmol/(m^2 \cdot s)$。

由图 4-9B 可知，各处理软籽石榴叶片蒸腾速率表现为先上升后下降趋势，在 16：00 各处理均达到最大蒸腾速率，T1、T2 处理显著高于 CK，峰值分别为 7.34、7.12 和 6.12 $mmol/(m^2 \cdot s)$，分别比 CK 高了 19.54%、16.40%；在 12：00 时，T1 处理叶片蒸腾速率最高，为 5.06 $mmol/(m^2 \cdot s)$，分别较 T2、CK 处理显著提高了 6.55%、31.82%。14：00 时各处理蒸腾速率分别为 6.74、6.67、5.48 $mmol/(m^2 \cdot s)$，T1、T2 处理相较于 CK 处理，显著增加了 22.99%、21.72%。综上所述，T1、T2 处理均对植株气孔导度和蒸腾速率有促进作用，且对于气孔导度，T1 处理最佳，对于蒸腾速率 T2 处理最佳。

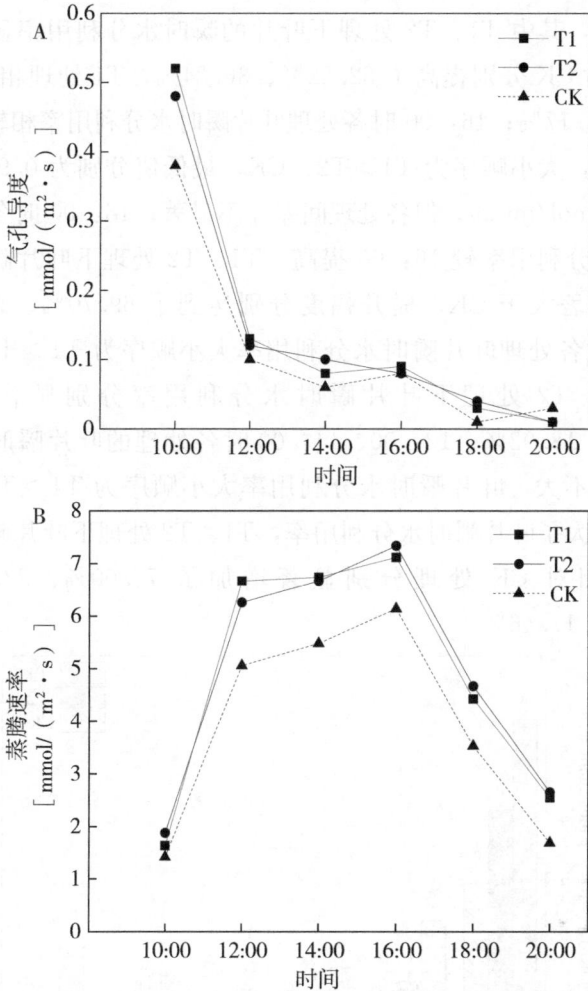

图 4-9　果树穴贮砖对软籽石榴叶片气孔导度、蒸腾速率的影响

（四）果树穴贮砖耦合滴施氮肥对软籽石榴瞬时水分利用率日变化的影响

如图 4-10 所示，软籽石榴植株叶片气孔导度日变化呈先下降

后上升趋势，10：00 时各处理叶片瞬时水分利用率相较于其他时间段最高，其中 T1、T2 处理下叶片的瞬时水分利用率显著高于 CK，相对 CK 分别提高了 82.22%、36.84%，T1 处理相较于 T2 高出了 33.17%；16：00 时各处理叶片瞬时水分利用率相较于其他时间最低，大小顺序为 T1>T2>CK，最低值分别为 0.99、0.74 和 0.63 $\mu mol/mmol$，但各处理间差异不显著；18：00 时各处理叶片瞬时水分利用率较 16：00 提高，T1、T2 处理下叶片瞬时水分利用率显著大于 CK，提升幅度分别达到了 69.70%、18.12%，14：00 时各处理叶片瞬时水分利用率大小顺序为 T1>T2>CK，其中 T1、T2 处理下叶片瞬时水分利用率分别显著提高了 69.70%、18.92%。12：00、14：00 时各处理的叶片瞬时水分利用率相差不大，叶片瞬时水分利用率大小顺序为 T1>T2>CK，各处理增大了叶片瞬时水分利用率，T1、T2 处理下叶片瞬时水分利用率相对 CK 处理分别显著增加了 76.00%、22.23% 和 57.14%、17.46%。

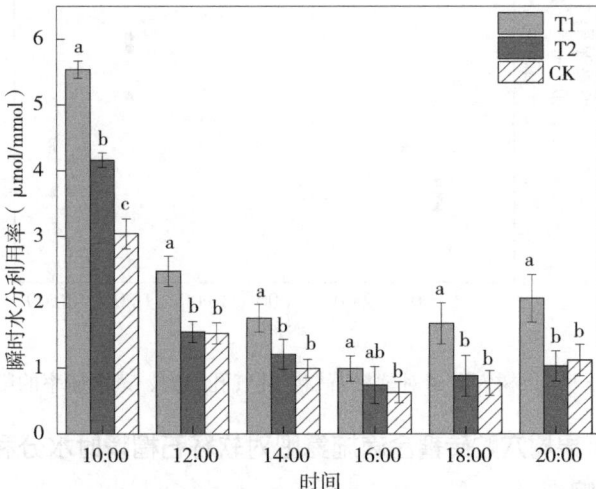

图 4-10　果树穴贮砖对软籽石榴叶片瞬时水分利用率的影响

（五）果树穴贮砖耦合滴施氮肥对软籽石榴不同土层含水量的影响

灌水 1、3、5、7、9 d 后，在土壤 20、40、60、80 cm 处，测定不同土层土壤含水量，三个处理下，各层土壤含水量均随着时间延长而下降。CK 处理下同一灌水时间的不同土层的土壤含水量分布较为均匀。T1 和 T2 处理后，浅层土壤 20 cm 处含水量较低，而 40 cm 处的含水量明显较高，在第 3 d 时 T1 和 T2 处理分别比 CK 显著高了 12.22%、12.06%（图 4-11A、B）；40~60 cm 处 T1 处理在土壤灌水后 3~5 d，土壤含水量下降缓慢，5 d 后土壤含水量迅速下降；灌水 1 d 后 T1 处理的土壤含水量显著高于 T2、CK 处理，分别比 CK 提高了 15.57%、12.50%，但 T1 与 T2 和 CK 间的土壤含水量差异均不显著；60~80 cm 土层中，土壤含水量表现为 T1>T2>CK，第 5 d 时，T1 处理比 T2、CK 处理分别提高了 3.44%、9.33%；但含水量下降迅速，各处理间无显著差异（图 4-11C、D），综上所述，T1、T2 处理能显著降低 20~40cm 土层土壤含水量的下降，T1 处理效果最佳。

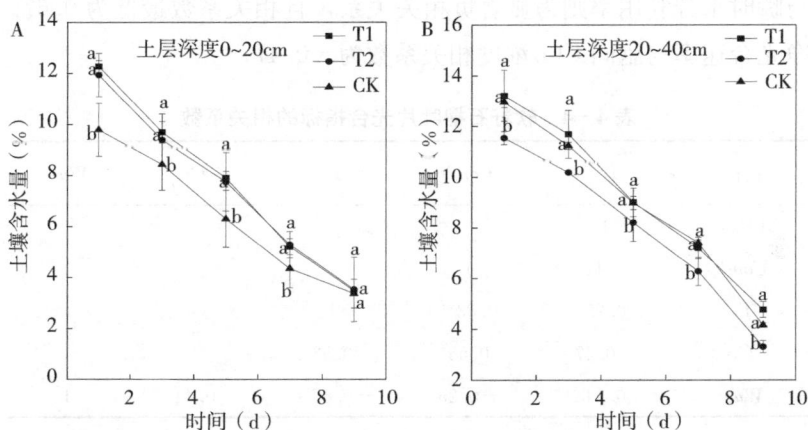

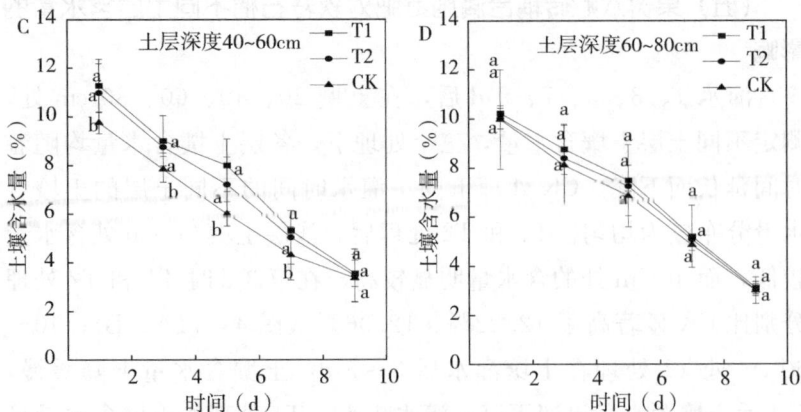

图 4-11 果树穴贮砖对软籽石榴一个灌水周期内含水量的影响

（六）果树穴贮砖耦合滴施氮肥对软籽石榴光合指标的相关性分析

对突尼斯软籽石榴叶片净光合速率与胞间 CO_2 浓度、蒸腾速率、气孔导度和瞬时水分利用率进行相关性分析可知（表4-4），净光合速率与蒸腾速率存在正相关关系，与气孔导度相关系数最高，为0.41；蒸腾速率与气孔导度存在极显著正相关关系，为0.83，而与瞬时水分利用率则为显著负相关关系，且相关系数最低为0.67。净光合速率与胞间 CO_2 浓度相关系数为-0.47。

表 4-4 软籽石榴叶片光合指标的相关系数

指标	P_n	Cond	T_r	C_i	Wue
(P_n)	1				
Cond	0.41	1			
T_r	0.25	0.83**	1		
C_i	-0.47	0.55	0.53	1	
Wue	0.14	-0.25	-0.67*	0.41	1

注：* 和**分别表示在 5% 和 1% 水平差异显著。

（七）果树穴贮砖耦合滴施氮肥对软籽石榴植株光合指标综合分析

对数据进行标准化处理结果见表 4 - 5。选取南疆温室条件下软籽石榴植株净光合速率、胞间 CO_2、气孔导度、蒸腾速率、瞬时水分利用率、氮平衡指数、叶绿素相对含量、类黄酮素 8 项指标数据进行主成分分析，以筛选出果树穴贮砖对软籽石榴光合特性影响效果最好的处理方法。

表 4 - 5 综合评价不同处理下软籽石榴土壤理化性质的标准化数据

处理	净光合速率	胞间 CO_2	气孔导度	蒸腾速率	瞬时水分利用率	氮平衡指数	叶绿素相对含量	类黄酮素
T1	1.095 71	1.140 08	0.755 93	−1.153 61	1.125 54	0.543 66	−0.936 33	−0.987 43
T2	−0.232 33	−0.411 42	0.377 96	0.533 33	−0.339 45	0.610 4	1.053 37	1.012 11
CK	−0.863 39	−0.728 66	−1.133 89	0.620 28	−0.786 09	−1.154 06	−0.117 04	−0.024 69

果树穴贮砖处理后软籽石榴植株光合特性的主成分因子分析。根据表 4 - 6，可以发现，光合作用的贡献率有很大的变化。其中，主成分 1 的各项指标的总和达到了 5.993，而累积解释方差高达 74.914%。相比之下，主成分 2 的各项指标的特征值仅为 2.007，累积解释方差也只有 25.086%。经过深入研究，我们发现前 2 个主成分对于 8 个原始指标的信息反映出了 99.166% 的准确性，因此我们决定将其作为最终的评估依据。

表 4 - 6 主成分特征值

主成分	起始特征值		
	特征值（λ）	解释方差（%）	累积解释方差（%）
1	5.993	74.914	74.914
2	2.007	25.086	100.000

利用 SPSS 标准数据主成分分析产生的主成分载荷矩阵如表 4 - 7 所示，主成分 1 主要携带的是净光合速率、胞间 CO_2 浓度、气孔导

度、蒸腾速率、瞬时水分利用率的信息，主成分 2 主要携带的是氮平衡指数、叶绿素含量、类黄酮素的信息。

表 4 - 7　主成分初始因子荷载矩阵

光合指标	主成分 1	主成分 2
净光合速率	0.165	0.089
胞间 CO_2 浓度	0.167	−0.011
气孔导度	0.130	0.311
蒸腾速率	−0.165	0.069
瞬时水分利用率	0.167	0.022
氮平衡指数	0.104	0.390
叶绿素含量	−0.115	0.360
类黄酮素	−0.125	0.331

通过软籽石榴光合指标标准化数值的计算，得出 T1、T2、CK 处理下光合指标在 2 个主成分上的得分情况（如表 4 - 8）。主成分 1 和主成分 2 中光合指标的表现情况为 T1 处理最佳。再根据两种主成分的贡献率，对三种处理对软籽石榴光合特性的影响进行综合评价后排序结果为 T1>T2>CK。

表 4 - 8　不同处理下的植株光合特性综合排序

处理	主成分 1 得分	主成分 2 得分	综合得分	排序
T1	0.46	−0.15	0.31	1
T2	−0.16	0.77	0.08	2
CK	−0.3	−0.62	−0.38	3

三、讨论

（一）穴贮砖耦合滴施氮肥对软籽石榴叶片氮平衡指数、叶绿素和类黄酮素含量的影响

作物叶片的叶绿素含量越高，其叶片的光合性能越强。果树穴

贮砖和氮素相结合的种植方式是提高农作物水肥的有效方法。研究表明，有机肥合理配施氮肥可以延长生长期，有机肥配施化肥可以使叶绿素含量增高，提高光合速率，增加光合产物。赵青云等发现，连作酸化咖啡土壤中施用1％石灰＋10％有机肥或5％泽土可大幅提高咖啡幼苗叶绿素含量和氮平衡指数，说明施用石灰＋有机肥或泽土可有效提高咖啡苗氮素利用效率，利于连作酸化土壤中咖啡苗生长。刘建廷等研究发现，有机肥和氮肥配施对花中类黄酮含量的影响随有机肥与氮素的增加呈上升趋势。本研究中，在灌水周期内，果树穴贮砖配施氮素使软籽石榴叶片叶绿素、类黄酮素含量和氮平衡指数均显著大于CK处理。对于叶绿素相对含量，T1处理在灌水后第3 d最为显著；对于类黄酮相对含量方面，T1、T2处理在穴贮砖处理后5 d时植株的类黄酮相对含量最为显著；穴贮砖处理后5 d时，T1、T2处理下的氮平衡指数与CK相比最显著。因此，果树穴贮砖配施氮肥可增强叶片叶绿素、类黄酮素相对含量和氮平衡指数，进而增强光合作用，这和前人的研究规律一致。

（二）果树穴贮砖耦合滴施氮肥对软籽石榴光合特性日变化的影响

光合作用是植物物质运动形成干物质的重要基础，是植物生物量和经济产量形成的生理基础，也是叶片光合能力的有效表征，在植物生长发育过程中具有至关重要的作用。植物的净光合速率、气孔导度、胞间CO_2浓度、蒸腾速率和瞬时水分利用率均随外界环境变化而变化。有研究表明，植物净光合速率的日变化曲线类型主要有双峰、单峰和不规则类型，通过本试验可以看出，植株各处理的净光合速率整体变化趋势相同，均出现"午休"现象，这与闫庆祥等研究结果类似。而这与前人对核桃和苹果的研究结果均不一致。导致研究结果不一致的原因可能有：一是品种不同；二是测定方法不同，张志华等人采用改良干重法来测量叶片的光合参数，而本次实验则采用LI-6400光合仪，以更加精确地反映植物的光合特性。此外，CO_2 浓度、气孔导度和蒸腾速率也是影响果树光合作用的重要因素，这一点也得到了研究者们的认可和证实。经过本次研究，我们发现软籽石榴的净光合速率与气孔导度和蒸腾速率之间存在着显著的正相关性，这一发现与吴强等的小黄杨研究结果完全吻合，表明软籽石榴的净光合作用能力受到气孔导度和蒸腾速率的影响。水分对于植物的光合作用至关重要，而瞬时水分利用率则是衡量植物抗旱能力的重要指标。本试验中瞬时水分利用率变化趋势为先下降后上升，在 16：00 时为最低，T1、T2 处理的瞬时水分利用率显著高于 CK，说明施用穴贮砖能够显著增强植株水分利用率。在植株不同土层土壤含水量方面，果树穴贮砖处理的 T1、T2 在土壤一个灌水周期中对土层 20～40 cm 中土壤含水量有显著促进作用，对0～20 cm 和 40～60 cm 土层中的土壤含水量起到不同程度的促进作用。综合分析两种穴贮砖处理的叶绿素含量和光合性能发现，T1 处理比 T2 处理效果较好。这可能与组成穴贮砖材料有关，两种穴贮砖如何有效地提高石榴光合能力，哪种穴贮砖效果最佳，具体调控机制还需深入研究。

四、小结

在软籽石榴中果树穴贮砖配施尿素，对植株一个灌水周期内叶片的叶绿素、类黄酮素、氮平衡指数和植株各光合指标的日变化均有显著影响，果树穴贮砖的施用对 0～40 cm 土层下土壤含水量有显著提高，在灌水周期内，灌水后 3 d 软籽石榴叶绿素含量 T1 处理最好；类黄酮素含量方面，T1、T2 处理在穴贮砖处理后 5 d 时植株的类黄酮素含量最多，氮平衡指数在穴贮砖处理后 5 d 时效果最好。对于光合指标方面，T1、T2 处理的石榴净光合速率为典型的双峰曲线，存在光合"午休"现象。从 10：00～20：00 中 6 个时间点 T1、T2 处理下石榴叶片的净光合速率均高于 CK 处理。胞间 CO_2 浓度日变化呈先减后增再减的趋势，最低值在 12：00～

16：00，与最低净光合速率时间段相符。三个处理植株叶片的蒸腾速率和气孔导度最高值均出现在 12：00～14：00，与净光合速率一致，T1、T2 处理的叶片气孔导度与蒸腾速率作用在峰值时都高于 CK 处理。

第四节　果树穴贮砖耦合滴施氮肥对软籽石榴氮素吸收转化的影响

氮肥是植物生长最重要的元素之一。事实上，氮比任何其他元素都能极大地影响树木的生长、发育、果实产量和质量。除了氨基酸等少量有机氮化合物可以直接利用外，土壤中的大量有机氮只有通过土壤的作用转化为无机氮才能被植物吸收利用。

然而，为了提高果树产量而过度施肥会导致较高的生产成本，并可能会对果实质量产生负面影响。此外，过度灌溉和干旱环境中的降雨或挥发造成的过量氮淋失将导致地下水资源污染和气体排放增加，从而对环境和整个生态系统产生负面影响。如土壤退化、地下水污染、温室气体排放增加等。因此，寻找提高氮肥利用率的新途径是亟待解决的问题。

一、材料与方法

（一）试验区概况及试验材料
同本章第二节。
（二）试验材料及设计
同本章第二节。
（三）主要仪器设备
主要仪器设备：JA2003N 电子分析天平；原子吸收分光光度计；微波消解仪；酸度计；全自动凯氏定氮仪；电热恒温水浴锅；研磨机。

（四）试验项目测定及方法

1. 软籽石榴植株养分的测定

（1）经过 200 d 的果树穴贮砖处理，2022 年 11 月 30 日，我们从每个处理中随机抽取 3 株生长状况相似的软籽石榴，对其进行破坏性取样，将其整体划分为叶片、新梢（>10 cm）和根三部分。采用分层取样法对根条和土壤进行取样，将样品放置在 100 目的钢筛上，按照清水、洗涤剂、盐酸、去离子水的顺序进行冲洗，然后将样品放入干燥箱，在 105℃下杀菌 15 min，最后在 75℃下干燥，以保证样品的恒定质量。经过精确的称量和 150 目筛的粉碎，样品被装入袋中备用。

（2）测定方法：植株叶片、新梢（>10 cm）、根三部分的 N、P、K、Zn、Ca、Mg、Fe 的含量用盐酸-硝酸微波消解仪消煮后通过原子吸收分光光度计测定。

2. 软籽石榴植株土壤理化性质

（1）不同土层土壤取样方法：土壤取样于果树穴贮砖处理后 135 d，在 2022 年 9 月 28 日采用根钻法取样。每个处理随机选取 5 株突尼斯软籽石榴，在植株施入果树穴贮砖一侧东西南北四面距植株 25 cm 处均匀取四个点，分别在 0~20 cm、20~40 cm、40~60 cm、60~80 cm 土壤剖面处取 100 g 土样，同一层四个取样位置混合均匀为一个植株的土样，重复 5 次。立即过 1 mm 的筛网并混合均匀，进行相关土壤特性的测定。

（2）土壤理化性质测定方法：

①土壤 pH 测定：根据 Wilke 的电极法（1∶2.5 土壤/水）测量土壤 pH。将 10g 风干土壤样品通过 1mm 筛，然后放入 150 mL 三角瓶中。加入 25 mL 蒸馏水，以 180~200 r/min 摇晃瓶子 30 min；然后用酸度计测量 pH。

②土壤有机质含量测定：根据 Walkley 和 Blac 测量。将 0.5 g 土壤样品置于 250 mL 锥形瓶中，用移液管向其中加入 10 mL

0.17 mol/L $K_2Cr_2O_7$。通过轻轻旋转烧瓶，混合土壤和重铬酸盐，然后加入 20 mL H_2SO_4。再次轻轻旋转烧杯，使土壤与试剂良好接触。将烧瓶中的内容物静置 30 min，然后用 200 mL 水稀释并用 1 mol/L $FeSO_4$ 和 3～4 滴 O-菲咯啉指示剂滴定。每个土壤样品测量三次，每个处理有三个重复。

③土壤有效磷测定：根据 Olsen 的方法。将 0.5 g 土壤样品置于 150 mL 锥形烧瓶中，向其中加入 50 mL 0.5 mol/L $NaHCO_3$。然后将烧瓶以 180～200 r/min 摇晃 30 min，并通过无磷滤纸过滤样品。然后，将 10 mL 溶液置于 50 mL 容量瓶中，向其中加入 5 mL 钼酸盐和 1 mL 抗坏血酸溶液，然后加入蒸馏水，最终体积为 50 mL。

④土壤速效钾测定：根据火焰光度计法。将 5 g 土壤样品置于 150 mL 三角瓶中，并在 180～200 r/min 下与 50 mL 1 mol/L NH_4OAc 在 25℃、使用火焰光度计测定萃取剂中的磷和钾含量。每个土壤样品测量三次，每个处理有三个重复。

⑤土壤碱解氮的测定：通过碱解扩散法测定土壤碱解氮。

⑥土壤全氮含量测定：根据凯氏定氮法。将 0.5 g 土壤样品置于消化玻璃管中并用水湿润；然后加入 10 mL H_2SO_4。放置过夜后，加入 H_2O_2 作为催化剂，并在 38.5℃下消化保持 3 h；然后用凯氏定氮仪测量全氮含量。

3. 软籽石榴植株对氮素吸收的测定

（1）植株部位取样：同上。

（2）土壤取样：同上。

测定项目与方法：

（1）植株全氮测定：植株叶片、新梢（>10 cm）、根三部分的全氮用硫酸-双氧水消煮-全自动凯氏定氮仪测定。

（2）土壤全氮测定：方法同上。

（五）数据处理

同本章第三节。

二、结果与分析

（一）果树穴贮砖耦合滴施氮肥对软籽石榴中矿质元素含量变化的影响

如表4－9可知，T1、T2处理显著提高了软籽石榴植株根、新梢、叶中矿质元素的含量。其中，叶片中全N、P、K的含量分别比CK提高了19.9％、16.4％、54.2％、67.7％、32.6％、31.2％，三个处理下，根系中的全N、K含量T1显著高于T2和CK处理，分别提高了1.04％、4.59％和7.0％、19.8％，新梢中的全P含量T2处理显著高于T1、CK处理，且T1、CK处理间差异不显著，叶中的全N、K含量为T1＞T2＞CK，但全P含量为T2＞T1＞CK，均差异显著。T1、T2处理下，软籽石榴植株根、新梢、叶中的各微量元素含量均有不同程度的提高。其中Ca、Fe、Mg含量在根系中表现为T1显著高于T2、CK处理，Zn含量则为T2显著高于T1、CK处理；Mg、Zn含量在新梢中为CK显著高于T1、T2处理，Ca、Fe含量为T1显著高于CK、T2处理，各处理间差异均显著；在叶片中三个处理差异均为显著，Ca、Fe含量为T1显著高于CK和T2处理，Zn、Mg含量为CK显著高于T1和T2处理。综上所述，T1、T2处理对植株各矿质营养元素的提高均有显著性，且T1处理效果最好。

表4－9　果树穴贮砖对软籽石榴植株根、新梢、叶中营养元素含量变化的影响

部位	处理	全N (g/kg)	全P (g/kg)	全K (g/kg)	Zn (mg/kg)	Ca (g/kg)	Fe (mg/kg)	Mg (g/kg)
根	CK	10.24± 0.05b	1.43± 0.02c	4.59± 0.09c	22.27± 0.16c	11.23± 0.16c	367.73± 3.10c	1.74± 0.02b

（续）

部位	处理	全N (g/kg)	全P (g/kg)	全K (g/kg)	Zn (mg/kg)	Ca (g/kg)	Fe (mg/kg)	Mg (g/kg)
根	T1	10.71± 0.07a	1.71± 0.05b	5.50± 0.05a	29.88± 0.22b	11.59± 0.17a	2 259.37± 2.74a	2.47± 0.02a
	T2	10.60± 0.06a	1.94± 0.03a	5.14± 0.04b	32.82± 0.10a	11.39± 0.05ab	1 239.09± 1.74b	2.45± 0.02a
	CK	7.20± 0.01c	1.24± 0.01a	4.01± 0.07c	21.99± 0.05a	8.39± 0.19c	351.18± 1.17c	1.38± 0.01a
新梢	T1	13.48± 0.11a	1.29± 0.01a	5.55± 0.08a	15.12± 0.15b	12.20± 0.07a	1 215.42± 4.63a	1.12± 0.01c
	T2	8.76± 0.01b	1.96± 0.02b	4.40± 0.05b	12.30± 0.06c	9.00± 0.04b	634.83± 5.07b	1.35± 0.11b
	CK	11.84± 0.03c	1.64± 0.01b	6.40± 0.08b	14.75± 0.10a	10.11± 0.19c	431.39± 3.26c	3.87± 0.03a
叶	T1	14.02± 0.07a	2.53± 0.04a	8.49± 0.05a	11.45± 0.34b	13.33± 0.11a	683.60± 6.07a	2.97± 0.04b
	T2	13.79± 0.05b	2.74± 0.03a	8.40± 0.06a	9.64± 0.08c	11.42± 0.03b	499.68± 2.32b	2.46± 0.04c

（二）果树穴贮砖耦合滴施氮肥对软籽石榴不同土层土壤 pH 的影响

由图 4-12 可知，各处理在 0～80 cm 土层中均呈现随土层深度的增加，pH 上升的变化趋势。在 60～80 cm 的土层中，pH 均为最大值，各处理分别为 9.12、9.21、9.25，但 T1 显著低于 T2、CK 处理；0～20 cm 土层中，T2 处理较 T1、CK 处理分别显著降低了 0.06、0.12；在 20～40 cm 土层中，各处理 pH 分别为 9.03、9.04、9.1，T1、T2 处理 pH 相较于 CK，降低最为明显，分别较 CK 显著降低了 0.07、0.06；在 40～60 cm 土层中，三个处理土壤 pH 分别为 9.05、9.05、9.19，且 T1、T2 处理较 CK 处理均显著降低了 0.14。表明施加果树穴贮砖可显著降低软籽石榴在 0～

80 cm 土层中土壤的 pH，且在 40～60cm 土层中效果最好。

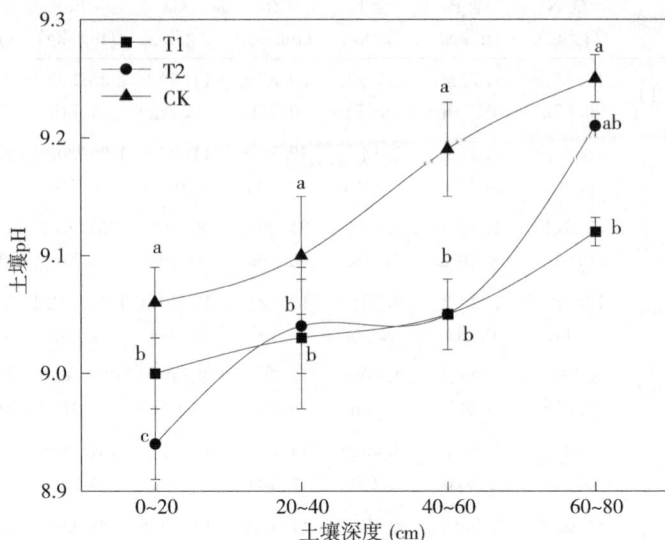

图 4‐12　果树穴贮砖对软籽石榴土壤 pH 的影响

（三）果树穴贮砖耦合滴施氮肥对软籽石榴不同土层土壤碱解氮、速效钾的影响

　　T1、T2 处理对土壤碱解氮、速效钾含量有显著影响，如图 4‐13A，果树穴贮砖处理下的土壤碱解氮含量变化趋势随土层深度增加而先增后减，而 CK 处理下土壤碱解氮含量变化趋势随土层深度增加而逐渐降低。三个处理（T1、T2、CK）在 60～80 cm 土层中碱解氮含量均为最低，分别为 5.86、5.48、4.10 mg/kg，T1 与 CK 处理差异显著，但 T2 与 CK 处理差异不显著。在 40～60 cm 土层中，土壤碱解氮含量为 T1＞T2＞CK，且 T1、T2 处理高于 CK 处理，分别为 59.61％、29.98％；T1、T2 处理在 20～40 cm 土层中，土壤碱解氮含量显著高于 CK 处理，分别提高了22.75％、29.65％；土壤碱解氮含量由高到低为 T2＞T1＞CK，各处理间均差异显著。说明施加果树穴贮砖对软籽石榴土壤碱解氮有

促进作用。由图 4-13B 可知，三个处理（T1、T2、CK）在 60~80 cm 土层中速效钾含量均为最低，分别为 74.31、75.35、63.83 mg/kg，T1、T2 处理与 CK 处理差异显著，但 T1、T2 处理差异不显著。在 40~60 cm 土层中，土壤碱解氮含量为 T1>T2>CK，且 T1、T2 处理高于 CK 处理，分别为 16.34%、29.98%；

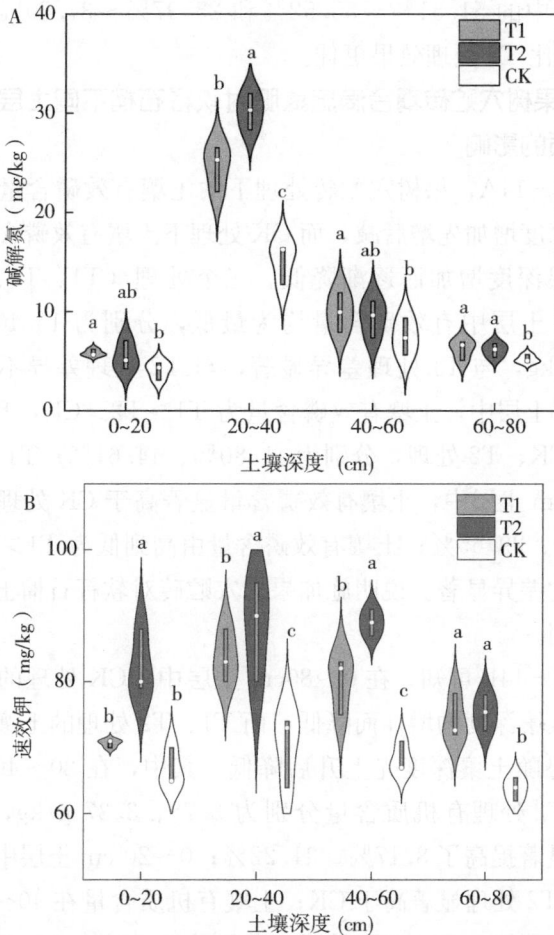

图 4-13　果树穴贮砖对软籽石榴土壤碱解氮、速效钾含量的影响

T1、T2 处理在 20～40 cm 土层中，土壤碱解氮含量较 CK 分别显著提高了 22.75%、30.25%；土壤速效钾含量由高到低为 T2＞T1＞CK，且各处理间均差异显著。由此可见，土壤剖面各层次土壤碱解氮、速效钾含量差异很大，其中 20～40 cm 土层碱解氮含量最高，40～60 cm 土层中速效钾含量最高，分别占土壤剖面 0～80 cm 土层中的 51.51%～55.52% 和 25.97%～37.70%，综合得出 T2 处理比 T1 处理效果更佳。

（四）果树穴贮砖耦合滴施氮肥对软籽石榴不同土层土壤有效磷、有机质的影响

如图 4－14A，果树穴贮砖处理下的土壤有效磷含量变化趋势为随土层深度增加先增后减，而 CK 处理下土壤有效磷含量变化趋势为随土层深度增加而逐渐降低。三个处理（T1、T2、CK）在 60～80 cm 土层中有效磷含量均为最低，分别为 16.40、15.67、12.31 mg/kg，与 T1 处理差异显著，与 T2 处理差异不显著。在 40～60 cm 土层中，土壤有效磷含量为 T1＞T2＞CK，且 T1 处理显著高于 CK、T2 处理，分别为 41.80%、44.61%；T1、T2 处理在 20～40cm 土层中，土壤有效磷含量显著高于 CK 处理，分别高了 36.34%、29.65%；土壤有效磷含量由高到低为 T1＞T2＞CK，各处理间均差异显著。说明施加果树穴贮砖对软籽石榴土壤有效磷有促进作用。

由图 4－14B 可知，在 0～80cm 土层中，CK 处理的土壤有机质含量随土壤深度的增加而降低，而 T1、T2 处理的土壤有机质含量变化趋势随土壤深度先上升后降低。其中，在 20～40 cm 土层中，T1、T2 处理有机质含量分别为 2.78、3.37 g/kg，且较 CK 处理分别显著提高了 8.17%、31.22%；0～20 cm 土层中有机质含量为 T1、T2 处理显著高于 CK；土壤有机质含量在 40～60 cm 土层中 T2 处理高于 T1、CK 处理，分别为 8.63%、44.71%；60～80 cm 土层中土壤有机质含量从大到小依次为 T2＞T1＞CK，均差异显著。说明施加果树穴贮砖有利于软籽石榴土壤有机质的积累，且在 20~40 cm 土层中更明显，由此可得，T2 处理效果最好。

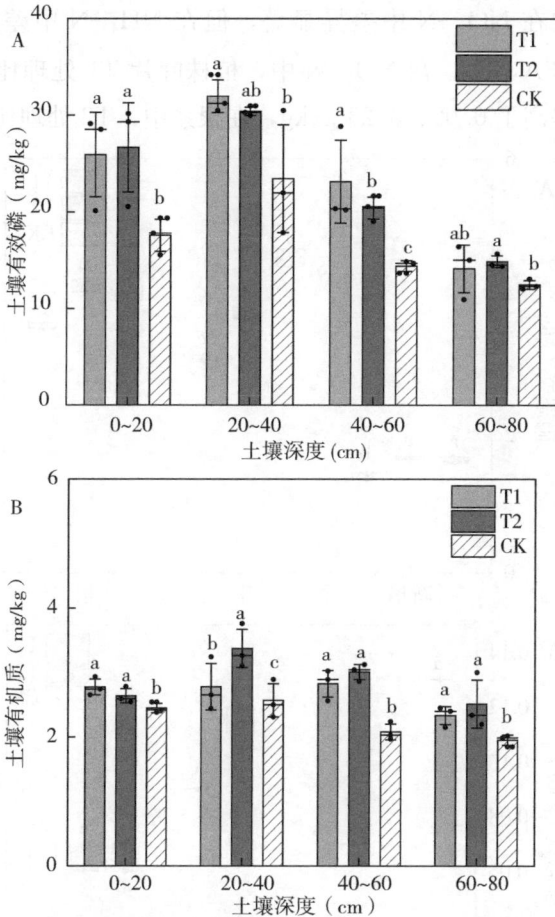

图 4-14　果树穴贮砖对软籽石榴土壤有效磷、有机质含量的影响

（五）果树穴贮砖耦合滴施氮肥对软籽石榴 $NO_3^- $-N、$NH_4^+ $-N 含量的影响

软籽石榴植株在果树穴贮砖处理下，新梢、叶、根系中 $NO_3^- $-N、$NH_4^+ $-N 的含量显著高于 CK，其中，$NO_3^- $-N、$NH_4^+ $-N 含量在叶中

最高，新梢中 NH_4^+-N 含量显著高于 NO_3^--N，各处理依次为 T1>
T2>CK，根系中 NO_3^--N 高于 NH_4^+-N，T2 处理较 T1、CK 处理
更好，其中在 NO_3^--N 中差异显著，但在 NH_4^+-N 中差异不显著
（如图 4-15A，B）。在 NO_3^--N 中，植株叶片 T1 处理比 T2、CK
处理分别提高了 0.09、0.25 g/kg，在根系中，T2 处理比 T1、CK

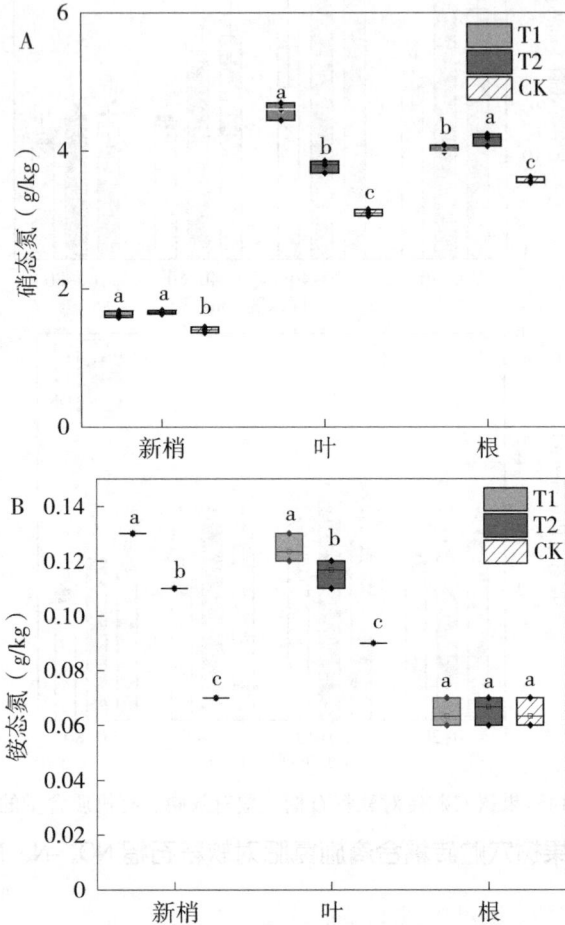

图 4-15　果树穴贮砖对软籽石榴土壤硝态氮、铵态氮含量的影响

处理分别提高了 0.6、0.44 g/kg，在新梢中 T1、T2 处理对 CK 提高程度最低，分别为 0.22、0.25 g/kg（如图 4 - 15A）。在 NH_4^+-N 中，植株叶片 T1、T2 处理比 CK 均提高了 0.03 g/kg，在根系中，T2 处理比 T1、CK 处理均提高了 0.01 g/kg，且各处理间差异均不显著。在新梢中 T1、T2 处理比 CK 分别提高了 0.06、0.04 g/kg（如图 4 - 15B）。说明施加果树穴贮砖能够显著提高植株根、新梢和叶片中 NO_3^--N 和 NH_4^+-N 氮的含量，其中 T1 处理相较于 T2、CK 处理更好。

（六）果树穴贮砖耦合滴施氮肥对软籽石榴不同土层土壤氮含量的影响

由图 4 - 16 可得，随着土壤深度不断增加土壤全氮含量不断下降，其中在 60~80 cm 土层下降幅度最大；在 0~20 cm 土层中土壤全氮含量最高，T1、T2 处理相较于 CK 处理分别显著提高了 31.25%、35.29%；40~60 cm、60~80cm 土层中，T1 处理均高于 T2、CK 处理，分别较 CK 显著提高了 25.00%、33.33% 和

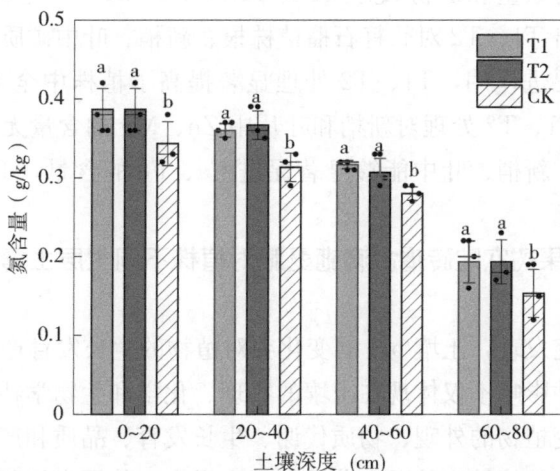

图 4 - 16　果树穴贮砖对软籽石榴土壤氮含量的影响

26.67%、26.80%。综上表明，施加果树穴贮砖后滴施尿素有利于软籽石榴植株在不同土层下对土壤氮素的吸收，主要体现在 0～60 cm 土层，且在 0～20 cm、20～40 cm 土层中效果更明显，且 T 处理效果最好。

三、讨论

（一）果树穴贮砖耦合滴施氮肥对植株中矿质元素含量变化的影响

植株矿质元素具有调节果树的根、枝、叶和果实生长及其机能的作用。果树穴贮砖是由有机肥及各种纳米材料混合制作而成，其中有机肥含丰富大量元素以及各种微量养分，具有较强的吸收代换能力，土壤能够贮存更多的养分，改善土壤性状，纳米材料能够高效修复土壤中有害重金属离子。有研究发现，有机肥配施适量的氮肥可以有效提高土壤有机质含量和养分含量，从而提高土壤供肥能力，促进玉米生长并增加产量。Ozaktan H 等研究发现，有机肥对菜豆种子的数量和矿物成分（Fe、Zn、Na、Mg）产生积极影响。本试验得出 T1、T2 对软籽石榴植株根、新梢、叶中矿质元素的含量有显著促进作用，T1、T2 处理显著提高了植株中全 N、P、K 的含量；T1、T2 处理对新梢和叶片中 Zn、Mg 的含量无明显促进作用，根、新梢、叶中能够显著促进 Ca、Fe 的含量，T1 处理效果更佳。

（二）果树穴贮砖耦合滴施氮肥对植株不同土层土壤理化性质的影响

有研究发现，土壤 pH 的变化会对植物的生长发育产生重大的影响，这种影响不仅体现在土壤的物理、化学和生物学特征上，还可能会改变植物的外观、物质代谢、生长发育、品质和产量，从而改变植物的整体健康状况。蔡泽江等人提出，使用有机肥可以改变土壤的 pH，pH 的下降会导致农作物的产量下降，并影响其对氮、磷、钾的吸收。樊吴静等研究发现，水氮耦合对旱藕土壤碱解氮含量、有效磷含量、酶活性及对分蘖、株高和淀粉含量的影响均有显著促进作用。B. B. Vashisht 等人研究表明，长期施用不同比例的稻草和氮肥对稻麦系统土壤理化性质的影响具有显著作用。本试验研究得出，果树穴贮砖的施入对 0～80 cm 土层土壤理化性质均有不同程度的影响，与 CK 相比 T1、T2 可显著提高 20～40 cm 土层下的土壤碱解氮的含量，0～60 cm 土层下的土壤有效磷含量最高。研究发现，土壤有机质是影响土壤中许多生物和化学过程的最具流动性和活性的有机物部分。土壤有机质还可以促进作物生长发育和改善土壤结构，进而提高土壤肥力，提高作物果实品质及产量。本试验通过研究果树穴贮砖的施入可显著提高强碱沙质土壤中有机质含量，其中 T1、T2 处理可显著提高 0～40 cm 土层土壤有机质含量，且对 20～40 cm 土层下土壤有机质含量提高程度最明显。

（三）果树穴贮砖耦合滴施氮肥对软籽石榴植株铵态氮、硝态氮含量的影响

研究发现，$NO_3^- -N$、$NH_4^+ -N$ 为植物容易吸收和利用的两种氮形态，铵态氮较硝态氮更容易被土壤所吸附，但硝态氮肥见效快。宋海星的研究发现，玉米根系的发育状况和水分供应对硝态氮的迁移和分布有着显著的影响。在距主茎 0～10cm 范围内，硝态氮的含量呈现出由远及近逐渐减少的趋势，而这与根系吸收面积的变化趋势形成了鲜明的对比。本试验研究表明，软籽石榴植株在果树穴贮砖处理下，新梢、叶、根系中 $NO_3^- -N$、$NH_4^+ -N$ 的含量显著高于 CK，且在叶中为最高。根系中硝态氮高于铵态氮，T2 处理比 T1、CK 处理效果更好，但在新梢中 T1、T2 处理对 CK 提高程度最低。

（四）果树穴贮砖耦合滴施氮肥对植株土壤氮素含量的影响

土壤改良剂用于增加水分和养分保留，并可能影响氮和磷的浸出。Shaddox 等人发现，表面活性剂改性土壤改良剂可以减少氮和正磷酸盐-磷的浸出，因此可能是在浸出的氮和磷进入地表水或地下水之前去除它们的可行选择。Zhang 研究表明，向土壤中添加生物炭总体上使氮和磷循环统计熵分析（SEA）分别增加了 14％和 11％。氮和磷循环 SEA 的增强主要归因于生物炭特性，粗质土壤以及农田土壤中使用生物炭的情况下，增强作用最为明显，生物炭改良剂对改善土壤氮，磷循环和碳固存有益。本试验通过施用果树穴贮砖滴施氮肥后，T1、T2 处理可显著提高软籽石榴 0～60 cm 土层土壤中氮含量，促进软籽石榴植株对氮素的吸收，其中在 0～20 cm 土层中土壤全氮含量最高，其次为 20～40 cm 土层。

四、小结

T1、T2 处理显著提高了植株各器官矿质营养元素的含量，其中 T1 处理植株的矿质元素最高。植株土壤理化性质结果表明，在穴贮砖滴施尿素条件下，T1、T2 处理植株的土壤碱解氮、速效钾、有效磷、有机质与 CK 相比均有显著提高，强碱性土壤的 pH 下降明显。其中在 20～40 cm 土层中碱解氮、有机质含量最高，40～60 cm 土层中速效钾含量最高和 pH 上升最缓慢。施加果树穴贮砖能够显著提高植株根、新梢和叶片中硝态氮和铵态氮的含量，其中 T1 处理相较于 T2、CK 处理更好，不同土层下对土壤氮素的吸收在 0～20 cm、20～40 cm 土层中效果更明显。

第五节 果树穴贮砖对南疆不同年际软籽石榴生长、土壤氮吸收及土壤特性的影响

新疆地处中国西北，是发展农、林、牧业的重要土地资源，也是沙化土地分布最为集中、面积最大的省区，尤其新疆南部地区，占全疆沙土面积的 50％。漏水漏肥、养分匮乏、易旱、易遭风蚀、

低产是沙质土壤的主要特点。新疆地区凭借光热资源丰富，昼夜温差大的特点，设施农业的发展较为迅速。施用有机肥料是改善土壤有机质和养分的常规措施，这可能会改变土壤理化性状、根系形态并促进植物生长。Xin 等人在进行的一项 20 年的田间试验发现，小麦-玉米连续轮作中合理施用有机和无机肥料可以提高作物产量，并可以获得更高的肥料利用效率。Wang 等人在干旱土壤中进行的一项为期 10 年的田间试验表明，有机肥部分替代化肥减少了硝酸盐的淋失。相反，在玉米-苜蓿系统中进行的 6 年有机肥试验表明，施用有机肥的氮损失大于施用化肥的氮损失。此外，一项为期 7 年的田间试验表明，施用有机肥可以在几年内减少硝酸盐氮淋失，并在长期内造成与施用化肥相同的氮损失。因此，改善土壤性质、防止沙化和提高植物生产力的方法对于实现沙质土壤的利用和促进新疆设施农业发展至关重要。

一、材料与方法

（一）试验地与材料

本试验于 2021—2022 年在新疆生产建设兵团十四师昆玉市农业科学研究所现代农业科技示范基地（37°14′46″N，79°20′20″E）日光温室中进行，温室昼夜温差控制在 30/20±5℃，并且在试验期间具有自然光周期（每天约 13 h 的光照），年平均相对湿度 25％，土壤质地沙土。供试土壤基础理化性质见表 4 - 10。

本试验以 3 年生的突尼斯软籽石榴为试材。试验所用果树穴贮砖由高温杀菌和腐熟发酵好的有机肥和蛭石、蒙脱石等无机改良剂按一定配方制成。首先把材料过 40 目筛，其次按配方称量各材料并加入搅拌机，充分搅拌均匀后，平均分配到长 23 cm，宽11 cm，高 4 cm 的特制模具中（每 1 520 g 材料添加 1 L 水）。采用保鲜膜包被 2~3 d，固定成型后，放置在室外自然风干。

表 4 - 10　试验点土壤理化性质（2021）

土壤深度 （cm）	氮含量 （g/kg）	碱解氮 （mg/kg）	有效磷 （mg/kg）	速效钾 （mg/kg）	pH	有机质 （g/kg）	总含量 （g/kg）
0～20	0.43	15.10	12.78	88.85	9.50	1.96	1.5
20～40	0.35	14.32	11.85	85.13	9.56	1.62	2.6
40～60	0.27	13.24	9.45	81.86	9.64	1.38	3.2
60～80	0.20	11.18	8.51	75.76	9.68	1.16	3.6

（二）试验设计

选取长势基本一致，无病虫害的突尼斯软籽石榴（行距 3m，株距 1.5m）30 株。共设三个处理。CK：无穴贮砖对照。T1：穴贮砖 a 处理。T2：穴贮砖 b 处理。单株为 1 次重复，每处理设 10 个重复。穴贮砖 a（规格：长 23 cm，宽 11 cm，高 4 cm。配比：300 g 牛粪，300 g 羊粪，100 g 蛭石，50 g 蒙脱石，10 g 生物炭，将配料加水混合凝固）；穴贮砖 b（规格：长 23 cm，宽 11 cm，高 4 cm。配比：300 g 鸡粪，300 g 油渣，100 g 蛭石，50 g 蒙脱石，10 g 生物炭，将配料加水混合凝固）。

于 2021 年 5 月 10 日，在距植株 20 cm 一侧，距土面 25 cm 处挖穴施入果树穴贮砖，处理后统一安装滴灌带，整套滴灌装置采用和田市雨润滴灌厂生产的直径 50 mm PE（聚乙烯）管做主管，直径 20 mm PE 管做支管、直径 3/5 毛细管，毛细管与支管之间连接稳流器（压力补偿式滴头，1.5 L/h）以稳定水流，并统一将滴箭布置在果树穴贮砖正上方距土面 5 cm 深处，统一滴灌直至土壤含水量达到 100%。此后，田间持水量低于 50% 时进行灌水，每次灌水量为 5 L，施入果树穴贮砖后分别在花后 10、40、90 d 滴施尿素（每株 40 g），尿素在果树穴贮砖正上方单侧滴施，试验采取单因素随机区组设计，其他田间栽培管理措施均保持一致，每 9 d 为一个灌水周期。供试肥料为尿素（N 含量 46.7%）。

（三）测定项目及方法

1. 植株生长指标的测定

软籽石榴花后每隔 10 d，分别对三种处理（T1、T2、CK）随机选取 10 株生长健壮，长势一致的植株。

方法同本章第二节。

2. 不同土层土壤理化性质和氮含量测定

于 2021 年 10 月 5 日、2022 年 10 月 10 日采用根钻法取样。每个处理随机选取 5 株软籽石榴，分别在植株果树穴贮砖四面均匀取四个点，0～20、20～40、40～60、60～80 cm 土壤剖面处取 100 g 土样，同一层四个取样位置混合均匀为一个植株的土样，重复 5 次。所取土样立即过 1 mm 的筛网并混合均匀，进行土壤理化性质和不同土层氮素含量的测定。

（1）土壤理化性质的测定：

同本章第四节。

（2）土壤含水量的测定：

经灌水周期后，用 0.1 g 精度的天平称取刚取的新鲜土样的重量，记作土样的湿重 M，在 105℃ 的烘箱内将土样烘 6～8 h 至恒重，然后测定烘干土样，记作土样的干重 Ms。

方法：本章第三节。

（四）数据处理

同本章第三节。

二、结果与分析

（一）果树穴贮砖对软籽石榴生长发育的影响

新梢长度和粗度是衡量植物生长量的标准之一。连续两年试验结果表明（表 4-11），在花后 0～80 d 内，新梢生长量 T1、T2 处理较 CK 均有显著提高。与 CK 相比，2021 年花后 50 d，T1、T2 处理的新梢长度生长较 CK 效果最好，分别显著增长了 33.0% 和

表 4 - 11　果树穴贮砖对软籽石榴新梢长度（cm）和粗度（mm）的影响

花后时间		2021			2022		
		T1	T2	CK	T1	T2	CK
10 d	长度	2.09±0.23a	2.10±0.21a	2.06±0.28a	2.62±0.30a	3.12±0.70a	2.26±0.11a
	粗度	1.06±0.10a	1.12±0.12a	1.20±0.21a	1.31±0.01a	1.32±0.01a	1.18±0.02b
20 d	长度	10.91±0.35a	11.26±0.19a	8.08±0.49b	11.49±0.41a	11.99±0.47a	11.62±0.50a
	粗度	1.26±0.06a	1.30±0.05a	1.34±0.04a	1.52±0.02a	1.54±0.02a	1.27±0.01b
30 d	长度	18.72±0.29a	18.72±0.21a	13.60±0.33b	18.77±0.33a	19.23±0.52a	17.83±0.37b
	粗度	1.65±0.16a	1.54±0.13a	1.37±0.09b	1.75±0.02a	1.76±0.01a	1.46±0.01b
40 d	长度	22.64±0.87a	23.14±1.06a	17.63±0.92b	25.90±0.53a	23.36±0.60b	20.99±0.47c
	粗度	2.08±0.43a	1.95±0.05a	1.59±0.17b	2.15±0.01a	2.14±0.01a	1.96±0.01b
50 d	长度	26.96±1.59a	27.84±1.02a	18.94±0.90b	30.11±0.80a	25.56±0.97a	21.14±1.15b
	粗度	2.41±0.49a	2.27±0.59ab	1.83±0.35b	2.52±0.01a	2.54±0.01a	2.28±0.05b
60 d	长度	31.07±0.52a	31.15±0.46a	23.12±1.32b	36.15±1.26a	32.62±0.88a	28.85±1.42b
	粗度	2.49±0.15a	2.36±0.26a	1.85±0.56b	2.64±0.01a	2.61±0.01a	2.39±0.01b
70 d	长度	33.70±1.06a	34.19±0.52a	25.59±1.05b	40.75±2.33a	36.82±2.50a	34.56±1.76b
	粗度	2.53±0.45a	2.43±0.34a	1.88±0.32b	2.98±0.01a	2.86±0.01a	2.55±0.01b
80 d	长度	36.70±1.04a	37.25±0.52a	28.83±0.5b	42.35±0.24a	39.46±0.23a	36.12±0.45b
	粗度	2.65±0.54a	2.52±0.33a	2.01±0.36b	3.04±0.04a	2.98±0.02a	2.62±0.01b

表4-12 果树穴贮砖对软籽石榴叶柄长度（cm）和粗度（mm）的影响

花后时间		2021			2022		
		T1	T2	CK	T1	T2	CK
10 d	长度	0.85±0.08a	0.86±0.05ab	0.77±0.09b	2.20±0.15a	2.22±0.26a	2.02±0.47a
	粗度	0.24±0.06a	0.26±0.02ab	0.19±0.03a	0.61±0.46a	0.56±0.84a	0.52±0.18a
20 d	长度	1.05±0.03a	1.08±0.04a	0.93±0.04b	2.93±0.51a	2.82±0.50a	2.96±0.49a
	粗度	0.31±0.04a	0.34±0.05ab	0.25±0.03b	0.55±0.82a	0.51±0.14a	0.54±0.14a
30 d	长度	1.55±0.15a	1.59±0.04a	1.16±0.07b	3.18±0.67a	3.22±0.62a	3.10±0.46a
	粗度	0.42±0.04a	0.39±0.03a	0.30±0.04a	0.59±0.11a	0.59±0.12a	0.58±0.10a
40 d	长度	2.09±0.06a	2.14±0.05a	1.41±0.05b	3.58±0.75a	3.34±0.62a	3.30±0.33a
	粗度	0.59±0.03a	0.51±0.03ab	0.42±0.04b	0.69±0.16a	0.70±0.84ab	0.58±0.10b
50 d	长度	2.4±0.07a	2.43±0.07a	1.55±0.07a	3.69±0.26a	3.66±0.79a	3.13±0.49b
	粗度	0.71±0.13a	0.68±0.07a	0.49±0.05b	0.88±0.22a	0.84±0.16a	0.69±0.11b
60 d	长度	2.55±0.04a	2.56±0.04a	1.69±0.1b	3.82±0.46a	3.79±0.62a	3.24±0.42b
	粗度	0.84±0.05a	0.78±0.09a	0.54±0.02a	0.98±0.13a	0.92±0.40a	0.71±0.23b
70 d	长度	2.59±0.03a	2.63±0.04b	1.76±0.05c	3.98±0.73a	3.96±0.83a	3.30±0.37b
	粗度	0.95±0.07a	0.89±0.07a	0.62±0.05b	1.11±0.47a	1.02±0.21a	0.73±0.10b
80 d	长度	2.62±0.02a	2.67±0.03b	1.84±0.06c	4.17±0.36a	4.06±0.96a	3.55±0.26b
	粗度	1.12±0.03a	0.96±0.07a	0.68±0.07b	1.16±0.38a	1.04±0.20a	0.77±0.30b

42.4%，花后 60 d，T1、T2 处理的新梢粗度较 CK 显著增加了 34.5%、27.56%；2022 年花后 50 d，T1、T2 处理的新梢长度生长较 CK 显著增长了 42.4%、21.0%，T1、T2 处理的新梢粗度增加最明显，分别较 CK 显著增加了 10.5%、11.4%。2022 年的新梢生长量高于 2021 年，2021 年 T2 处理效果最好，2022 年 T1 处理效果最好。

两年试验 T1、T2 处理的叶柄长度和粗度均高于 CK（如表 4-12）。T1、T2 处理的叶柄长度和粗度在花后 0～80 d 均有不同幅度的增加。相比 CK 处理，2021 年 T1、T2 处理的叶柄长度在花后 50 d 最好，分别显著增长了 56.77%、54.84%；2022 年 T1、T2 处理叶柄长度在花后 70 d 显著增长了 20.6%、20.0%；2021 年 T1、T2 处理的叶柄粗度在 60 d 时增长最为明显，分别较 CK 显著增长了 65.0%、67.5%，而 2022 年在花后 70 d 时 T1、T2 处理叶柄粗度分别较 CK 增长了 52.1%、39.7%。综上所述，2021 年植株叶柄长度和粗度生长状况相较于 2022 年好，且 T1 处理相较于 T2、CK 处理最佳。

（二）果树穴贮砖对软籽石榴土壤 pH 的影响

如图 4-17 所示，两年试验随着土壤深度的增加 pH 呈上升趋势。在 0～80 cm 土层中，T1、T2 处理相较于 CK 处理，均可显著降低土壤的酸碱度。其中 2021 年，在 20～40、60～80 cm 土层中，T1 处理的 pH 低于 T2、CK，但在 40～60 cm 土层中，T2 处理的 pH 相对于 T1、CK 处理下降最为明显，分别降低了 0.11、0.15（图 4-17A）；2022 年在 20～40 cm 土层中 T1 处理 pH 较 T2、CK 处理下降最明显，分别显著降低了 0.11、0.22，同时 T2 处理与 CK 处理相比显著降低了 0.11。在 40～60 cm 土层中，T1、T2 处理下 pH 较 CK 处理分别显著降低了 0.12、0.11；在 60～80 cm 土层中，T1 处理下 pH 与 CK 相比降低了 0.02，且各处理间均无显著差异（如图 4-17B）。综上所述，两年相比，2022 年果树穴贮砖对土壤 pH 的影响较 2021 年效果更好，且 2021 年 T2 较好，2022 年 T1 较好。

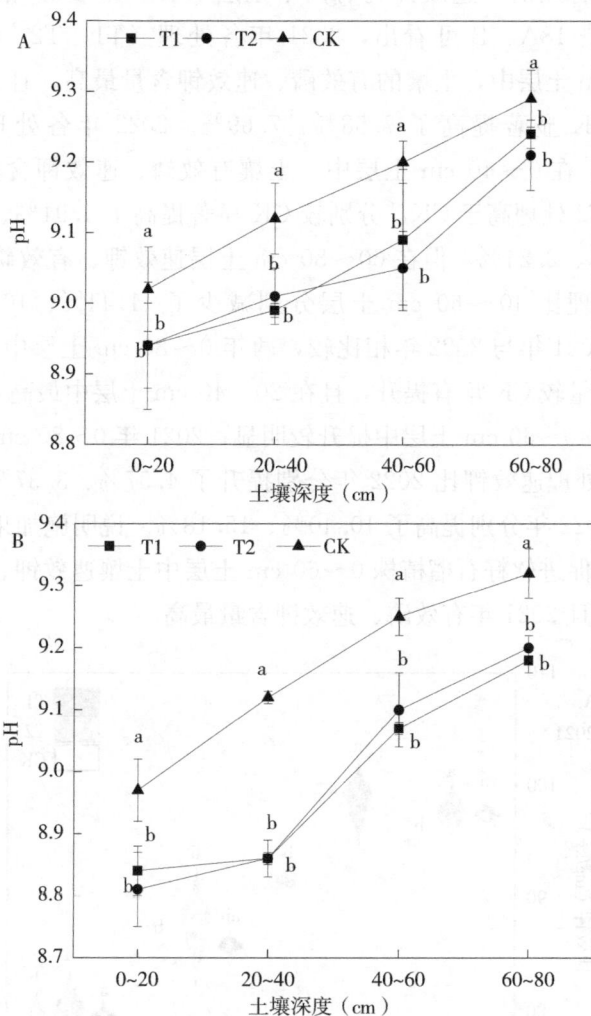

图 4-17　果树穴贮砖对软籽石榴土壤 pH 的影响

（三）果树穴贮砖对软籽石榴土壤速效钾、有效磷含量的影响

图 4-18 为二年生软籽石榴施加果树穴贮砖对土壤速效钾、有效磷含量的影响，连续 2 年在穴贮滴灌条件下，随着土层深度的增

加，土壤有效磷、速效钾均有向下土层（40～80 cm）淋失的趋势，图 4 - 18A、B 可看出，2021 年各处理（T1、T2、CK）在 20～40 cm 土层中，土壤的有效磷、速效钾含量最高，且 T1、T2 处理较 CK 显著提高了 7.58%、7.69%。2022 年各处理（T1、T2、CK）在 0～40 cm 土层中，土壤有效磷、速效钾含量最高，且 T1、T2 处理高于 CK，分别较 CK 显著提高了 4.91%、5.29% 和 3.36%、2.24%，但在 60～80 cm 土层速效钾、有效磷含量减少，各处理比 40～60 cm 土层分别减少了 11.44%、10.08% 和 5.5%。2021 年与 2022 年相比较，两年 0～80 cm 土层中有效磷、速效钾含量较 CK 均有提升，且在 20～40 cm 土层中最高，在 0～20 cm 和 40～60 cm 土层中提升较明显；2021 年 0～80 cm 土层中 T1、T2 处理速效钾比 2022 年分别提升了 4.57%、3.37%，而有效磷比 2022 年分别提高了 10.40%、15.18%。说明施加果树穴贮砖可显著促进软籽石榴植株 0～60 cm 土层中土壤速效钾、有效磷的积累，且 2021 年有效磷、速效钾含量最高。

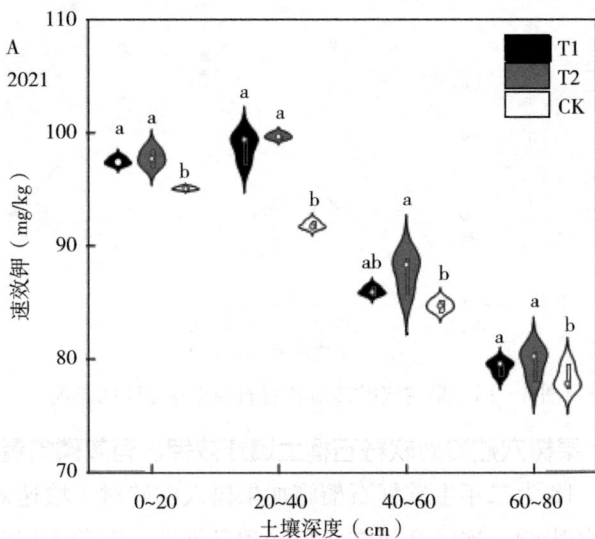

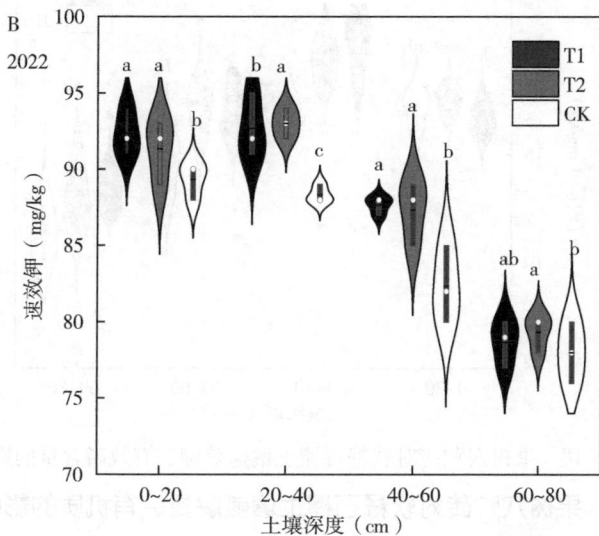

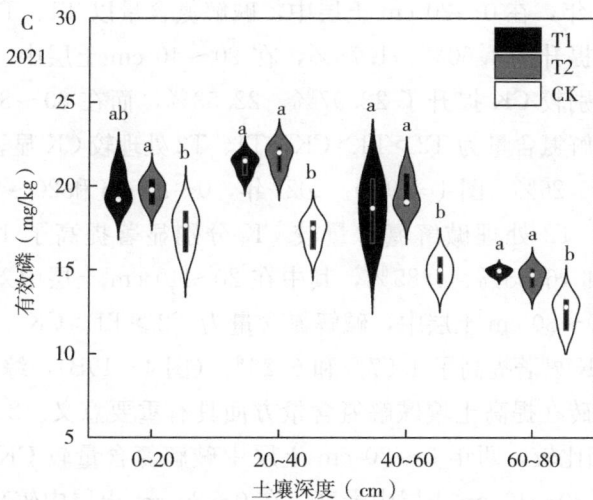

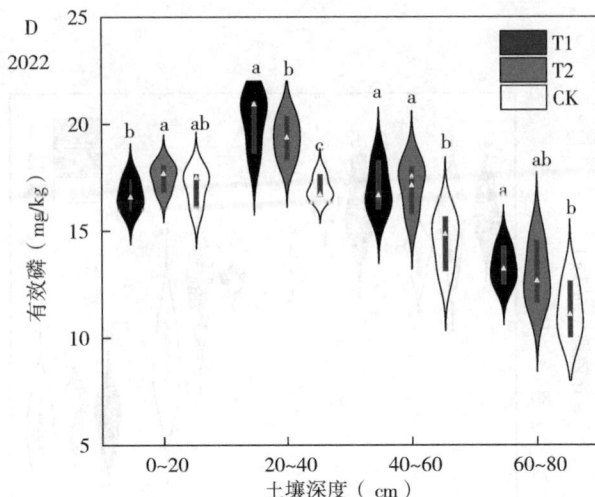

图 4-18　果树穴贮砖对软籽石榴土壤速效钾、有效磷含量的影响

（四）果树穴贮砖对软籽石榴土壤碱解氮、有机质的影响

2021 年，在 0～20 cm 土层中，碱解氮含量以 T1、T2 较 CK 分别显著提升了 4.60%、1.78%，在 20～40 cm 土层中，差异最显著，分别较 CK 提升了 22.97%、22.53%，而在 60～80 cm 土层中，碱解氮含量为 T2>T1>CK，T1、T2 处理较 CK 显著提高了 4.97% 和 6.26%（图 4-19A）。2022 年，0～20 cm 和 20～40 cm 土层中 T1、T2 处理碱解氮含量较 CK 分别显著提高了 14.04%、11.45% 和 16.88%、4.85%，其中在 20～40 cm 土层中差异最明显，在 60～80 cm 土层中，碱解氮含量为 T2>T1>CK，T1、T2 处理较 CK 显著提高了 4.97% 和 6.26%（图 4-19B），综上所述，施加穴贮砖在提高土壤碱解氮含量方面具有重要意义。2021 年与 2022 年相比较，两年 0～80 cm 土层中碱解氮含量较 CK 均有提升，且在 20～40 cm 土层中最高，在 0～20 cm 土层中较高，2022 年土壤碱解氮含量相较于 2021 年降低了 7.75%，其中 T1 处理降低了 5.04%，T2 处理降低了 4.42%。2021 年与 2022 年相比，

0～80 cm 土层中 2022 年度碱解氮比 2021 年降低了 7.76%，说明施加果树穴贮砖可提高软籽石榴植株 0～80 cm 土层中土壤碱解氮的积累，且 2021 年土壤碱解氮含量最高。

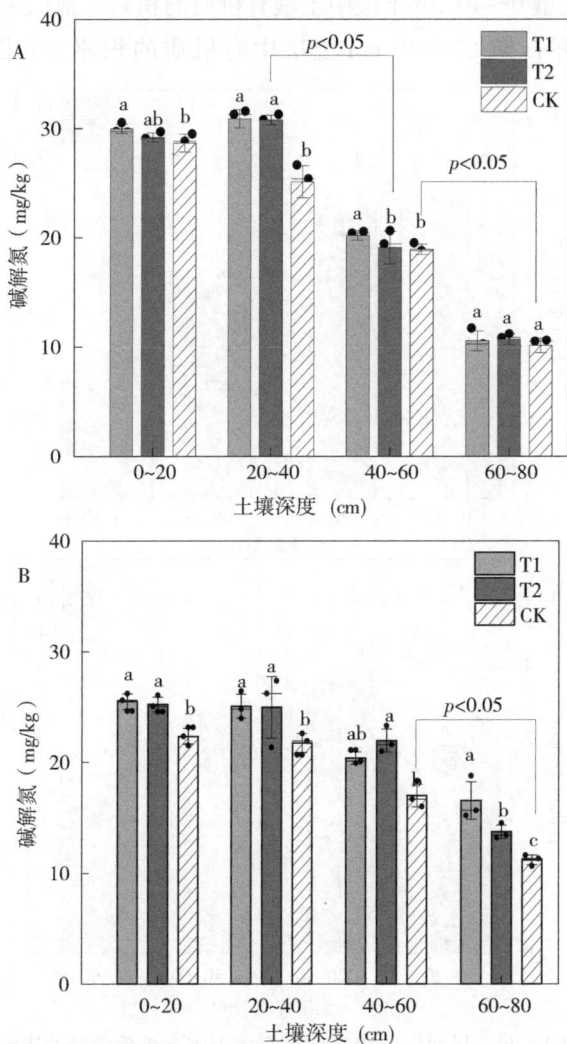

图 4-19　果树穴贮砖对软籽石榴土壤碱解氮含量的影响

如图 4‑20A 可知，2021 年 0～80 cm 土层中有机质含量 T1、T2 处理显著高于 CK，其中 0～40 cm 土层中有机质含量最高，分别较 CK 显著增长了 2.60％、4.16％；说明施加果树穴贮砖有利于软籽石榴土壤 0～40 cm 土层中土壤有机质的积累。施加果树穴贮砖有利于软籽石榴 20～40 cm 土层中有机质的积累。如图 4‑20B

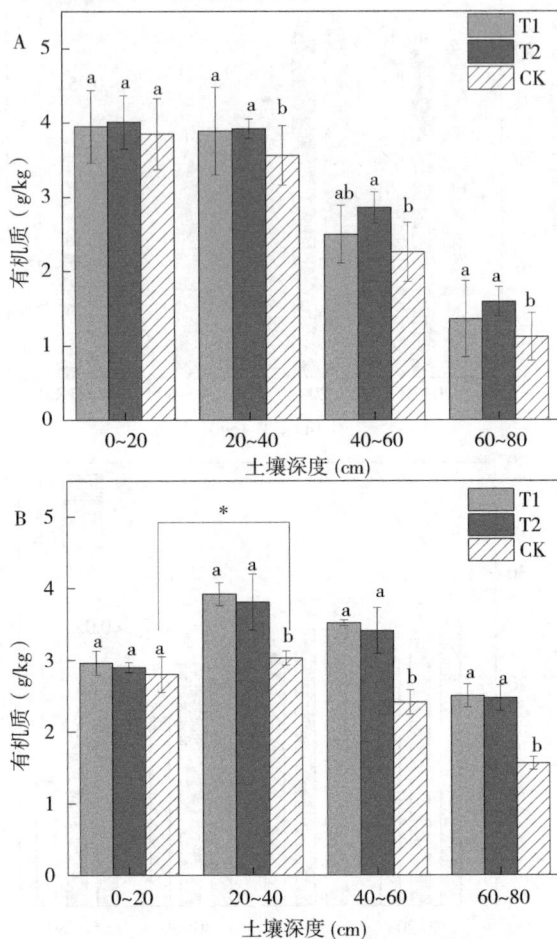

图 4‑20　果树穴贮砖对软籽石榴土壤有机质含量的影响

（＊p≤0.05）

可知，2022 年 0～80 cm 土层有机质含量 T1、T2 处理显著高于 CK，其中 20～40 cm 土层中有机质含量最高，分别较 CK 显著增长了 29.37％、23.64％；说明施加果树穴贮砖有利于软籽石榴土壤 20～40 cm 土层中土壤有机质的积累。2021 年与 2022 年相比，0～80 cm 土层中 2022 年有机质比 2021 年降低了 10.23％。说明施加果树穴贮砖可提高软籽石榴植株 0～80 cm 土层中土壤有机质的积累，且 2021 年土壤有机质含量最高。

（五）果树穴贮砖对软籽石榴土壤氮含量的影响

如图 4-21 所示，两年试验结果表明，CK 处理在 0～80 cm 土层中全氮含量随着土壤深度的增加而降低，而 T1、T2 处理则是先上升再下降，三个处理在 0～20 cm 土层中全氮含量最多，60～80 cm 土层中全氮含量最少。2021 年在 0～20、60～80 cm 土层中土壤氮含量均为 T1＞T2＞CK，三个处理的均值分别为 0.59、0.58、0.58 和 0.26、0.26、0.19 g/kg，20～60 cm 土层中氮含量为 T2＞T1＞CK，差异最明显，分别较 CK 显著增加了 35.56％、37.78％和 23.53％、29.41％（图 4-21A）；2022 年在 0～20、40～80 cm 土层中土壤氮含量均为 T1＞T2＞CK，其 0～20 cm 土层氮含量分别为 0.32、0.30、0.25 g/kg，20～40 cm 土层中氮含量为 T2＞T1＞CK，分别较 CK 显著增加了 20.44％、21.55％（图 4-21B），2021 年与 2022 年相比较，2022 年 0～80 cm 土层中全氮含量均有不同程度的降低，但在 20～40 cm 土层中最为显著，2022 年 T1、T2 处理氮含量比 2021 年分别降低了 45.24％、40.90％。说明连续两年施加果树穴贮砖显著提高了软籽石榴在 0～60 cm 土层全氮含量，且 2021 年土壤全氮含量高于 2022 年。

（六）果树穴贮砖对软籽石榴土壤水含量的影响

灌水周期后，测定不同土层（20、40、60、80 cm）土壤含水量，结果如图 4-22 所示，2021 年 CK 处理下不同土层的土壤含水量下降较为均匀。T1 和 T2 处理后 0～80 cm 土层土壤含水量较

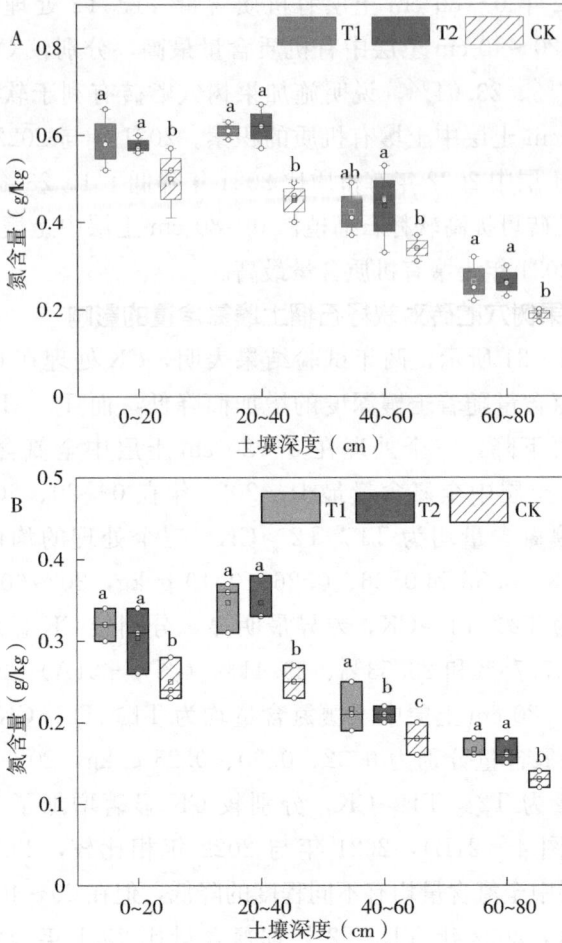

图 4-21　果树穴贮砖对软籽石榴土壤氮含量的影响

CK 下降缓慢，且 T1、T2 处理差异不显著，0～20 cm 土层中 T1、T2 处理土壤含水量显著高于 CK 处理，且分别比 CK 提高了 13.22%、8.9%，在 20～40 cm 土层中，T1、T2 处理比 CK 处理显著提高了 9.48%、7.66%，在 40～60 cm 土层 T1、T2 处理相较于 CK 含水量较高，分别为 10.66%、7.56%，在 60～80 cm 土

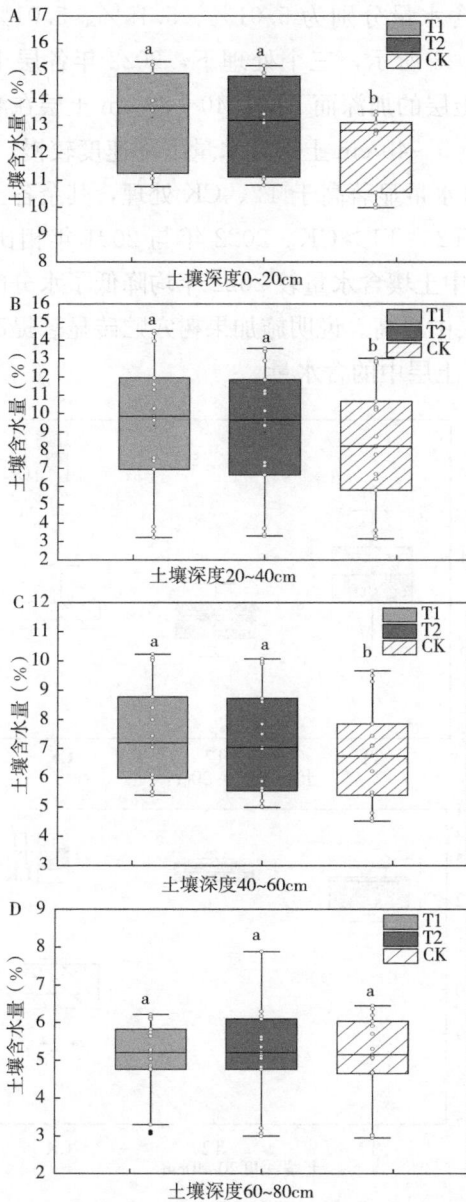

图 4 - 22　2021 年果树穴贮砖对软籽石榴土壤含水量的影响

层各处理土壤含水量分别为 5.01%、5.15%、5.01%，但差异不显著。如图 4-23 所示，三个处理下，2022 年各层土壤含水量变化趋势均随着土层的加深而下降。40~80 cm 土层在灌水后土壤含水量下降迅速，0~40 cm 土层含水量下降速度较慢；在 0~20 cm 处 T1 的土壤含水量显著高于 T2、CK 处理，其余各土层含水量从大到小依次为 T2＞T1＞CK。2022 年与 2021 年相比较，2021 年 0~80 cm 土层中土壤含水量较 2022 年均降低了水分的流失，且在 20~40 cm 土层中最高。说明施加果树穴贮砖显著提高了软籽石榴植株 0~80 cm 土层中的含水量。

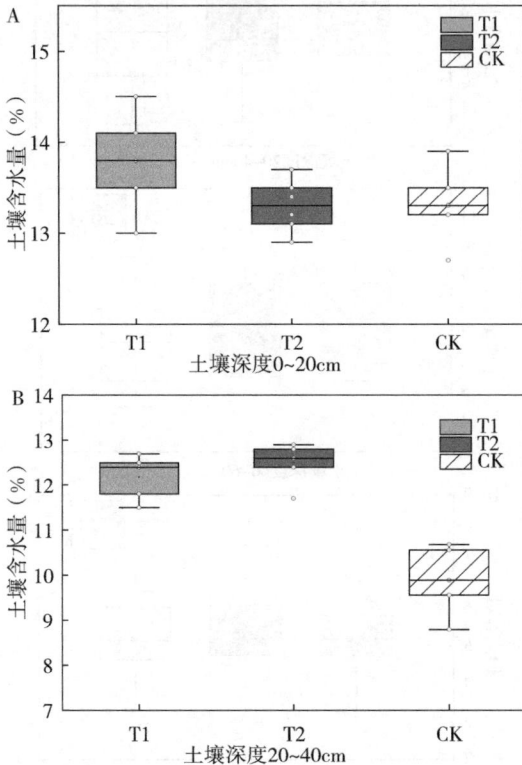

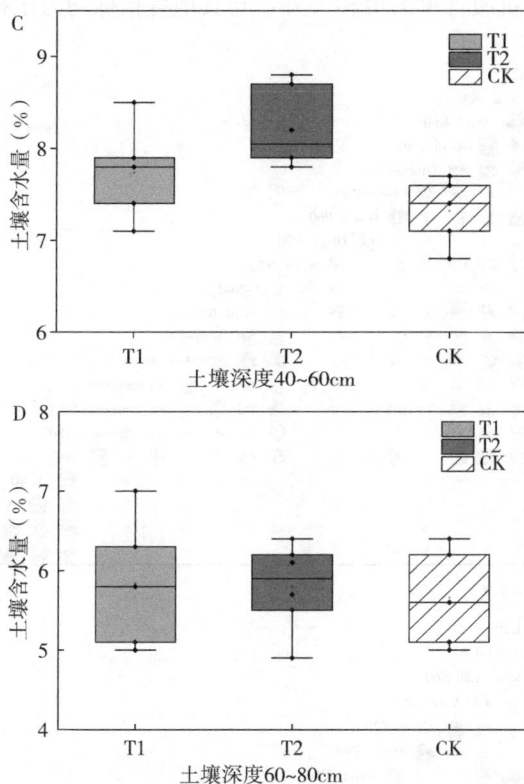

图 4 - 23　2022 年果树穴贮砖对软籽石榴土壤含水量的影响

（七）氮的吸收利用与植株土壤理化性质间的相关性分析

对果树穴贮砖滴施氮素处理下连续两年不同土层氮含量与软籽石榴植株不同土层碱解氮、有效磷、速效钾、有机质等指标进行相关性分析。由图 4 - 24A 可知，2021 年各土层氮含量与 60 cm 土层的有效磷、碱解氮和 40 cm 土层有机质均为负相关，与 40cm 土层碱解氮和 60 cm 土层有机质为正相关关系，与其他指标相关性不大。由图 4 - 24B 可知，2022 年 40 cm 处土壤有机质含量与各土层土壤氮含量相关性与 20 cm 处的土壤有机质含量与有效磷、速效钾、碱解氮和 20～40 cm 有机质含量均呈负相关。不同土层氮含量除了与

40 cm土层有机质含量为负相关外，与其他各指标均为正相关。

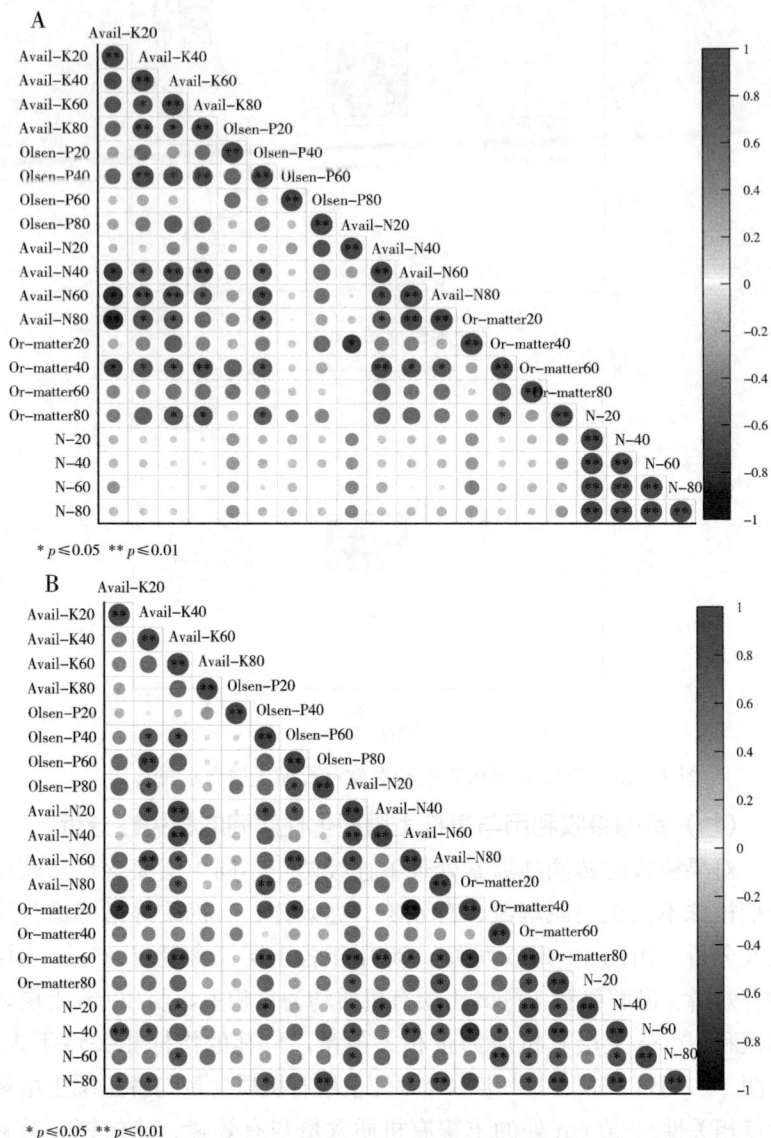

* $p \leqslant 0.05$ ** $p \leqslant 0.01$

* $p \leqslant 0.05$ ** $p \leqslant 0.01$

图 4-24　果树穴贮砖对软籽石榴土壤特性的相关性分析

三、讨论

（一）施用果树穴贮砖对温室软籽石榴生长发育的影响

生物炭广泛用于农业，以提高土壤肥力和植物生长。软籽石榴为多年生常绿果树，充足、及时的养分供应对新梢和叶柄生长作用较大。枝梢作为软籽石榴良好的结果母枝，是保障树体正常光合作用、维持树体正常生长及翌年开花结果的基础条件。本试验结果表明，果树穴贮砖处理的新梢和叶柄生长量较 CK 显著提高，说明果树穴贮砖有利于植株的生长，这和前人研究结果类似；本试验连续两年结果表明，2022 年的新梢长和粗、叶柄长度和粗度等生长指标均高于 2021 年，2021 年 T2 处理效果最好，2022 年 T1 处理效果最好。因此，施用果树穴贮砖能长期促进树体生长发育。

（二）果树穴贮砖对不同土层土壤速效养分含量的影响

研究发现，土壤改良剂具有吸附养分的特性，降低了土壤肥料及水分的大幅度流失，使得自然环境的压力也得到一定程度的缓解。穴贮滴灌可以有效解决根系上浮及滴灌堵塞的问题。土壤速效养分是评价土壤肥力的重要指标，对作物产量和品质具有重大的影响。郑亚楠等研究发现，土壤调理剂配施结合施肥能显著改善土壤理化性质，促进烤烟根系生长变化，土壤有效养分含量明显增加。田冬等试验结果表明，施加化学改良剂能增加土壤有效磷、速效钾、碱解氮和有机质的含量。王伟军等研究发现，土壤施肥后可以提高 0～100 cm 土层中养分的含量，而滴灌施肥则更能够提高土壤养分含量。本试验通过两年试验结果表明，施加果树穴贮砖显著提高了 0～60 cm 土层中的有效磷、碱解氮、速效钾和有机质的含量，T1 处显著提高了 40 cm 土层处土壤碱解氮、速效钾、速效钠的含量。

（三）果树穴贮砖对不同土层土壤氮素含量的影响

通过连续两年的试验发现，随着土层深度的增加，CK 处理的土壤氮含量下降幅度最大，而 T1、T2 处理下不同土层土壤氮含量呈先增加后降低的趋势，说明施用果树穴贮砖能够吸附土壤中的氮素含量，抑制了氮素随土层不断向深层土壤迁移。T1、T2 处理下20～60 cm 土层中土壤氮含量显著高于 CK，在 20～40 cm 中的土壤氮含量最为显著。2022 年相较于 2021 年，0～80 cm 土层中的氮含量有所降低，在 0～20 cm 土层中最为显著。以上结果表明施用果树穴贮砖能够保持 20～40 cm 处土壤氮含量的稳定，减少了氮素向深层土壤的迁移。

（四）果树穴贮砖对软籽石榴不同土层土壤水含量的影响

土壤含水量是影响植被结构和恢复力时空动态的关键因素。在半干旱环境中，水是重要的一个限制因素。Paiman 等人研究发现，施加有机质含量在 75% 以上的泥炭土，可以显著降低土壤含水量的降低。Musa 等研究生物炭和硫改性生物炭对改善谷子种植系统土壤含水量和生化特性的影响，试验表明，相比不施生物炭，生物炭和硫改性生物炭分别将土壤含水量提高了 47% 和 35%。生物炭被用作土壤改良剂以改善土壤水力特性。据报道，生物炭增加了植物可用水，特别是在瘠薄的土壤中。Alghamdi 等结果表明，生物炭颗粒较大的内土壤和生物炭混合物中的土壤结构均得到改善。本试验通过两年试验表明，施加果树穴贮砖对 0～80 cm 土层土壤含水量的流失均有抑制作用，其中在 0～40 cm 处作用最为显著，2021 年与2022 年相比，2021 年 0～80 cm 土层中土壤含水量较 2022 年均降低了水分的流失量，且在 20～40 cm 土层中流失最为缓慢。

四、小结

本试验结果表明，在花后 50 d，T1、T2 处理能够显著促进软籽石榴植株新梢、叶柄等器官的生长，且 2022 年各器官生长量相较于 2021 年均有不同程度的提升，其中，2021 年 T2 处理效果最好，2022 年 T1 处理效果最好。另外施加果树穴贮砖能够显著改善

0~80 cm 土层中土壤的酸碱度，增加了 0~60 cm 土层中土壤速效养分的含量，其中在 0~40 cm 土层中含量最高。2022 年显著增加了 20~40 cm 土层中氮含量，而 2021 年在 0~40 cm 土层中土壤氮含量最高。两年相比，2021 年 T1、T2 处理氮含量比 2022 年有所提升。三个处理下，40~80 cm 土层在灌水后土壤含水量下降迅速，0~40 cm 土层含水量下降速度较慢；2022 年与 2021 年相比较，2021 年 0~80 cm 土层中土壤含水量较 2022 年均降低了水分的流失量，且在 20~40 cm 土层中效果最好。

第六节　结论与展望

一、果树穴贮砖滴施氮素对温室突尼斯软籽石榴生长发育的影响

本试验通过施加果树穴贮砖后滴施氮素能显著促进植株新梢、叶柄、节间长和叶片的生长；也显著提高了植株生物量的累积，对叶片长度、宽度、干鲜重和叶面积均有显著的影响。植株新梢长度和粗度分别在 70 d 和 50 d 时相较于 CK 差异最大，T1、T2 处理分别较 CK 增长了 26.77%、17.70% 和 21.50%、11.55%；叶柄长度和粗度分别在 40 d 和 70 d 时相较于 CK 差异最明显，均为 T1 处理最佳。果树穴贮砖的施用显著促进植株节间长度，T1 处理相较于 T2、CK 处理，对软籽石榴节间长度的促进效果更好。T1、T2 处理叶片的最大叶长、最大叶宽、叶面积、叶片干鲜重较 CK 均有显著性差异，综合相比，T1 处理效果最佳。对于植株生物量，地上部 T1 处理更佳，地下部 T2 处理更佳。

二、果树穴贮砖对温室突尼斯软籽石榴叶绿素、光合特性的影响

在软籽石榴中果树穴贮砖配施尿素，对植株一个灌水周期内叶

片的叶绿素、类黄酮素、氮平衡指数和各光合指标的日变化均有显著影响，果树穴贮砖的施用对 0～40 cm 土层下土壤含水量有显著提高作用，在一个灌水周期内，灌水后 3 d，软籽石榴叶绿素含量 T1 处理最好，分别比 T2、CK 处理显著提高了 7.32% 和 13.21%；类黄酮相对含量方面，T1、T2 处理在穴贮砖处理后 5 d 时植株的类黄酮相对含量最高，分别比 CK 显著提高了 48.02%、25.99%，氮平衡指数在穴贮砖处理后 5 d 时效果最好，T1、T2 处理分别比 CK 提高了 28.12%、15.90%。对于光合指标方面，10：00～20：00 中，T1、T2 处理下石榴叶片的净光合速率均高于 CK 处理。胞间 CO_2 浓度日变化呈先减后增再减的趋势，最低值在 12：00～16：00，与最低净光合速率时间段相符。三个处理植株叶片的蒸腾速率和气孔导度最高值均出现在 12：00～14：00，与净光合速率一致，T1、T2 处理的叶片气孔导度与蒸腾速率作用在峰值时都高于 CK 处理。

三、果树穴贮砖滴施氮素对温室突尼斯软籽石榴氮素吸收转化的影响

T1、T2 处理显著提高了植株根系、新梢、叶片器官的矿质营养元素含量，其中 T1 处理对植株的矿质元素含量影响最高。植株土壤理化性质结果表明，在果树穴贮砖滴施尿素条件下，T1、T2 处理对土壤碱解氮、速效钾、有效磷、有机质含量与 CK 相比均有显著提高，强碱性土壤 pH 下降明显。其中在 20～40 cm 土层中碱解氮、有机质含量最高，40～60 cm 土层中速效钾含量最高和 pH 上升最缓慢。综合相比，T2 处理相较于 T1、CK 处理更佳。不同土层对土壤氮素的吸收在 0～20、20～40 cm 土层中效果更为显著，20～40 cm 土层中，T1、T2 处理较 CK 提高了 31.25%、35.29%。另外，施加果树穴贮砖能够显著提高植株根、新梢和叶片中硝态氮和铵态氮的含量，新梢中铵态氮 T1、T2 处理比 CK 分

别提高了 0.06、0.04 g/kg，植株叶片硝态氮 T1 处理比 T2、CK 处理分别提高了 0.09、0.25 g/kg，其中 T1 处理相较于 T2、CK 处理更佳。

四、果树穴贮砖对南疆不同年际软籽石榴生长、土壤氮吸收及土壤特性的影响

本试验结果表明，在花后 50 d，T1、T2 处理能够显著促进软籽石榴植株新梢、叶柄等器官的生长，且 2022 年各器官生长量相较于 2021 年均有不同程度的提升，其中，2021 年 T2 处理效果最好，2022 年 T1 处理效果最好。另外施加果树穴贮砖能够显著改善 0～80cm 土层中土壤的酸碱度，增加了 0～60cm 土层中土壤速效养分的含量，2022 年 0～80 cm 土层中 T1、T2 处理速效钾比 2021 年分别提升了 4.57％、3.37％，0～80cm 土层中 2022 年碱解氮比 2021 年降低了 7.76％，而有机质比 2021 年降低了 10.23％，其中在 0～40cm 土层中最明显。

第五章　果树穴贮砖对南疆沙地条件下两种果树生长发育及氮素吸收的影响

第一节　文献综述

一、国内外研究进展

林果业的发展多适宜栽培在通气透水，水肥充足的土壤环境中。新疆是我国重要的葡萄、红枣产业基地，但稀缺的水资源以及土壤沙土化的状况显著制约着新疆的优质果树的生产管理过程。因此水肥的合理利用是保证果树丰产、稳产、优质的一项重要举措。土壤肥力高低是判断土壤能否持续为植物提供养分的重要依据。施肥是果树优质、高产、高效栽培中的一项重要技术措施。随着果树科学技术和产业化的发展，果树施肥的规范化、标准化、数量化日益重要。

（一）氮素对植株生长发育以及对其吸收的研究

氮素可直接或间接地影响作物的生长，且在改善作物品质及产量方面均起到重要作用。施加合适的肥料可有效增加根系生物量，同时植株需要庞大的根系进行营养吸收。合理施用氮肥是作物获得高产的保障，氮素含量过多，植物生长速度将会加快，但是其他营养相对比例则降低了，容易出现弱苗；过少则反之，会使植物生长缓慢。在叶绿素的形成方面，氮素可有效促进叶绿素的形成。张新燕等的研究得出，追施氮肥对水稻生长后期的叶绿素含量具有明显提高作用。

另一方面，当更高层次的氮在土壤、植物体内积累到某种程度时，植物根系生长受到抑制，这种抑制被称为"系统抑制"。Shakirova 等通过分根试验研究得出，养分条件相当，在根系局部供氮时，能够促进根系的生长，根系含氮率下降到 0.75% 以下时，根系的生长会进入停滞状态。赵学强等研究表明，在群体水培条件下，短期内提高生育中期的供氮浓度可提高根重，但持续时间过长，则会使根重增加量明显下降。Thomidis 等研究表明，供给不同的氮浓度直接影响果树叶片对叶绿素的合成和叶片的光合能力。高氮或过量供氮使植株的光合能力和氮素同化能力下降，可溶性糖和可溶性淀粉含量随供氮水平的增加而变化不大。当有足够氮素，植株的地下部分可以充分生长进而可以提高根冠比；当有利于根系生长时，根系才会从生长环境中吸收更多的氮素营养。

　　氮素吸收和转化一直都是植物生理学界研究的热点之一。氮素是果树生长发育过程中必需的矿质元素中的核心元素，是蛋白质、核酸、磷脂的主要成分，而这三者又是构成细胞原生质、细胞核和生物膜的重要组分，它们在生命活动中占有特殊地位。研究表明，适量施用氮肥不仅能提高叶片的光合速率，还能促进花芽分化，提高坐果率，增加果重。在国内外果树生产过程中，优质丰产果园的经营者十分重视水肥环境情况，在水肥中氮素尤为重要，利用良好的土壤、气候条件以及施用充足且良好的氮肥才能够产出口感好，营养物质含量高的果品。果园生产过程中，会按照果园实际需求施用氮素肥，使果树能够更好地完成氮素的吸收分配。从控释的营养元素种类来看，氮、磷、钾大量元素及一些微量元素已在研究控释之列。但目前以氮、磷、钾控释肥研究为主，其中以氮元素控释肥为研究重点。果树主要利用根系从土壤中获取氮素，多数果树能够在根系中将吸收的氮素同化为含氮有机物如氨基酸等。已有研究表明，管理和水分管理与氮素的积累、运转、转化有着紧密联系并且存在显著的互作效应。

（二）根区局部水肥供应研究进展

　　关于植物对养分局部供应的相应研究，国际上起步早，发展也快。20 世纪 70 年代初，Drew 及其同事详细研究了大麦的种子根系对大量元素离子 NO_3^-、NH_4^+、PO_3^{4-} 等局部供应的反应，发现养分供应区根系生长受到促进而其他地方的根系生长受到抑制，认为这是植物生长对养分非均匀分布的一种补偿。此后，这方面的研究逐渐受到重视，主要集中在局部供应 NO_3^-、NH_4^+ 等离子养分对植物不同根区根系生长发育、养分吸收、地上部生长及根冠物质分配的影响等方面。近年来，这方面的研究开始向植物环境适应性的生理生化机制研究深入。Lorenzo 于 2001 年提出了外部养分供应影响植物根系发育的两条可能途径及其信号传递模式。而我国在这方面的研究尚少。在大量有关植物根区局部水肥供应研究方面其对植物土壤环境以及根系都有着不同程度的影响。植物根系也经常处在一个非均匀的养分环境中，因而根区局部施肥可保障植株生育期有更好的肥料供应。在果树施肥方法上，人们常采取集中施肥的原则，将肥料以条施和穴施方法施于根系附近，使局部土壤中该离子浓度较高，饱和度增大，提高肥效。前期研究则认为苹果部分根域改良可调节新梢生长节奏，调控枝类组成。根区是对土壤活力和植物对营养的吸收具有重大意义的区域，对果园土壤进行改良和果树根区环境的研究，历来就是果树园艺工作者的研究重点。早在 1975 年，有关学者发现当养分供应被限制在局部根系时，可以通过增加供应区根系的生长或养分吸收而得到补偿。生产实践表明将有限的有机肥集中施用不但能够改善土壤肥料状况，增强根系功能，还可以获得较高产量并改善果实品质。果树为多年生木本植物，其优生区多分布于无灌溉条件或灌溉条件差的地区，水源短缺，土地贫瘠，根系常处于逆境条件，严重影响果树生产。果园土壤水分垂直分布与水平分布受果树根系吸水和降水入渗的影响，果树根系吸收的土壤水肥主要集中在 30～200 cm、距树干 100～150 cm 范围内。依据根系不同比例所提供的适宜水量进行苹果树耗水量的测定认为，只在部分根区进行适当灌水施肥足以满足植物生长，不需要给全部根系灌水，这种看法为果树根区局部灌溉施肥技术的应用提供了理论依据。

在根部施肥时必须要掌握根系的生长、分布及吸收特性，这样才能将肥料施到最为适宜的部位，从而充分发挥肥料的最大效能。现在生产上常用的施肥方法主要有条状施肥、穴状施肥、灌溉施肥和全园施肥，实际生产中果树土壤根际施肥主要采用的是局部施肥法。果园生产中，地膜覆盖穴贮肥水技术、隔行交替灌溉、沟状轮替施肥等均应用了优化局部土壤的原理。地膜覆盖、穴贮肥水技术利用约10％土壤优化区域的根系吸收肥水，满足树体活跃代谢的需要，使树体春季形态建成快，生长速率高，显著提高了产量和品质，节约肥水70％，在山丘旱地推广460万亩*。穴贮肥水是果园优质高产的一项抗旱保肥土壤管理技术。穴贮肥水简单易行、取材容易、投资少、见效快，具有节肥、节水的作用，比正常管理节肥节水，缓和了山地果园缺肥少水与增产提质的矛盾，在土层较薄、无浇灌条件的山旱地应用效果尤为显著。这种技术是将施入的肥水临时贮存起来，减少流失，逐渐地释放养分、水分，使果树全年肥水供给稳定，明显地改善果树生长发育状况，达到增产、壮树的目的。穴贮肥水果园较常规的肥水管理省时省力，可有效降低劳动强度，一次挖肥水穴并覆盖可连续使用一年，既促进了果树的生长又提高了产量和果实品质，是干旱缺水地区肥水管理的一项既经济又实惠的有效措施。本试验研究中的果树穴贮砖就是以穴贮的形式，将有机肥及一些保水保肥材料制作成穴贮砖穴施于果树的根区，使果树根区实现省肥省水，提高水肥利用率，优质高效生产，解决我国大部分果园"旱""薄"矛盾问题，对当前果业可持续发展具有重要意义。

（三）穴贮滴灌对果树生长发育及土壤环境影响

1. 穴贮滴灌对果树生长发育的影响研究

穴贮肥水是促进果树优质高产的一项保水保肥根系施肥管理新技

---

* 亩为非法定计量单位，1亩≈0.67 hm²。——编者注

术，其优势在于穴中水分、养分充足而稳定，气热环境状况良好。穴贮滴灌使果树根系一直处于适宜的生长条件下，促使果树生长健壮，叶片深绿，抗旱、抗逆性强，没有发生早期落叶情况，也没有发生生理缺素症，而且果面光洁，着色好，产量增加显著。据测定，实施穴贮肥水地膜覆盖技术的土壤，冬枣生长季节土壤含水量维持在15%左右，完全适宜冬枣生长发育的需要。覆盖地膜不但能保持土壤水分，而且能提高土壤的有效温度，促使冬枣根系活动提前，增强了吸收土壤养分和水分的能力。从而将施入的水肥临时贮存起来，减少流失，逐渐地释放养分、水分，使果树全年水肥供应稳定，明显地改善果树生长发育状况，达到增产、壮树的目的。温爱存研究得出，大樱桃果园穴贮肥水技术对促进大樱桃树体健壮生长，提高产量和果实品质均具有显著的效果，连年应用效果更加明显。潘增光等研究认为，穴贮肥水技术能够明显调控苹果新梢生长模式，使春梢生长量大、秋梢生长量小，春梢叶面积增大，果树形成一个良好的物质循环过程。

2. 穴贮滴灌对土壤水分及养分的影响研究

果树穴贮肥能够提高早春地温，提高果树根系活力，促使果树的根系活动提前。增强吸收土壤养分和水分的能力，保持土壤水分平衡。能够将果树生长季节的土壤含水量维持在15%左右，比较适合果树生长发育的需要。果园使用穴贮肥水技术后，土壤水分充足。温度适宜，透气性好，有利于土壤养分的释放，土壤中速效氮、磷、钾的含量明显提高。穴贮滴灌能够保持30～50 cm 土壤体积含水率的稳定性，促进根系的生长和下扎。秦晓娟研究表明，穴贮肥水使得土壤中速效氮、磷、钾的含量明显提高，另外由于草把被微生物分解时产生大量的二氧化碳，降低了土壤的 pH，难溶性的微量元素化合物溶解度增大，使土壤中微量营养元素有效性提高，利于冬枣根系吸收利用。植物和土壤吸收、吸附肥料的速度与土壤胶粒为盐基的饱和程度和施肥的局部性有关。局部施肥可保障植株生育期有更好的肥料供应。

二、研究目的与内容

(一) 研究目的

研究并验证果树穴贮砖对南疆沙地条件下种植的紫甜无核葡萄、骏枣两种果树的有效性。明确施用果树穴贮砖并滴施氮素后植株生长状况的变化及氮素在果树穴贮砖中对土壤和植株中的吸收效率影响，以期人为调控良好的植株根际土壤环境，进而提高土壤水肥利用率，为进一步优化果树穴贮砖与地下穴贮滴灌相结合在南疆沙地果树种植条件下的有效性，提供理论依据和可优化路径。

(二) 研究内容

(1) 为探究在南疆沙地条件下果树穴贮砖对紫甜无核葡萄、骏枣植株生长及养分吸收的影响。本试验通过施加果树穴贮砖和滴施氮肥处理后，研究紫甜无核葡萄新梢长度、粗度、叶柄长度、粗度、叶片大小、叶面积、干湿重；研究骏枣新生枣头长度、二次枝长度、枣吊长度、节间长度以及叶片大小、叶面积、干湿重的变化。通过施加果树穴贮砖和滴施氮素处理后，研究紫甜无核新梢、叶片、粗根、细根以及骏枣叶片、枣头、枣吊、二次枝、粗根、细根的养分和微量元素的变化，分析出果树穴贮砖对紫甜无核、骏枣植株生长及养分吸收的影响。

(2) 为探究在南疆沙地条件下果树穴贮砖对紫甜无核、骏枣土壤养分及相关酶活性的影响。本试验通过施加果树穴贮砖和滴施氮肥处理后，研究紫甜无核和骏枣 0~80 cm 土层土壤及根际土壤中速效养分、全氮、微量元素、有机质、一个灌溉周期的土壤含水量、pH、相关酶活性的变化，分析出果树穴贮砖的施入对紫甜无核、骏枣土壤养分及相关酶活性的影响。

(3) 为探究在南疆沙地条件下果树穴贮砖对紫甜无核、骏枣果实品质及产量的影响。本试验通过施加果树穴贮砖和滴施氮肥处理后，研究紫甜无核和骏枣果实横纵径、可溶性固形物、可滴定酸、固酸比、pH、维生素 C、单株产量的变化，分析出果树穴贮砖的施入对紫甜无核、骏枣果实品质及产量的影响。

（4）为探究在南疆沙地条件下果树穴贮砖对紫甜无核、骏枣氮素吸收的影响。本试验通过施加果树穴贮砖和滴施氮肥处理后，研究紫甜无核和骏枣植株、根际土壤以及 0～80 cm 土层土壤中氮含量的变化，分析出果树穴贮砖的施入对紫甜无核、骏枣氮素吸收的影响。

（三）技术路线

果树穴贮砖对南疆沙地条件下两种果树生长发育及氮素吸收的影响技术路线图见图 5-1。

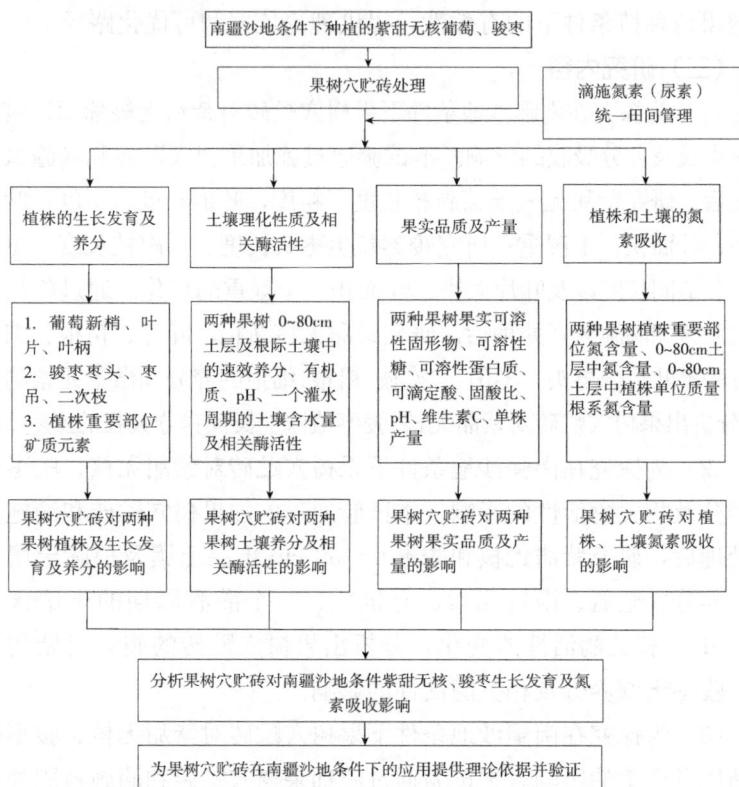

图 5-1 果树穴贮砖对南疆沙地条件下两种果树生长
发育及氮素吸收的影响技术路线图

第二节　果树穴贮砖对南疆沙地条件下紫甜无核葡萄生长发育及氮素吸收的影响

水肥进行合理的管理有利于达到作物高产、优质的效果，通过因地制宜地调节水分和肥料，使其处于合理的范围，使水肥达到协同作用，达到"以水促肥"和"以肥促水"的最终目的，是实现农业生产节水节肥和高产高效的重要途径。与此同时，合理的施氮能够促进干旱条件下作物根系生长，提高根系活力和水肥吸收能力，增强植株抗性，从而减轻或恢复由于干旱胁迫而造成的不利影响。在葡萄的生长发育期间，水肥的供给将直接关系到植株的营养生长和生殖生长。通过前人研究表明，通过穴贮肥水技术可以促进植株根系的生长和生物量的累积。并且已有研究表明葡萄根系在生长过程中有明显的趋水、趋肥特征。作物的根系是吸收养分和水分的重要器官，其数量的多少、活性的强弱将会直接制约地上部分的生长发育和产量的高低。不合理的水分和养分管理不但导致土壤理化性状恶化，而且严重影响植株根系的生长发育。本试验通过施入果树穴贮砖后进行滴施尿素，研究不同果树穴贮砖对在南疆沙地条件下种植的葡萄植株生长、矿质元素吸收以及对土壤理化性质、相关酶活性、氮素吸收的影响，以期能够提高南疆沙地干旱区水肥利用率，为促进葡萄在南疆沙地条件下的有效生长发育提供理论依据和技术支撑。

一、材料与方法

（一）试验区概况

试验于 2021 年 4～10 月在新疆生产建设兵团十四师昆玉市农业科学研究所现代农业科技示范基地（37°14′46″N，79°20′20″E）

内进行田间试验，供试土壤理化特性见表 5-1。十四师昆玉市位于塔里木盆地西南部，海拔 1 891 m，年日照时数 2 769.5 h；多年平均气温为 12.2℃，无霜期多年平均为 244 d，最大冻土深度 0.67 m，属暖温带大陆性荒漠气候。

表 5-1 供试土壤理化特性

土层深度 （cm）	土壤全氮 （g/kg）	碱解氮 （mg/kg）	有效磷 （mg/kg）	速效钾 （mg/kg）	pH	土壤有机质 （g/kg）
0～20	0.32	14.36	12.64	88.95	9.52	1.95
20～40	0.25	13.37	11.75	85.36	9.60	1.61
40～60	0.17	12.24	9.13	82.06	9.65	1.35
60～80	0.10	10.18	8.35	78.98	9.70	1.12

（二）试验材料及设计

选取的果树为新疆生产建设兵团十四师昆玉市农业科学研究所现代农业科技示范果园 5 年生的紫甜无核葡萄，种植行距为 2 m，株距为 1 m；果树选取 30 株根系健壮且长势基本一致的植株，在距植株 20 cm 一侧，距土面 25 cm 处挖穴施入果树穴贮砖，并统一将滴箭布置在距土面 5 cm 深处（图 5-2）。施入穴贮砖后，分别在两种果树（花后 10 d、花后 40 d、花后 90 d）三个时期滴入氮素水溶肥（每个时期每株 40 g），氮素在穴贮砖正上方单侧滴施；其他田间栽培管理措施均保持一致，每 9 d 滴灌一次为一个灌水周期。

本实验设三个处理：

处理一：无穴贮砖（CK）对照。

处理二：穴贮砖 a（T1）处理。

处理三：穴贮砖 b（T2）处理。

每个处理均为单株小区，10 个重复。果树穴贮砖 a（规格：长 23 cm，宽 11 cm，高 4 cm。配料：300 g 牛粪，300 g 羊粪，100 g 蛭石，50 g 蒙脱石，10 g 生物炭，将配料加水混合凝固）；果树穴贮砖 b（规格：长 23 cm，宽 11 cm，高 4 cm。配料：300 g 鸡粪，300 g 油渣，100 g 蛭石，50 g 蒙脱石，10 g 生物炭，将配料加水混合凝固）。

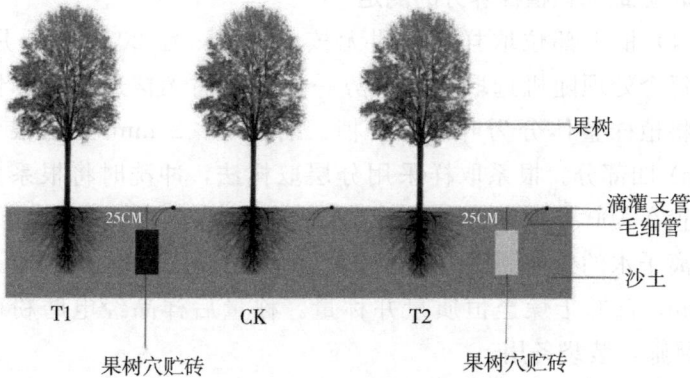

图 5-2　施加果树穴贮砖模式图

（三）主要仪器设备

主要仪器设备：游标卡尺；卷尺；JA2003N 电子分析天平；原子吸收分光光度计；微波消解仪；赶酸仪；酸度计；全自动凯氏定氮仪；研磨机；手持糖度计；UV-2600/2007 岛津紫外可见分光光度计；电热恒温水浴锅；研磨机。

（四）试验项目测定及方法

1. 紫甜无核植株生长指标的测定

紫甜无核施入果树穴贮砖处理后，相关生长指标测定如下。

（1）新梢长度测定：每隔 10 d 用卷尺或米尺测定，均取平均值。

（2）新梢粗度测定：每隔 10 d 用游标卡尺测定，均取平均值。

（3）叶柄长度和粗度的测定（标记植株第 4、5 片叶的叶柄长度和粗度）：每隔 10 d 用卷尺测定长度，游标卡尺测定粗度，均取平均值。

（4）叶片大小的测定（标记植株第 4、5 片叶）：待生长结束后，用米尺测定最大叶长和最大叶宽；叶片干鲜重用电子分析天平测定；叶片面积用方格计数法测定。均取平均值。

2. 紫甜无核植株养分的测定

（1）植株部位取样：紫甜无核成熟后，在 2021 年 9 月 15 日，每个处理随机选取 3 株长势一致的紫甜无核进行破坏性取样，将植株整体分为叶片、新梢、细根（<2 mm）、粗根（>2 mm）四部分。根系取样采用分层取样法，冲洗时将根系及土体放置在 100 目钢筛上，按照清水、洗涤剂、清水、1‰盐酸、3 次去离子水的处理顺序进行冲洗，随后放入干燥箱于 105℃杀青 15 min，75℃干燥至恒质量并称量。称量后样品经电磨粉碎过 150 目筛，装袋备用。

（2）测定方法：植株叶片、新梢、细根（<2 mm）、粗根（>2 mm）四部分的 P、K、B、Ca、Mg、Fe 的含量用盐酸-硝酸微波消解仪消煮后通过原子吸收分光光度计测定。

3. 紫甜无核土壤理化性质和相关酶活性的测定

（1）不同土层土壤取样方法：土壤取样于紫甜无核成熟后，在 2021 年 9 月 15 日采用根钻法取样。每个处理随机选取 5 株紫甜无核，在植株东西南北四面均匀取四个点，分别在 0～20、20～40、40～60、60～80 cm 土壤剖面处取 100 g 土样，同一层四个取样位置混合均匀为一个植株的土样，重复 5 次。所取土样立即过 1 mm 的筛网并混合均匀，进行相关土壤养分及酶活性测定。

（2）根际土壤取样方法：于 2021 年 9 月 15 日取土样，每处理各随机选取 3 株，破坏性取出植株，去除根系周围大块土壤，缓慢抖落植株根系表面土壤，随后混合均匀，过 2 mm 筛后自然风干后装袋，用于测定土壤基本化学性质与酶活性。

（3）土壤理化性质测定方法：土壤理化性质测定参照 Shen 等

的方法。土壤相关酶活性测定参考关松荫的方法。

①土壤含水量的测定：经一个灌水周期后，分别测定滴灌后第1、3、5、7、9 d 的土壤含水量；用 0.1 g 精度的天平称取刚取的新鲜土样的重量，记作土样的湿重 M，在 105℃的烘箱内将土样烘6~8 h 至恒重，然后测定烘干土样，记作土样的干重 Ms。

土壤含水量＝（烘干前铝盒及土样质量－烘干后铝盒及土样质量）/（烘干前铝盒及土样质量－烘干空铝盒质量）×100%

②土壤 pH 测定：称取过 1 mm 筛的鲜土样 10 g，将土壤与中性水以 1：2.5 的质量比搅拌均匀，放置 30 min 后用酸度计进行测定。

③土壤有效磷测定：通过 0.5 mol/L NaHCO₃ 浸取-钼锑抗比色法测定。

④土壤碱解氮的测定：通过碱解扩散法测定土壤碱解氮。

⑤土壤速效钾的测定：通过 NH₄OAC 浸提-火焰光度计法测定土壤速效钾。

⑥土壤有机质的测定：通过重铬酸钾外加热法。

⑦土壤脲酶活性测定：通过苯酚钠-次氯酸钠比色法测定土壤脲酶活性。

⑧土壤过氧化氢酶活性的测定：通过高锰酸钾滴定法测定土壤过氧化氢酶活性。

⑨土壤酸性磷酸酶活性测定：通过选购于北京索莱宝科技有限公司酸性磷酸酶（S-ACP）试剂盒，方法：分光光度法；规格：48个样。

4. 紫甜无核果实品质及产量测定

（1）紫甜无核果实取样：果实成熟期（果实由绿色转为紫色）。每个处理随机选取 3 株果树，每株选取 3 穗果穗，每个果穗上中下部位随机选取一粒果实，做上标记。

（2）测定项目与方法

①果实横纵径的测定：花后 15～78 d 每隔 7 d 测定一次，果实形态指标（果实纵径、横径）利用电子游标卡尺测定；果形指数＝果实纵径/果实横径。

②果实单果重量的测定：果实成熟期后用百分位电子秤称量单果质量，结果取平均值。

③果实硬度的测定：硬度用意大利 BREUZZI 果实硬度计 FT327 型测定，结果取平均值。

④果实 pH 的测定：采用 pH 计进行测定，结果取平均值。

⑤果实可溶性固形物含量的测定：采用 WAY22S 型阿贝折射仪测定果实中的可溶性固形物含量，结果取平均值。

⑥果实可滴定酸含量的测定：采用氢氧化钠滴定法测定果实可滴定酸含量，结果取平均值。

⑦果实维生素 C 含量的测定：采用 2,6-二氯酚靛酚滴定法，结果取平均值。

⑧果实可溶性糖含量测定：采用蒽酮比色法测定，结果取平均值。

⑨糖酸比：可溶性糖含量与可滴定酸含量之比，结果取平均值。

⑩固酸比：可溶性固形物含量与可滴定酸含量之比，结果取平均值。

⑪单株产量：果实成熟后，每个处理的每株果树每次采收的果实都分别称重（精度为 0.01 g），并记录采收日期，统计每株树上的产量。

5. 紫甜无核氮素吸收的测定

（1）取样方法

①植株部位取样：同上。

②土壤取样：同上。

③不同土壤深度下单位质量根系取样：每个处理随机选取三株植株，在各采样点的 0～80 cm 的土层中，每隔 20 cm 取长 20 cm、宽 20 cm 的土方。土方体积为 20 cm×20 cm×10 cm。每一个土方，经破碎过筛仔细挑拣活根，清洁根系表面之后，用标本夹带回实验室，置阴凉处晾干根表水分。

（2）测定项目与方法

①植株全氮测定：植株叶片、新梢、细根（＜2 mm）、粗根（＞2 mm）四部分的全氮用硫酸-双氧水消煮-全自动凯氏定氮仪测定。

②土壤全氮测定：方法同上。

③不同土壤深度下单位质量根系全氮测定：方法同上。

（五）数据处理

采用 Microsoft Excel 2010 对试验数据进行处理。通过 SPSS 21.0 统计软件进行单因素方差分析（One-way ANOVA），每个处理的平均值均采用邓肯氏法进行多重比较及差异显著性检验（$p <$ 0.05）；采用 OriginPro 2018 制图。

二、结果与分析

（一）果树穴贮砖对紫甜无核植株生长发育及养分吸收的影响

1. 果树穴贮砖对紫甜无核新梢的影响

新梢长度和粗度是衡量植物生长量的标准之一。由表 5 - 2 可知，在施加果树穴贮砖处理 80 d 后，T2＞T1＞CK，T1、T2 的新梢长度较 CK 的新梢长度分别增加了 13.42%、13.57%，且差异均显著（$p <$ 0.05）。在施加果树穴贮砖处理 80 d 内，T1、T2 新梢长度均有不同幅度的增长，且提升幅度均大于 CK；在第 30 d，T1、T2 提升的幅度最大，分别提升了 26.21、28.82 cm。在 80 d 内，除第 10 d 为 CK＞T2＞T1，但无显著差异（$p >$ 0.05）；其他各阶段，T1、T2 的新梢长度均显著高于 CK 的新梢长度（$p <$

0.05）。在 80 d 阶段内，第 20 d 的 T1、T2 的新梢长度较 CK 的新梢长度增加量最大，分别增加了 16.55%、16.72%；在第 40 d，T1、T2 的新梢长度较 CK 的新梢长度增加量最小，分别增加了 7.66%、9.95%。

由表 5－2 可得，在施加果树穴贮砖处理 80 d 内，T1、T2 的新梢粗度均大于 CK；在 80 d 后，T1、T2 的新梢粗度较 CK 的新梢粗度分别增加了 10.49%、14.48%，且差异显著（$p < 0.05$）。在 80 d 内，果树穴贮砖处理下的 T1、T2 新梢粗度均有不同程度的增长，且增长幅度均大于 CK；其中第 40 d，T1、T2 增长的幅度最大，分别增长了 3.84、3.79 mm，而 CK 增长的值为 2.63 mm。在果树穴贮砖处理的第 40 d，T1、T2 新梢粗度较 CK 新梢粗度增加量最大，分别为 19.48%、21.40%，且与 CK 差异显著（$p < 0.05$）。

表 5－2　果树穴贮砖对紫甜无核新梢长度（cm）和粗度（mm）的影响

施砖后时间	指标	T1	T2	CK
10 d	长度	7.27±2.78a	7.37±2.21a	7.57±2.82a
	粗度	1.45±0.07b	1.71±0.09a	1.43±0.11b
20 d	长度	27.67±6.46a	27.71±7.07a	23.74±9.70b
	粗度	3.57±0.33a	3.76±0.39a	3.39±0.34a
30 d	长度	53.88±8.49b	56.53±7.29a	49.34±10.33c
	粗度	6.71±0.38a	6.93±0.28a	6.20±0.47b
40 d	长度	78.02±11.03a	79.68±10.20a	72.47±12.17b
	粗度	10.55±0.45a	10.72±0.35a	8.83±0.48b
50 d	长度	103.44±14.24a	105.89±14.57a	95.95±13.40b
	粗度	12.33±0.19a	12.69±0.23a	10.91±0.39b
60 d	长度	117.95±9.62b	121.27±10.18a	104.29±8.04c
	粗度	14.29±0.48a	14.96±0.36a	12.66±0.49b

(续)

施砖后时间	指标	T1	T2	CK
70 d	长度	137.78±10.46b	141.62±9.52a	125.51±9.13ab
	粗度	15.58±0.16a	15.80±0.19a	13.20±0.24b
80 d	长度	160.93±12.34a	161.15±10.23a	141.89±13.45b
	粗度	16.33±0.17a	16.92±0.15a	14.78±0.12b

注：表中 7.27±2.78 表示平均值±标准差，每列数据后不同小写字母表示差异达 5% 显著水平。下同。

2. 果树穴贮砖对紫甜无核叶柄的影响

果树穴贮砖显著增加了叶柄长度和粗度（如表 5 - 3，$p <$ 0.05）。在施加果树穴贮砖 80 d 后，叶柄长度和粗度均为 T2> T1>CK，T1、T2 叶柄长度、粗度较 CK 叶柄长度、粗度分别增长了 13.04%、15.65%、8.99%、11.68%，且差异均显著；在 80 d 内，除第 10 d 和第 20 d，叶柄长度和粗度为 CK>T2>T1，但差异均不显著（$p >$0.05），其他各阶段，叶柄长度、粗度均为 T2>T1>CK，且差异均显著。在处理 80 d 内，各处理阶段的叶柄长度、粗度均有不同幅度的增加，最大的增加值为 T1、T2>CK；叶柄长度 T1、T2 最大增加量在第 70 d，分别为 2.10、1.86 cm，而 CK 在第 60 d，其增加量为 1.73 cm；叶柄粗度 T1、T2、CK 最大增加量均在第 30 d，分别为 2.24、2.47、1.68 mm。在第 40 d，T1、T2 叶柄长度较 CK 叶柄长度增长量最大，分别增长了 33.05%、42.43%；在第 30 d，T1、T2 叶柄粗度较 CK 叶柄粗度增长量最大，分别增长了 14.75%、23.61%。

表 5 - 3 果树穴贮砖对紫甜无核叶柄长度（cm）和粗度（mm）的影响

施砖后时间	指标	T1	T2	CK
10 d	长度	1.09±0.23b	1.16±0.21a	1.17±0.28a
	粗度	0.70±0.10a	0.77±0.06a	0.83±0.06a

（续）

施砖后时间	指标	T1	T2	CK
20 d	长度	2.44±0.41a	2.49±0.47a	2.74±0.50a
	粗度	1.26±0.06a	1.30±0.05a	1.37±0.04a
30 d	长度	4.63±0.29a	4.93±0.21a	3.54±0.33b
	粗度	3.50±0.04b	3.77±0.05a	3.05±0.06c
40 d	长度	6.24±0.53a	6.68±0.60a	4.69±0.47b
	粗度	4.73±0.05a	4.97±0.05a	4.26±0.08b
50 d	长度	7.70±0.80a	7.96±0.97a	6.12±0.90b
	粗度	5.65±0.07a	5.80±0.06a	5.23±0.05b
60 d	长度	9.15±1.26a	9.62±0.88a	7.85±1.42b
	粗度	6.37±0.04a	6.43±0.03a	5.96±0.04b
70 d	长度	11.25±2.33a	11.48±2.50a	9.51±1.76b
	粗度	7.35±0.03b	7.80±0.02a	7.10±0.02c
80 d	长度	12.57±0.24a	12.86±0.23a	11.12±0.45b
	粗度	8.12±0.02a	8.32±0.02a	7.45±0.03b

3. 施加果树穴贮砖 80 d 后对紫甜无核叶片的影响

由表 5-4 可知，在施加两种不同果树穴贮砖后，T1、T2 叶片的最大叶长、最大叶宽、叶面积、叶片鲜重及干重较 CK 均有显著性差异（$p < 0.05$）。其中 T2 叶面积较 CK 叶面积的最大增长量为 23.39%；T1 叶片鲜重较 CK 叶片鲜重的最大增长量为 16.96%。T2 在最大叶长、最大叶宽、叶片鲜重及干重较 CK 分别显著增加了 19.71%、21.40%、19.42%、17.50%（$p < 0.05$），而 T2 在最大叶宽和叶面积较 T1 分别显著增加了 8.20%、12.64%（$p < 0.05$）；同时 T1 在最大叶长、最大叶宽、叶片干重较 CK 分别显著增加了 16.40%、12.21%、15.63%（$p < 0.05$），在叶面积 T1>CK，但无显著差异（$p > 0.05$）。

表 5 - 4　施加果树穴贮砖 80 d 后对紫甜无核叶片的影响

处理	最大叶长 (cm)	最大叶宽 (cm)	叶片鲜重 (g)	叶片干重 (g)	叶面积 (cm²)
T1	16.18±2.89a	13.42±1.58ab	5.24±0.45a	1.85±0.57a	183.82±10.58b
T2	16.64±1.41a	14.52±1.42a	5.35±0.42a	1.88±0.44a	207.05±10.27a
CK	13.90±2.38b	11.96±1.77b	4.48±0.58b	1.60±0.61b	167.80±11.61b

4. 果树穴贮砖对紫甜无核植株中矿质元素含量的影响

由表 5 - 5 可得，在全 K 含量中，T1、T2 新梢、粗根、细根较 CK 均有显著差异（$p < 0.05$），叶片中全 K 含量无显著差异（$p > 0.05$）。全 P 含量均表现为 T1＞T2＞CK，且 T1、T2 处理的新梢、叶片、粗根、细根与 CK 处理相比均呈现为显著差异（$p < 0.05$）。新梢、叶片及粗根在 T1、T2、CK 处理下的全 Mg 含量均表现为 CK 处理显著高于 T1、T2 处理（$p < 0.05$），但细根中全 Mg 含量表现为 T2 处理显著高于 T1、CK 处理（$p < 0.05$），且分别提高了 5.85%、6.81%。新梢、叶片、粗根在 T1、T2 处理下全 Ca 含量均显著高于 CK 处理（$p < 0.05$），在细根中全 Ca 含量表现为 T1＞CK＞T2，且 T1 显著高于 CK、T2（$p < 0.05$）。T1、T2、CK 处理下的全 B 含量在新梢中表现为 CK＞T2＞T1，但无显著差异（$p > 0.05$）；在叶片中表现为 T2＞CK＞T1，均呈现显著差异（$p < 0.05$）；粗根中表现为 T1＞CK＞T2，均呈现显著差异（$p < 0.05$）；细根中表现为 T2 处理显著高于 T1、CK 处理（$p < 0.05$）。各处理的全 Fe 含量在新梢、叶片中均表现为 T2＞T1＞CK，其中 T2 处理较 T1、CK 均呈现为显著差异（$p < 0.05$）；粗根中，各处理间无显著差异（$p > 0.05$）；细根中，T2 处理与 T1、CK 相比分别提高了 6.17%、7.50%，且呈现显著差异（$p < 0.05$）。

表 5-5　果树穴贮砖对植株新梢、叶片、粗根、
细根中营养元素含量变化的影响

部位	处理	全K (g/kg)	全P (g/kg)	Mg (mg/kg)	Ca (mg/kg)	B (mg/kg)	Fe (mg/kg)
新梢	T1	3.85± 0.25a	2.40± 0.22a	2.01± 0.10b	11.43± 0.27a	29.44± 0.56a	0.24± 0.005b
	T2	3.74± 0.15a	2.29± 0.11a	2.06± 0.09b	10.27± 0.44a	29.47± 0.61a	0.26± 0.007a
	CK	3.56± 0.16b	2.11± 0.14b	2.73± 0.14a	9.76± 0.43b	29.81± 0.62a	0.20± 0.006c
叶片	T1	3.47± 0.37a	1.22± 0.17a	3.39± 0.17b	31.13± 0.24a	63.97± 0.62c	0.73± 0.01b
	T2	3.40± 0.22a	1.15± 0.12ab	3.44± 0.16b	31.48± 0.35a	69.83± 0.38a	0.76± 0.007a
	CK	3.38± 0.28a	1.06± 0.18b	4.10± 0.15a	30.16± 0.20b	66.08± 0.30b	0.72± 0.008b
粗根	T1	4.27± 0.15a	2.14± 0.08a	1.69± 0.065b	11.72± 0.15a	14.12± 0.20a	0.72± 0.010a
	T2	4.13± 0.18a	2.11± 0.09a	1.66± 0.045b	11.39± 0.30ab	12.76± 0.19c	0.71± 0.005a
	CK	3.96± 0.11b	1.92± 0.11b	2.03± 0.085a	11.08± 0.17b	13.68± 0.22b	0.70± 0.012a
细根	T1	4.72± 0.24a	2.40± 0.12a	2.22± 0.07b	16.25± 0.19a	18.42± 0.33b	0.81± 0.020b
	T2	4.68± 0.28a	2.37± 0.18a	2.35± 0.06a	14.56± 0.18b	19.10± 0.20a	0.86± 0.015a
	CK	4.17± 0.26b	2.04± 0.15b	2.20± 0.10b	14.77± 0.12b	18.32± 0.16b	0.79± 0.020b

（二）果树穴贮砖对紫甜无核土壤理化性质及相关酶活性的影响

1. 果树穴贮砖对紫甜无核不同土层一个灌水周期土壤含水量的影响

在土壤灌水第 1、3、5、7、9 d 后分别测定三个处理不同土层的土壤含水量。如图 5-3 可知，三个处理的 0~80 cm 土层的土壤含水量随灌水后天数增加均呈现不断下降的变化趋势，且土壤含水量随土层深度的增加均表现为不断减少的变化趋势。

在土层深度 0～20 cm 时，各处理间在第 1、3 d 内土壤含水量无显著差异（$p>0.05$）；而在第 5、7、9 d 内土壤含水量均为 T2＞T1＞CK，且 T2、T1 处理均显著高于 CK 处理（$p<0.05$），T1、T2 处理间无显著差异（$p>0.05$）。

在土层深度 20～40 cm 时，土壤灌水后第 1～9 d 后，各处理的土壤含水量均为 T2＞T1＞CK，且 T2、T1 处理一直显著高于 CK 处理（$p<0.05$），T1、T2 处理间无显著差异（$p>0.05$）。

在土层 40～60 cm 时，土壤灌水后第 1、3 d 内 T1、T2 处理下的土壤含水量均显著高于 CK 处理（$p<0.05$），而其余时间三个处理下的土壤含水量均无显著差异（$p>0.05$）。

在土层 60～80 cm 时，在土壤灌水后第 1～9 d 内，各处理下土壤含水量均无显著差异（$p>0.05$）。

结果表明，施加果树穴贮砖对紫甜无核不同土层一个灌水周期的土壤含水量的显著变化主要体现在 20～40 cm 土层中和 0～20 cm 土层的第 5～9 d 内以及 40～60 cm 土层的第 1～3 d 内，且

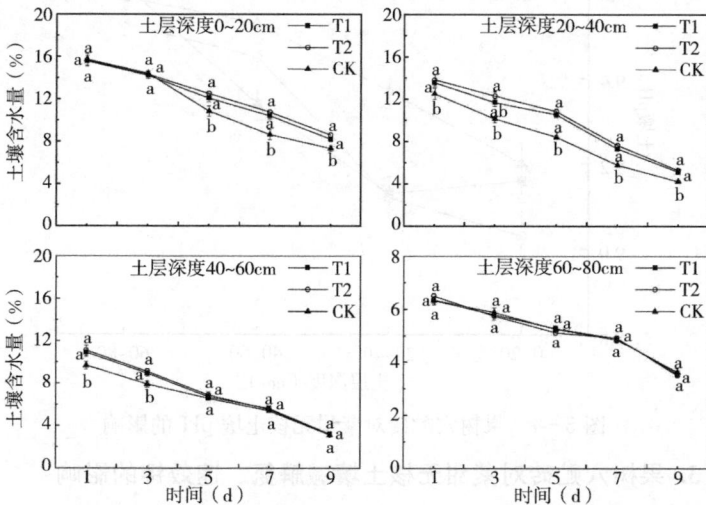

图 5-3　果树穴贮砖对紫甜无核不同土层一个灌水周期土壤含水量的影响

T2 处理效果更好。

2. 果树穴贮砖对紫甜无核土壤 pH 的影响

由图 5-4 可得，三个处理在 0~80 cm 土层中 T2 和 CK 均呈现随土层深度增加 pH 上升的变化趋势，T1 为先下降再上升。各处理在 60~80 cm 的土层 pH 均为最大值，且各处理间无显著差异（$p > 0.05$）；在 0~20 cm 土层 T2 处理较 T1、CK 处理 pH 分别降低了 0.13、0.17，且均有显著差异（$p < 0.05$）；在 20~40 cm 土层中，T1、T2 处理较 CK 处理 pH 分别显著降低了 0.14、0.15（$p < 0.05$）；在 40~60 cm 土层中，T1 处理较 T2、CK 处理 pH 分别降低了 0.11、0.19，且均有显著差异（$p < 0.05$），同时 T2 处理较 CK 处理 pH 显著降低了 0.08（$p < 0.05$）。表明施加果树穴贮砖可降低紫甜无核 0~60 cm 土层土壤 pH，调节土壤的酸碱度。

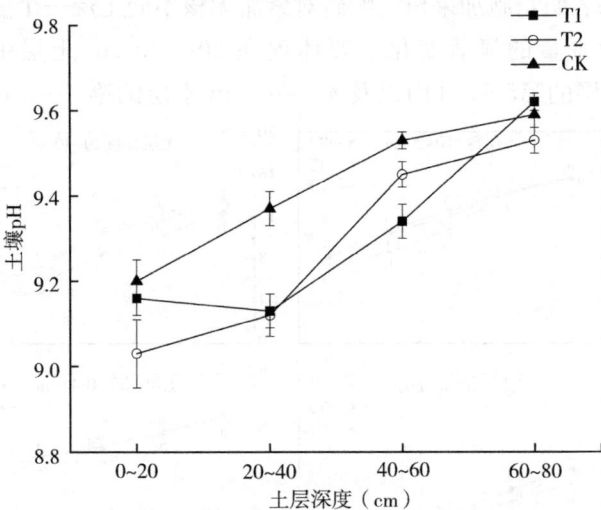

图 5-4　果树穴贮砖对紫甜无核土壤 pH 的影响

3. 果树穴贮砖对紫甜无核土壤碱解氮、速效钾的影响

由图 5-5A 可得，T1、T2 处理在 0~80 cm 土层中呈现随土壤深度增加，碱解氮含量先上升再下降的变化趋势；而 CK 处理呈现随土壤深度增加，碱解氮含量不断降低的变化趋势。三个处理在 $60 \sim 80$ cm 土层中碱解氮含量无显著差异（$p > 0.05$）；各处理在 $40 \sim 60$ cm 土层中碱解氮含量为 T2、CK 处理显著高于 T1 处理，分别提高了 9.37%、8.89%（$p < 0.05$）；在 $20 \sim 40$ cm 土层，T1、T2 处理的土壤碱解氮含量较 CK 处理分别提高了 15.26%、18.27%，且差异均显著（$p < 0.05$）；各处理在 $0 \sim 20$ cm 土层中碱解氮含量表现为 T2 > T1 > CK，T2 处理较 T1、CK 处理分别显著提高了 1.34%、8.94%（$p < 0.05$），同时 T1 处理较 CK 处理显著提高了 7.51%（$p < 0.05$）。说明施加果树穴贮砖有利于紫甜无核 $0 \sim 40$ cm 土层中土壤碱解氮的积累。

由图 5 - 5B 可知，CK 处理在 $0 \sim 80$ cm 土层中速效钾含量呈现随土壤深度增加而降低的变化趋势，且在 $0 \sim 20$ cm 土层含量最高，为 96.80 mg/kg；T1、T2 处理的土壤速效钾含量在 $0 \sim 80$ cm 土层呈现随土层深度增加先上升再下降趋势。在 $0 \sim 20$、$20 \sim 40$ cm 土层有效磷含量均为 T2 > T1 > CK，且 T1、T2 处理均显著高于 CK 处理，分别提高了 3.43%、4.29%、9.52%、10.69%（$p < 0.05$）；在 $40 \sim 60$ cm 土层中 T2 处理速效钾含量较 T1、CK 处理分别显著提高了 2.05%、3.95%（$p < 0.05$），同时 T1 处理

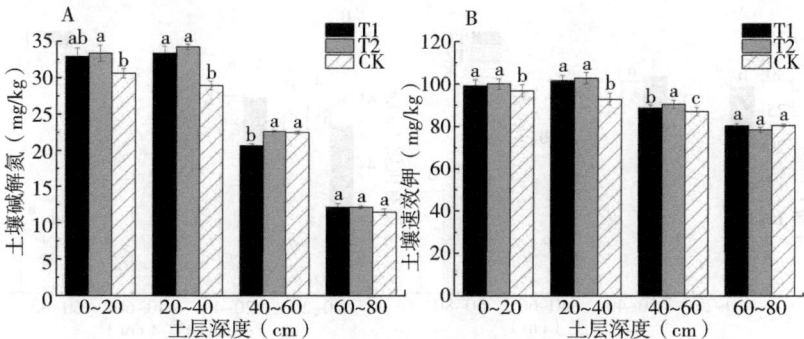

图 5 - 5　果树穴贮砖对紫甜无核土壤碱解氮、速效钾的影响

较 CK 处理显著提高了 1.86％（$p<0.05$）；在 $60\sim80$ cm 土层中速效钾含量为 CK＞T1＞T2，且各处理间无显著差异（$p>0.05$）。因此说明施加果树穴贮砖有利于提高紫甜无核 $0\sim60$ cm 土层速效钾含量。

4. 果树穴贮砖对紫甜无核土壤有效磷、有机质的影响

由图 5-6A 可知，T1、T2 处理下的土壤有效磷含量随土层深度增加先增加后减少，而 CK 处理下的土壤有效磷含量随土层深度增加而减少。T1、T2、CK 处理在 $60\sim80$ cm 土层中有效磷含量均为最低，分别为 16.55、15.02、14.03 mg/kg，且 T1 处理显著高于 T2、CK 处理（$p<0.05$）。在 $40\sim60$ cm 土层中，土壤有效磷含量为 CK＞T1＞T2，且 CK、T1 处理显著高于 T2 处理（$p<0.05$）；T1、T2 处理下土壤有效磷含量在 $20\sim40$cm 土层显著高于 CK，分别增加了 16.88％、14.03％（$p<0.05$）；在 $0\sim20$ cm 土层中土壤有效磷含量表现为 T2＞T1＞CK，且各处理间差异均显著（$p<0.05$）。说明施加果树穴贮砖对紫甜无核土壤有效磷含量有促进作用。

如图 5-6B 可得，CK 处理下的土壤有机质含量随土壤深度增加而降低，而 T1、T2 处理下的土壤有机质含量随土壤深度增加先上升后降低。T1、T2 处理在 $20\sim40$ cm 土层下有机质含量最高分

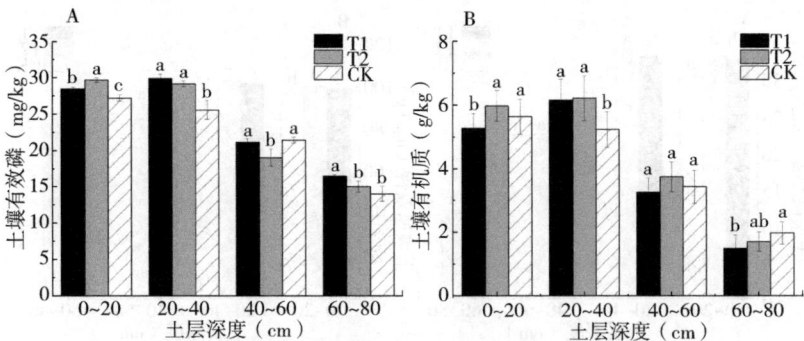

图 5-6　果树穴贮砖对紫甜无核土壤有效磷、有机质的影响

别为 6.16、6.22 g/kg，且较 CK 处理分别显著提高了 17.56%、18.70%（$p<0.05$）；在 0～20 cm 土层中有机质含量为 T2、CK 处理显著高于 T1 处理（$p<0.05$）；三个处理下的土壤有机质含量在 40～60 cm 土层中各处理间无显著差异（$p>0.05$）；60～80 cm 土层中 CK 处理下的土壤有机质含量显著高于 T1、T2 处理（$p<0.05$）。说明施加果树穴贮砖有利于紫甜无核 20～40 cm 土层中土壤有机质的积累。

5. 果树穴贮砖对紫甜无核不同土层土壤相关酶活性的影响

由表 5-6 可知，三个处理下的脲酶、过氧化氢酶、酸性磷酸酶活性在 0～80 cm 土层下均随土壤深度增加而下降。

在 0～20 cm 和 20～40 cm 土层中脲酶活性均为 T2>T1>CK，且 T1、T2 处理下的脲酶活性显著高于 CK 处理，且分别提高了 4.59%、11.47%、15.33%、17.52%（$p<0.05$）；各处理在 40～60 cm 土层下脲酶活性均为 T1>T2>CK，且 T1、T2 均显著高于 CK（$p<0.05$）；但在 60～80 cm 土层下各处理下的脲酶活性均无显著差异（$p>0.05$）。说明施加果树穴贮砖可提高紫甜无核 0～60 cm 土层中的脲酶活性。

在 0～20、20～40、40～60 cm 土层中过氧化氢酶活性 T1、T2 处理均显著高于 CK 处理，且较 CK 处理分别提高了 3.22%、19.35%、17.60%、19.10%、12.30%、13.37%（$p<0.05$）；各处理下的过氧化氢酶活性在 60～80 cm 土层下为 T1>T2>CK，但差异不显著（$p>0.05$）。表明施加果树穴贮砖对紫甜无核土层 0～60 cm 中过氧化氢酶活性有显著促进作用。

三个处理下的酸性磷酸酶活性在 0～20、20～40 cm 土层中均为 T2>T1>CK，且 T1 处理较 T2、CK 处理分别显著提高了 5.90%、20.59%、11.63%、17.23%（$p<0.05$）；在 40～60、60～80 cm 土层中酸性磷酸酶活性表现均为 T1>T2>CK，且各处理间均无显著差异（$p>0.05$）。表明施加果树穴贮砖对紫甜无核

0～40 cm 土层的酸性磷酸酶有明显促进作用。

表 5-6　果树穴贮砖对紫甜无核不同土层土壤酶活性的影响

土层深度（cm）	处理	脲酶 [mg/ (g·24h)]	过氧化氢酶 [mL/ (g·20min)]	酸性磷酸酶 (U/g)
	T1	0.228±0.015b	0.320±0.060ab	2.323±0.045b
0～20	T2	0.243±0.030a	0.370±0.012a	2.460±0.040a
	CK	0.218±0.026c	0.310±0.064b	2.040±0.066c
	T1	0.158±0.025a	0.314±0.006a	2.073±0.025b
20～40	T2	0.161±0.031a	0.318±0.012a	2.177±0.053a
	CK	0.137±0.016b	0.267±0.010b	1.857±0.065c
	T1	0.135±0.020a	0.210±0.007a	1.730±0.079a
40～60	T2	0.128±0.020b	0.212±0.010a	1.707±0.041a
	CK	0.122±0.021c	0.187±0.006b	1.657±0.035a
	T1	0.103±0.003a	0.129±0.003a	0.663±0.036a
60～80	T2	0.106±0.002a	0.127±0.007a	0.660±0.045a
	CK	0.105±0.003a	0.126±0.008a	0.655±0.036a

6. 果树穴贮砖对紫甜无核根际土壤养分的影响

由表 5-7 可知，三个处理下的根际土壤中的碱解氮、有效磷、速效钾、有机质、全氮、脲酶活性、过氧化氢酶活性、酸性磷酸酶活性均呈现为 T2>T1>CK，且除了有效磷含量，其余指标均为 T2 处理显著高于 CK 处理 ($p<0.05$)；T1 处理下除了有效磷含量、酸性磷酸酶活性，其余指标 T1 处理均显著高于 CK 处理 ($p<0.05$)；T1 和 T2 处理间除了酸性磷酸酶活性外，其余指标两处理间均无显著差异 ($p>0.05$)。

表 5-7　果树穴贮砖对紫甜无核根际土壤理化性质的影响

土壤养分指标	T1	T2	CK
碱解氮 (mg/kg)	35.41±1.53a	36.20±1.51a	31.92±2.04b

（续）

土壤养分指标	T1	T2	CK
有效磷（mg/kg）	26.84±1.38a	27.21±0.80a	26.25±1.04a
速效钾（mg/kg）	106.53±2.02a	106.69±2.37a	97.99±2.96b
有机质（g/kg）	5.51±0.31a	5.78±0.33a	4.89±0.27b
全氮（g/kg）	0.67±0.04ab	0.70±0.04a	0.61±0.03b
脲酶 [mg/（g·24h）]	0.13±0.02a	0.14±0.02a	0.11±0.01b
过氧化氢酶 [mL/（g·20min）]	0.23±0.01ab	0.25±0.01a	0.20±0.03b
酸性磷酸酶（U/g）	3.10±0.36b	3.46±0.32a	3.04±0.30b

7. 果树穴贮砖处理后紫甜无核根际土壤养分综合分析

对数据进行标准化处理结果见表5-8。选取南疆沙地条件下紫甜无核葡萄根际土壤碱解氮含量、有效磷含量、速效钾含量、土壤全氮含量、有机质、脲酶活性、过氧化氢酶活性、酸性磷酸酶活性8项指标数据进行主成分分析，以筛选出果树穴贮砖对紫甜无核葡萄根际土壤肥力影响效果最好的处理方法。

表5-8　综合评价不同处理下紫甜无核土壤理化性质的标准化数据

处理	碱解氮	有效磷	速效钾	土壤全氮	有机质	脲酶	过氧化氢酶	酸性磷酸酶
T1	0.380 19	0.118 53	0.592 55	0.149 84	0.242 83	0.157 1	0.046 23	-0.245 43
T2	0.716 15	0.702 33	0.600 86	0.791 99	0.817 2	0.785 67	0.878 28	0.952 15
CK	-1.096 34	-0.820 87	-1.193 41	-0.941 84	-1.193 41	-0.942 81	-0.924 51	-0.706 72

综合评价土壤肥力的贡献率如表5-9所示，可以得知，主成分1各指标总和为较大的特征向量，达到5.215，而累积解释方差为75.186%；主成分2各指标特征值1.010，累积解释方差达到95.808%。表明前2个主成分代表了8个原始指标95.808%的信

息，所以主要提取前 2 个主成分进行综合评价。

表 5-9　主成分起始特征值

主成分	特征值（λ）	解释方差（%）	累积解释方差（%）
1	5.215	75.186	75.186
2	1.010	24.814	95.808

利用 SPSS 标准数据主成分分析产生的主成分载荷矩阵如表 5-10 所示，主成分 1 主要携带脲酶、过氧化氢、酸性磷酸酶、土壤全氮、碱解氮、有机质、速效钾的信息，主成分 2 主要携带的是有效磷的信息。

表 5-10　主成分初始因子荷载矩阵

生化指标	主成分 1	主成分 2
脲酶	0.793	−0.231
过氧化氢酶	0.855	−0.226
酸性磷酸酶	0.690	−0.155
土壤全氮	0.878	0.078
有效磷	0.469	0.845
碱解氮	0.830	0.209
有机质	0.935	−0.309
速效钾	0.908	0.147

通过紫甜无核根际土壤养分的标准化数值的计算，得出 T1、T2、CK 处理下根际土壤养分指标在 2 个主成分上的得分情况（如表 5-11）。主成分 1 和主成分 2 中土壤肥力的表现情况为 T2 最佳。再根据两种主成分的贡献率，对在三种处理下紫甜无核根际土壤养分的影响进行综合评价后排序结果为 T2>T1>CK。

表 5-11 不同处理下的根际土壤肥力综合排序

处理	主成分 1 得分	主成分 2 得分	土壤肥力	排序
CK	−2.943	−0.421	−1.682	3
T1	1.920	−1.053	0.896	2
T2	0.772	1.625	1.128	1

(三) 果树穴贮砖对紫甜无核果实品质及产量的影响

1. 果树穴贮砖对紫甜无核葡萄横纵径的影响

由图 5-7A 可得，T1、T2、CK 处理下的果实纵径均呈随花后天数增加而增加的变化趋势。在花后 29 d 之前，三个处理之间的果实纵径均无显著差异（$p > 0.05$）；在花后 29 d，CK 处理下的果实纵径显著高于 T1、T2 处理，且分别增加了 6.29%、10.78%（$p < 0.05$）；在花后 29 d 之后，T1、T2 处理下的果实纵径均显著高于 CK 处理（$p < 0.05$），且在花后 78 d 后，T1、T2 处理较 CK 处理分别增加了 15.59%、17.48% 均呈现显著差异（$p < 0.05$）。表明施入果树穴贮砖对紫甜无核果实纵径的有利影响主要体现在果实生长后期。

由图 5-7B 可知，三个处理下的果实横径均随花后天数增加而增加。在花后 78 d 后，T1、T2 处理下的果实横径较 CK 处理分别显著增加了 12.57%、15.65%（$p < 0.05$）；T1、T2 处理下果实横径增长幅度均在花后 29~36 d 最大，且在花后 29 d 后果实横径均显著高于 CK 处理（$p < 0.05$）；而在花后 29 d 之前，CK 处理下的果实横径均高于 T1、T2 处理（$p < 0.05$），在花后 15、22 d 各处理间均无显著差异（$p > 0.05$），但在花后 29 d，CK 较 T1、T2 分别显著增加了 7.44%、9.54%（$p < 0.05$）；说明施入果树穴贮砖对紫甜无核果实横径的促进作用主要表现在果实生长后期。

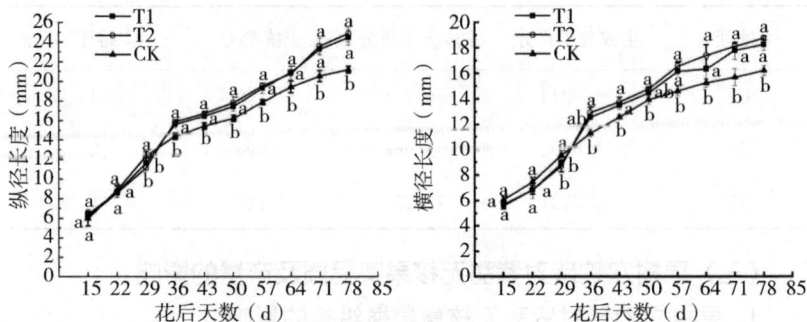

图 5-7　果树穴贮砖对葡萄横纵径的影响

2. 果树穴贮砖对紫甜无核果实可滴定酸、维生素 C、可溶性糖、可溶性固形物的影响

如图 5-8 可知 T1、T2 处理下的紫甜无核葡萄维生素 C 含量、可溶性糖含量、可滴定酸含量、可溶性固形物均高于 CK 处理。在 A 图中 T2 处理下的维生素 C 含量最高，CK 处理最低，且 T2 处理下的果实维生素 C 含量与 T1、CK 相比分别提高了 3.10%、10.58%；同时 T1 处理下的果实维生素 C 含量显著高于 CK 处理，且提高了 7.25% （$p < 0.05$）。在 B 图中，T1、T2 处理下的可溶性糖含量均显著高于 CK 处理，且分别增加了 3.98%、4.26% （$p < 0.05$）。在 C 图中，果实可滴定酸含量表现为 T2 > T1 > CK，且 T2 处理与 T1、CK 处理相比分别显著提高了 25.00%、44.74% （$p < 0.05$），而 T1 处理较 CK 处理提高了 15.79%，无显著差异 （$p > 0.05$）。在 D 图中，T1、T2 处理下的可溶性固形物含量较 CK 处理分别提高了 13.97%、19.34%，且呈现显著差异 （$p < 0.05$）。表明施入两种果树穴贮砖后均可提高紫甜无核葡萄维生素 C 含量、可溶性糖含量、可滴定酸含量、可溶性固形物，而 T2 效果更显著。

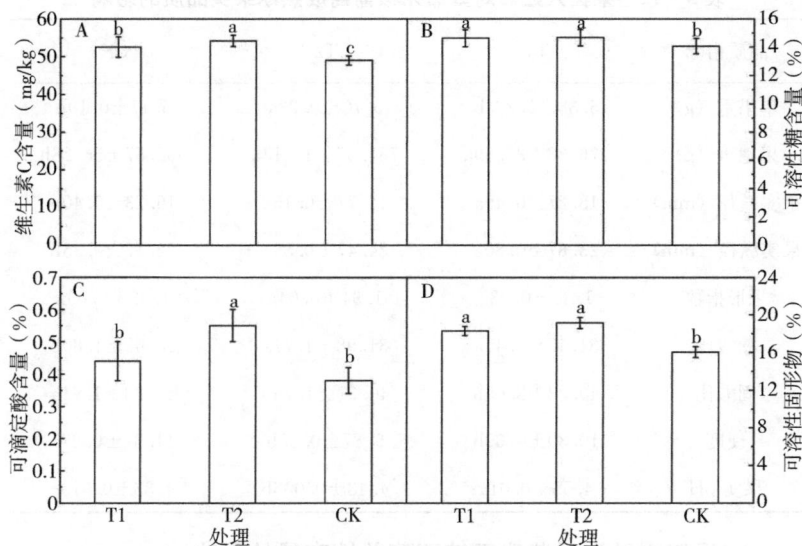

图 5 - 8　果树穴贮砖对紫甜无核葡萄的可滴定酸、维生素 C、
可溶性糖、可溶性固形物影响

3. 果树穴贮砖对紫甜无核葡萄成熟期的果实品质的影响

由表 5 - 12 可得，三个处理在果实单果重、果穗重、果实横径、果实纵径方面均表现为 T2＞T1＞CK，且 T1、T2 处理下的单果重、果穗重、果实横径、果实纵径、糖酸比较 CK 处理分别显著提高了 4.06％、10.25％、22.73％、24.04％、12.57％、15.65％、7.67％、10.37％、8.61％、11.51％（$p＜0.05$）；在果形指数方面各处理间均无显著差异（$p＞0.05$）；在固酸比、硬度方面 CK 处理均显著高于 T1、T2 处理（$p＜0.05$）；在果实 pH 方面三个处理间均有显著差异，T1 处理较 T2、CK 处理分别提高了 2.71％、3.88％（$p＜0.05$），同时 T2 处理较 CK 处理提高了 1.14％（$p＜0.05$）。表明施加果树穴贮砖对紫甜无核葡萄增大方面有显著效果，并且可显著降低果实的硬度，同时也可显著提高果实的 pH。

表 5 - 12　果树穴贮砖对紫甜无核葡萄成熟期果实品质的影响

品质指标	T1	T2	CK
单果重（g）	5.38±0.22ab	5.70±0.23a	5.17±0.19b
果穗重（g）	776.33±36.59a	784.67±49.13a	632.57±56.28b
果实横径（mm）	18.27±0.49a	18.77±0.15a	16.23±0.40b
果实纵径（mm）	23.87±0.80a	24.47±0.85a	22.17±0.35b
果形指数	1.35+0.03a	1.34+0.04a	1.32+0.03a
糖酸比	31.15±1.45a	31.98±1.77a	28.68±1.80b
固酸比	40.23±2.65b	40.37±1.76b	42.83±1.91a
硬度	10.30±0.30b	9.87±0.25b	11.37±0.27a
果实 pH	4.55±0.01a	4.43±0.006b	4.38±0.010c

4. 果树穴贮砖对紫甜无核葡萄单株产量的影响

由图 5 - 9 可得，三个处理中 T2 处理下的单株产量最高，为 2.90~3.26 kg，CK 处理最低为 2.62~2.80 kg。T1、T2 处理下

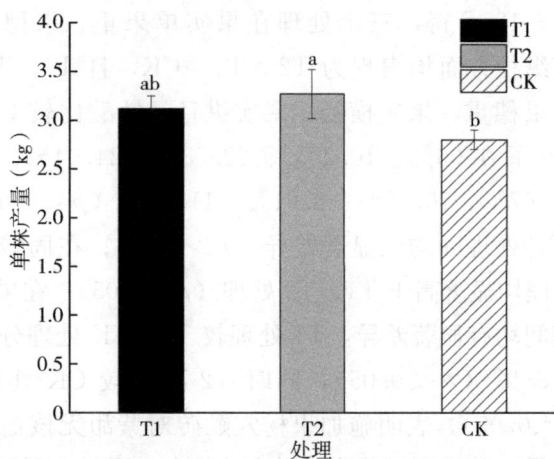

图 5 - 9　果树穴贮砖对紫甜无核葡萄单株产量的影响

的单株产量均显著高于 CK 处理，且分别增加了 11.43％、16.42％（$p<0.05$）；同时 T1 与 T2 处理之间无显著差异（$p>0.05$）。表明施加果树穴贮砖对紫甜无核葡萄单株产量具有提高的作用，而 T2 处理效果更显著。

（四）滴施氮素后果树穴贮砖对紫甜无核氮素吸收的影响

1. 果树穴贮砖对紫甜无核植株重要部位氮含量的影响

由图 5 - 10 可得，三个处理下的紫甜无核植株的新梢、叶片、粗根、细根四部分的全氮含量均表现为 T1、T2 处理显著高于 CK 处理。在新梢、叶片、细根的全氮含量均为 T2>T1>CK，且 T1、T2 处理较 CK 处理分别显著增加了 7.66％、8.01％、14.26％、15.29％、8.23％、11.47％（$p<0.05$），同时 T1、T2 处理间无显著差异（$p>0.05$）；在粗根的全氮含量为 T1>T2>CK，T1、T2 处理显著高于 CK 处理，且分别提高了 13.57％、9.09％（$p<0.05$），且 T1、T2 处理间无显著差异（$p>0.05$）。表明施加果树穴贮砖滴施氮素后有助于提高紫甜无核植株重要部位新梢、叶片、粗根、细根对氮素的吸收。

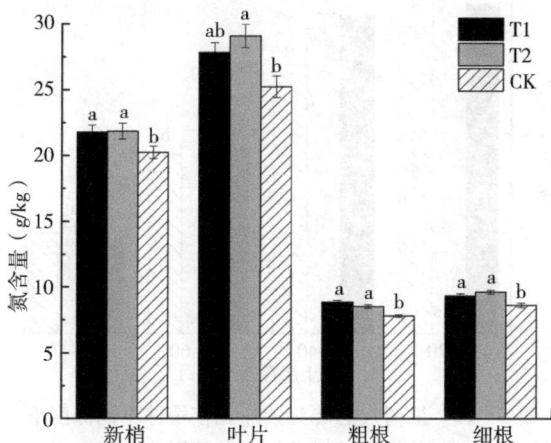

图 5 - 10　果树穴贮砖对紫甜无核植株重要部位氮含量的影响

2. 果树穴贮砖对紫甜无核植株不同土层深度下单位质量根系氮含量的影响

由图 5 - 11 可得，各处理在 0～60 cm 土层下的植株单位质量根系的氮含量均呈现为 T2＞T1＞CK。随着土层深度不断增加单位质量根系的氮含量不断下降，其中 40～60、60～80 cm 土层下降幅度最大、趋势最明显；在 0～20、60～80 cm 土层中单位质量根系的氮含量表现分别为 T2＞T1＞CK、T2＞CK＞T1，均无显著差异（p＞0.05）；在 20～40、40～60 cm 土层中，T1、T2 处理显著高于 CK 处理（p＜0.05），且与 CK 处理相比分别提高了 18.32％、19.25％、5.65％、13.76％。表明施加果树穴贮砖滴施氮素后有利于紫甜无核植株不同土层深度下根系对氮素的吸收，主要体现在 0～60 cm 土层，且在 20～40、40～60 cm 土层中效果更显著。

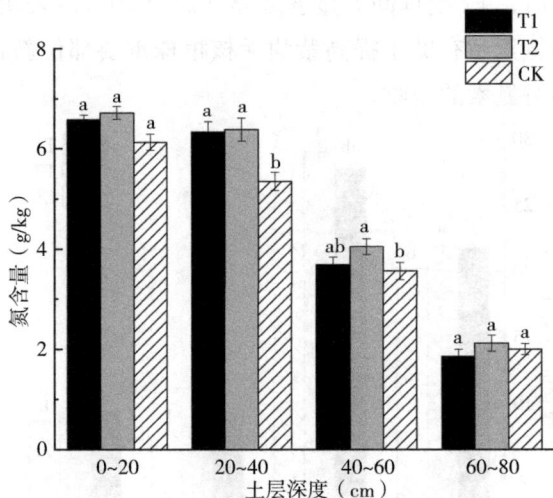

图 5 - 11　果树穴贮砖对紫甜无核植株不同深度下
单位质量根系氮含量的影响

3. 果树穴贮砖对紫甜无核不同土层土壤氮含量的影响

由图 5 - 12 可知，三个处理在 0～80 cm 土层中的氮含量均呈现随土层深度增加而降低的变化趋势。在 0～20 cm 和 40～60 cm 土层，各处理下的氮含量均无显著差异（$p > 0.05$）；在 20～40 cm 土层，T1、T2 处理下的氮含量较 CK 处理分别增加了 11.54％、15.38％，且均呈现显著差异（$p < 0.05$）；在 60～80 cm 土层下氮含量为 T1、T2 均显著高于 CK（$p < 0.05$）。说明施加果树穴贮砖后滴施氮肥有利于紫甜无核 20～40 cm 土层土壤氮含量的积累。

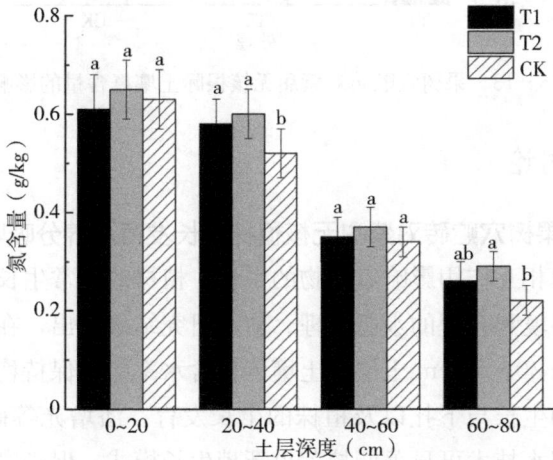

图 5 - 12　果树穴贮砖对紫甜无核不同土层土壤氮含量的影响

4. 果树穴贮砖对紫甜无核根际土壤氮含量的影响

由图 5 - 13 可知，三个处理下的紫甜无核根际土壤全氮含量，其中 T2 处理含量最高、CK 处理最低，且 T1、T2 处理均显著高于 CK 处理，分别提高了 9.84％、14.75％（$p < 0.05$），而 T1 与 T2 处理间无显著差异。说明施加果树穴贮砖滴施氮素后可促进紫甜无核根际土壤中氮的积累，且 T2 促进效果更好。

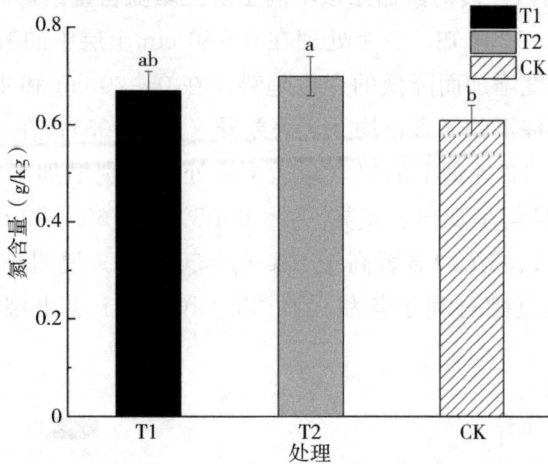

图 5-13 果树穴贮砖对紫甜无核根际土壤氮含量的影响

三、讨论

（一）果树穴贮砖对紫甜无核植株生长发育及养分吸收的影响

水与肥相互作用影响着作物的生长。植株的正常生长是需要合适的外界环境和合理的水肥管理。前人研究结果得出，在穴贮滴灌条件下植株 30～50 cm 土层中土壤体积含水率能够保持稳定，同时促进根系的生长与下扎以及植株的生长发育。潘增光等研究认为，通过穴贮肥水技术可显著调控苹果新梢生长模式，促进春梢生长以及叶面积增大，从而使果树形成一个良好的物质循环过程。本试验研究中，由穴贮滴灌基础上所形成的果树穴贮砖在南疆沙地条件下所得出的结果表明其促进了葡萄新梢和叶柄的长度、粗度的生长，同时对叶片的生长也有明显的促进作用；施加果树穴贮砖 80 d 后，在葡萄的新梢、叶柄的长度和粗度中 T2 处理略高于 T1 处理，但未施加果树穴贮砖的 CK 处理显著低于 T1、T2 处理且生长较慢；在葡萄叶片的生长中，T2 处理在最大叶长、最大叶宽、叶片干鲜重、叶面积方面均显著高于未施加果树穴贮砖的 CK 处理，且均略高于 T1 处理，而 T1 处理除了叶面积，其余均显著高于 CK 处理。说明在地下穴贮滴灌和穴贮肥水系统下所形成的 T1、T2 处理与 CK 处理相比对在南疆沙地条件下葡萄植株的生长有显著有效的促进作用。

试验中所用的果树穴贮砖中含有有机肥，有机肥中含有丰富的大量元素以及各种微量养分是植物所必需的；Xu 等研究得出合理施用有机肥可促进水稻对 N、P、K 等植物必需元素的吸收与积累。不同有机肥的合理配施能够提高土壤肥力，进而改善果树的生长状况，优化叶片效能。而果树穴贮砖肥效快、吸收能力强，使土壤能够保蓄更多养分以及水分，提高土壤肥力和水分利用率，有效促进植株的营养生长和生殖生长。本试验结果得出 T1、T2 对葡萄的粗根、细根、新梢、叶片中全 P 的含量均有显著的促进作用；T1、T2 处理显著提高了葡萄的新梢、粗根、细根中全 K 的含量；T1、T2 处理对葡萄的新梢、叶片、粗根中的全 Mg 含量均有不同程度的促进作用，同时 T2 处理下的细根中全 Mg 含量显著高于 T1、CK 处理；T1、T2 处理对葡萄新梢、叶片、粗根中全 Ca 含量均有显著促进作用，而 T1 对细根中全 Ca 含量也有显著促进作用；T1、T2 对新梢中全 B 的含量表现出不同程度的抑制作用，而在细根、叶片中 T2 作用强于 T1，在粗根中 T1 作用强于 T2；T2 对新梢、叶片、细根中全 Fe 含量表现出显著促进作用；T1、T2 对粗根中全 Fe 含量均无明显作用。

（二）果树穴贮砖对紫甜无核土壤理化性质及相关酶活性的影响

干旱区和半干旱区的大多数植物都受到干旱胁迫，水分的缺乏限制着植物正常的生长发育。合理的水分利用可影响葡萄整个生长发育过程，最终影响到葡萄的生物量累积及果实的品质。水分对土壤根际环境起到重要的调控作用，可直接影响根系的生长发育，最终影响植株的生长发育。本试验结果表明，在土壤一个灌水周期 9 d

内，施加果树穴贮砖的 T1、T2 与未施加果树穴贮砖的 CK 相比可显著提高 20～40 cm 土层整个灌水周期内土壤含水量和 0～20 cm 土层灌水后第 5～9 d 内的土壤含水量以及 40～60 cm 土层灌水后第 1～3 d 内土壤含水量，且 T2 处理略高于 T1 处理。同时表明施加果树穴贮砖对土层 20～40 cm 中的土壤含水量促进作用最为明显。

土壤 pH 可综合反映土壤的理化性质，影响着土壤养分的有效性和物种多样性。过高或过低的土壤 pH，都能影响作物所需养分元素的生物有效性，也能引起营养元素吸收失调。南疆沙地土壤盐碱化较为严重，土壤偏碱性 pH 较高，正如陈丽美等研究结果表明，较高的土壤 pH 会对植物产生胁迫作用。本试验研究结果表明，施加果树穴贮砖的 T1、T2 可显著降低 0～60 cm 土层中土壤 pH，调节土壤酸碱度，减轻沙地土壤盐碱化程度，但对 60～80 cm 土层中土壤 pH 无明显影响。

在植物生长发育过程中，土壤具有重要作用。土壤肥力属于土壤的基本属性和本质特征，也是土壤为植物生长提供养分、水分、空气和热量的能力，同时也对土壤物理、化学以及生物学性质产生影响。土壤速效养分含量是评价土壤向植物供给养分能力的主要指标，也代表着土壤中养分的管理水平和转化能力。彭娜等研究结果表明，长期进行有机无机肥的合理配施可明显增加不同土层的土壤速效养分的含量。本试验中，施加果树穴贮砖的 T1、T2 处理与未施加果树穴贮砖的 CK 处理相比可显著提高 0～40 cm 土层中的土壤碱解氮和土壤有效磷含量以及 0～60 cm 土层中的土壤速效钾含量。

土壤有机质含量可以较好地反映土壤肥力状况，从而影响植物生长发育及其多样性。在本试验中发现，施加果树穴贮砖 T1、T2 处理主要促进 20～40 cm 土层中土壤有机质的积累，这可能是由于果树穴贮砖施加的位置是距土壤表面 25 cm 处，其效果主要体现于 20～40 cm 这一土层。

作物土壤中的各类生化反应需要土壤酶的催化作用。土壤酶的催化过程是将土壤中复杂的有机物质转化成简单的无机物，使植物根系能够吸收利用运输到植株体内。土壤过氧化氢酶活性的变化可以反映环境条件是否对植物产生胁迫；土壤脲酶属于以尿素为底物的一种水解酶，代表着土壤无机氮的供氮能力；磷酸酶属于水解性酶，可将含磷化合物去磷酸化，在有机磷矿化过程中产生作用。前人研究结果表明，适量的有机肥可显著增强土壤的酶活性。本试验研究结果中，果树穴贮砖自身就含有有机肥成分，施加果树穴贮砖T1、T2处理与未施加果树穴贮砖CK相比可显著提高0～60 cm土层中的土壤脲酶活性、土壤过氧化氢酶活性，以及0～40 cm土层中的土壤酸性磷酸酶活性。

干旱区的土壤碱解氮、有效磷等速效养分都处于中低含量水平线上。土壤养分通过土壤提供生长所必需的营养元素。其中，根际土壤养分与植物养分吸收利用的关系与原土体相比更为直接，有重要生态学意义。已有大量研究表明，穴贮滴灌技术可提高土壤相关酶活性，改良根际土壤理化性质，提高土壤肥力质量。本试验研究结果表明，T1、T2处理可显著促进根际土壤中碱解氮、速效钾、有机质、全氮含量的积累，同时可显著提高脲酶、过氧化氢酶活性；T2处理与T1、CK相比也可显著提高根际酸性磷酸酶活性，这可能是T2在紫甜无核土壤环境中对养分和水分的保持更好。土壤肥力的常用评价方法有主成分分析法、聚类分析法、因子加权综合法等。本试验通过对紫甜无核葡萄根际土壤肥力主成分分析进行综合评价，将8个根际土壤养分指标进行分析，得到主成分得分和综合得分，最后得到的综合评价得分表现为T2＞T1＞CK，得分越高说明土壤肥力越强。说明施加不同果树穴贮砖处理中，T2处理对促进紫甜无核葡萄土壤养分吸收效果更好。

（三）果树穴贮砖对紫甜无核果实品质及产量的影响

葡萄果实自身的内在、外观的品质好坏直接决定葡萄的经济价值与竞争力，所以进行高效优质栽培是尤为重要的。同时，果实的品质及产量与外界温度、光照、水分、肥料等多种因素都相关；而近年来，关于提高果树果实的品质及产量多为传统的水肥调控、喷施激素等措施。本试验中用到的果树穴贮砖是将地下滴灌技术与穴贮肥技术相结合所形成的新式水肥调控材料，可为植株根系提供充足的水分和养分、促进植物对土壤中矿质营养元素的吸收利用以及地上部分光合作用及光合产物的运转和积累，进而提高品质和产量。前人 Ayars 等已有研究发现，地下滴灌技术与传统地表滴灌相比能有效提高果实的品质和产量。本试验中，在施加果树穴贮砖后的葡萄成熟期，紫甜无核葡萄在维生素 C 含量、可溶性糖含量、可溶性固形物方面，T1、T2 处理与未施加果树穴贮砖的 CK 处理相比均显著高于 CK；而通过花后 78 d 不同时间段测量，T1、T2 处理下的紫甜无核葡萄横纵径均显著高于 CK，且作用主要体现在果实生长后期；在葡萄的单果重、果穗重、糖酸比方面，T1、T2 与 CK 相比分别显著提高了 4.06%、10.25%、22.73%、24.04%、8.61%、11.51%，同时在硬度、pH 方面，T1、T2 显著降低了果实硬度，提高了果实的 pH 达到酸碱中和；在紫甜无核葡萄单株产量的测量中，得出施加果树穴贮砖的 T1、T2 处理与 CK 相比显著增加了 11.43%、16.42%，提高了紫甜无核葡萄产量，且 T2 处理效果略高于 T1 处理。

（四）滴施氮素后果树穴贮砖对紫甜无核氮素吸收的影响

植物生长必需营养元素中需求量最大的元素是氮，在实际的生产中，氮素肥仍然作为最主要的肥料进行使用。在植株生长过程中，植株对氮素的吸收与利用主要通过根系。前人的研究表明，与传统滴灌相比，地下滴灌施加氮肥可以促进果树根系集中区对氮素的吸收及积累，也有利于提高氮素的利用率。本试验研究表明，施加果树穴贮砖后滴施氮肥的 T1、T2 处理下的紫甜无核植株中的新梢、叶片、粗根、细根中氮含量，叶片最高、新梢次之、粗根细根最少，且氮含量均显著高于滴施氮肥未施加果树穴贮砖的 CK；在

0～80 cm 土层下的紫甜无核植株单位质量根系的氮含量，T1、T2处理可显著提高 20～40、40～60 cm 土层下的植株单位质量根系的氮含量，与 CK 相比分别提高了 18.32%、19.25%、5.65%、13.76%，同时对 0～20 cm 土层下也有促进作用，但无显著差异，对 60～80 cm 土层无明显影响；T1、T2 对 0～80 cm 土层中土壤氮含量的影响主要体现在 20～40 cm 土层中，有助于 20～40 cm 土层中土壤氮的积累与吸收；施加果树穴贮砖的 T1、T2 在紫甜无核葡萄根际土壤方面与 CK 相比可显著提高根际土壤的氮含量；正如刘建新等研究发现，七孔穴施下的肥可提高土壤养分含量 14.09%～45.41%，经过对比表明，这是调节苹果树根区土壤肥力较优的一种施肥方式。说明果树穴贮砖施加后滴施氮肥，可促进土壤对氮素的积累，进一步可促进植株对氮的吸收；果树穴贮砖位于植株根区附近，对根区的土壤养分可以起到调控的作用，进而促进根区氮素的积累以及根系对土壤中养分的充分吸收。60～80 cm 土层离穴贮砖较远，因此对该土层的影响较小。

四、小结

通过紫甜无核葡萄进行果树穴贮砖处理，T1、T2 可显著促进新梢长度、粗度，叶柄长度、粗度以及叶片的生长；促进新梢、粗根、细根、叶片内矿物质营养元素的累积，尤其是对 N、P、K 含量的吸收。与 CK 相比，T1、T2 能够显著提高 20～40 cm 土层下土壤含水量和土壤有机质以及 0～60 cm 土层下碱解氮含量、有效磷、速效钾含量、脲酶活性、过氧化物酶活性；也可显著降低 0～60 cm 土层 pH，对酸性磷酸酶活性作用是在 0～40 cm 土层，同时对根际土壤中碱解氮、速效钾、有机质、全氮含量以及脲酶活性、过氧化氢酶活性、酸性磷酸酶活性也有显著促进作用。T1、T2 可显著增加紫甜无核葡萄横径、纵径、单果重、果穗重，同时提高果实的可溶性固形物含量、维生素 C 含量、可溶性糖含量、单株产量、糖酸比、pH，进一步降低果实硬度。T1、T2 对不同土壤深度下单位质量根系全氮含量的影响主要体现在土层 0～60 cm，可显著增加土层 20～40 cm 下土壤氮含量，同时对根际土壤中氮含量也具有显著提高的作用。

第三节　果树穴贮砖对南疆沙地条件下骏枣生长发育及氮素吸收的影响

　　氮素和水分的交互作用对作物的生长产生重要影响，水、氮的合理调控是发挥其耦合效应和提高作物耐旱性的重要技术途径。因此，在农业生产过程中水肥因子起到了决定性作用，水肥耦合效应为最优时，能够达到高产增收的效果。但是传统的施肥方式和传统漫灌方式对红枣的生长、产量和生产效益无法产生最大作用，同时对生态环境有不利影响，因此难以保障枣园经济效益的进一步提高；通过滴灌条件下水肥的合理利用，将对改善粗放的水肥管理起到积极作用。近年来，围绕滴灌条件下不同灌溉方式对红枣生长生理的影响和土壤水分运移情况取得了阶段性研究成果。同时，在干旱区采用合理的水肥技术可直接影响到红枣的水分生产率，产量和品质。现已有前人研究表明，穴贮肥水技术能促进干旱区植株根系的生长。对 1/2 根系进行局部水肥调控研究发现，在肥料定量施入的条件下，局部施肥可以提高作物根系干物质量，还能够增强植株根系的活力。本试验通过施入果树穴贮砖后进行滴施尿素，研究不同果树穴贮砖对在南疆沙地条件下种植的骏枣植株生长、矿质元素吸收以及对土壤理化性质、相关酶活性、氮素吸收的影响，以期能够改善南疆沙地干旱区土壤种植条件，提高保水保肥的能力，为进一步促进骏枣的生长发育提供理论依据和技术支撑。

一、材料与方法

（一）试验区概况

同本章第二节。

（二）试验材料及设计

选取的果树为新疆生产建设兵团十四师昆玉市农业科学研究所现代农业科技示范果园 5 年生的骏枣，种植行距为 2.5 m，株距为 1 m；果树选取 30 株根系健壮且长势基本一致的植株。

其他同本章第二节。

（三）主要仪器设备

同本章第二节。

（四）试验项目测定及方法

1. 骏枣植株生长指标的测定

骏枣施入果树穴贮砖处理后，相关生长指标测定结果如下。

（1）新生枣头长度测定：每隔 10 d 用卷尺或米尺测定，均取平均值。

（2）枣吊长度测定：标记枣吊，每隔 10 d 用游标卡尺测定，均取平均值。

（3）二次枝长度和节间长度的测定（标记二次枝第 4、5 节）：每隔 10 d 用卷尺测定二次枝和节间长度，均取平均值。

（4）叶片大小的测定（标记植株第 4、5 片叶）：用米尺测定最大叶长和最大叶宽；待生长结束后，叶片干鲜重用电子分析天平测定；叶片面积用方格计数法，均取平均值。

（5）待生长结束后，调查新生枣头个数、新发二次枝个数、二次枝节数、枣吊节数，均取平均值。

2. 骏枣植株养分测定

（1）植株部位取样：骏枣成熟后，在 2021 年 9 月 25 日，每个处理随机选取 3 株长势一致的骏枣进行破坏性取样，将植株整体分为叶片、枣头、枣吊、二次枝、细根（<2 mm）、粗根（>2 mm）六部分。其他同本章第二节。

（2）测定方法：同本章第二节。

3. 骏枣土壤理化性质和相关酶活性测定

同本章第二节。

4. 骏枣果实品质及产量测定

（1）骏枣果实取样：鲜枣成熟期（果实由绿色转为红色）每个处理随机选取 3 株果树，每株随机选取 30 个果实。

（2）测定项目与方法

①果实横纵径的测定：花后 15～78 d 每隔 7 d 测定一次，果实形态指标（果实纵径、横径）利用电子游标卡尺测定；果形指数＝果实纵径/果实横径。

②果实单果重量的测定：用百分位电子秤称量单果质量，结果取平均值。

③果实有机酸含量的测定：采用氢氧化钠滴定法测定，结果取平均值。

④果实维生素 C 含量的测定：采用 2,6-二氯酚靛酚滴定法，结果取平均值。

⑤果实可溶性糖含量测定：采用蒽酮比色法测定，结果取平均值。

⑥果实可溶性蛋白质含量测定：通过考马斯亮蓝 G-250 染色法测定。

⑦糖酸比：可溶性糖含量与有机酸含量之比，结果取平均值。

⑧单株产量：鲜枣成熟后，每个处理的每株果树每次采收的果实都分别称重（精度为 0.01 g），并记录采收日期，统计每株树上的产量。

5. 骏枣氮素吸收的测定

（1）取样方法

①植株部位取样：同上。

②土壤取样：同本章第二节。

③不同土壤深度下单位质量根系取样：同本章第二节。

（2）测定项目与方法

①植株全氮测定：植株叶片、枣头、枣吊、二次枝、细根（＜2 mm）、粗根（＞2 mm）六部分的全氮用硫酸-双氧水消煮-全自动凯氏定氮仪测定。

②土壤全氮测定：土壤全氮通过硫酸-双氧水消煮-全自动凯氏定氮仪测定。

③不同土壤深度下单位质量根系全氮测定：通过硫酸-双氧水消煮-全自动凯氏定氮仪测定。

（五）数据处理

同本章第二节。

二、结果与分析

（一）果树穴贮砖对骏枣植株生长发育及养分吸收的影响

1. 果树穴贮砖对骏枣新生枣头长度及枣吊长度的影响

由表 5－13 可知，施加果树穴贮砖处理 80 d 后，T1＞T2＞CK，T1、T2 处理下的新生枣头长度较 CK 处理分别显著增加了 27.05%、25.69%（$p<0.05$）；在施加果树穴贮砖处理 80 d 后，T1、T2 新梢长度均有不同幅度的增长，在第 30 d，T1、T2 提升的幅度最大，分别增加了 18.03、18.04 cm；而在第 50 d，CK 处理提升的幅度最大，为 8.55 cm。在施加果树穴贮砖 80 d 内，除了第 10 d，CK 处理显著高于 T1、T2 处理（$p<0.05$）以及第 20 d，三个处理间均无显著差异（$p>0.05$）；其余阶段 T1、T2 处理下的新生枣头长度均显著高于 CK 处理（$p<0.05$）。表明施加果树穴贮砖对骏枣新生枣头的生长后期有显著作用。

由表 5－13 可得，在施加果树穴贮砖 80 d 后，T1、T2 处理下的枣吊长度较 CK 处理分别增加了 15.29%、8.43%，且差异显著（$p < 0.05$）。在第 10 d 和第 20 d，三个处理间的枣吊长度均无显著差异（$p > 0.05$）；而在其余阶段内，T1、T2 处理下的枣吊长度均显著高于 CK 处理（$p < 0.05$）；且在第 30~60 d 阶段内，T1 处理均显著高于 T2、CK 处理（$p < 0.05$）。说明施加果树穴贮砖对骏枣枣吊的生长有促进，且 T1 处理的效果更显著。

表 5-13 果树穴贮砖对骏枣新生枣头长度及枣吊长度的影响

施砖后时间（d）	处理	新生枣头长度（cm）	枣吊长度（cm）
	T1	9.54±4.19b	1.43±0.48a
10	T2	9.94±4.27b	1.23±0.59a
	CK	10.72±3.26a	1.51±0.35a
	T1	16.81±7.41a	3.55±0.86a
20	T2	16.72±6.55a	3.21±0.75a
	CK	16.32±6.92a	3.22±0.95a
	T1	34.84±8.39a	6.12±1.14a
30	T2	34.76±9.34a	5.42±1.38b
	CK	25.01±10.08b	4.61±1.30c
	T1	45.04±5.41a	11.55±2.24a
40	T2	42.38±5.86a	10.48±2.37b
	CK	32.48±4.85b	9.60±1.35c
	T1	58.51±5.53a	15.75±2.08a
50	T2	57.61±4.35a	13.48±2.24b
	CK	41.03±5.48b	11.65±2.22c
	T1	64.65±3.53a	17.19±3.82a
60	T2	64.18±2.07a	16.04±3.51b
	CK	47.47±3.45b	14.21±2.42c

（续）

施砖后时间（d）	处理	新生枣头长度（cm）	枣吊长度（cm）
	T1	67.11±2.42a	20.85±1.11a
70	T2	66.37±2.78a	19.84±1.63a
	CK	50.35±1.44b	18.05±0.92b
	T1	70.31±1.63a	20.65±0.26a
80	T2	69.56±2.03a	19.42±0.14ab
	CK	55.34±1.85b	17.91±0.36b

2. 果树穴贮砖对骏枣二次枝长度及节间长度的影响

果树穴贮砖可显著提高骏枣二次枝的长度。由表 5 - 14 可知，在施加果树穴贮砖处理 80 d 后，T1>T2>CK，且 T1、T2 处理下的二次枝长度较 CK 处理分别增加了 12.62%、11.29%，差异均显著（$p<0.05$）。在第 10~20 d 阶段内，CK 处理均显著高于 T1、T2 处理（$p<0.05$），而 T1、T2 处理间无显著差异（$p>0.05$），且在第 60 d 内，三个处理间均无显著差异（$p>0.05$）；其余时间内，T1、T2 处理均显著高于 CK 处理。表明施加果树穴贮砖可促进骏枣二次枝的生长。

由表 5 - 14 可得，在施加果树穴贮砖处理 80 d 后，T1、T2 处理下的二次枝节间长度较 CK 处理分别显著增加了 20.92%、17.91%（$p<0.05$），且 T1、T2 处理间无显著差异（$p>0.05$）。在施加果树穴贮砖 10~50 d 阶段内，T1、T2、CK 三个处理间均无显著差异（$p>0.05$）；在 60~80 d 阶段内，T1、T2 处理均显著高于 CK 处理（$p<0.05$）。说明施加果树穴贮砖对骏枣二次枝节间长度的促进作用主要体现在生长后期。

表 5 - 14　果树穴贮砖对骏枣二次枝长度及节间长度的影响

施砖后时间（d）	处理	二次枝长度（cm）	二次枝节间长度（cm）
	T1	3.40±0.87b	0.90±0.22a
10	T2	3.41±0.76b	0.83±0.24a
	CK	3.94±0.92a	0.91±0.27a

（续）

施砖后时间（d）	处理	二次枝长度（cm）	二次枝节间长度（cm）
	T1	6.76±1.19b	1.09±0.34a
20	T2	6.55±1.15b	1.13±0.45a
	CK	7.20±1.21a	1.08±0.32a
	T1	14.37±0.65a	2.63±0.53a
30	T2	13.61±0.51b	2.9±0.60a
	CK	12.03±1.30c	2.59±0.33a
	T1	20.69±1.22a	3.42±0.81a
40	T2	19.44±1.30a	3.37±0.83a
	CK	17.42±1.75b	3.46±0.95a
	T1	25.96±1.68a	4.54±0.63a
50	T2	25.32±1.36a	4.49±0.71a
	CK	23.65±1.22b	4.56±0.57a
	T1	32.11±2.41a	6.42±0.84a
60	T2	31.54±2.26a	6.53±0.77a
	CK	28.89±3.89a	5.04±0.68b
	T1	36.18±1.55a	7.07±1.18a
70	T2	35.90±1.34a	6.91±1.46a
	CK	33.14±2.79b	5.87±1.24b
	T1	41.61±1.31a	7.63±1.14a
80	T2	41.12±1.61a	7.44±1.30a
	CK	36.95±1.26b	6.31±0.92b

3. 施加果树穴贮砖 80 d 后对骏枣叶片生长的影响

由表 5 - 15 可知，三种处理中 T1 处理下的骏枣叶片的最大叶长、最大叶宽、叶片干鲜重及叶面积值均为最大，CK 处理均为最小；且在最大叶长、最大叶宽、叶面积，T1、T2 处理显著高于CK 处理，分别增加了 12.25％、10.59％、10.43％、4.98％、14.67％、11.66％（$p<0.05$）；在叶片干鲜重，T1 处理显著高于T2、CK 处理（$p<0.05$），而 T2 与 CK 处理间无显著差异（$p>0.05$）。说明施加果树穴贮砖对骏枣叶片的生长有促进作用，而 T1处理的效果更显著。

表 5 - 15　施加穴贮砖 80 d 后对骏枣叶片生长的影响

处理	最大叶长 （cm）	最大叶宽 （cm）	叶片鲜重 （g）	叶片干重 （g）	叶面积 （cm²）
T1	6.78±0.13a	4.66±0.09a	0.52±0.03a	0.24±0.04a	28.53±0.88a
T2	6.68±0.14a	4.43±0.09b	0.44±0.04b	0.17±0.03b	27.78±1.01a
CK	6.04±0.11b	4.22±0.07c	0.38±0.03b	0.15±0.02b	24.88±0.52b

4. 施加果树穴贮砖 80 d 后对骏枣的新生枣头个数、新发二次枝个数、二次枝节数、枣吊节数的影响

由表 5 - 16 可知，在新生枣头个数、新发二次枝个数、二次枝节数、枣吊节数，T1、T2 处理均显著高于 CK 处理（$p<0.05$）；在新生枣头个数，T1、T2 分别是 CK 的 1.75、1.5 倍；在新发二次枝个数，T1、T2 处理较 CK 处理分别显著增加了 37.03％、25.93％（$p<0.05$）；在二次枝节数，T1、T2 处理均是 CK 处理的 1.21 倍；在枣吊节数，T1、T2 处理与 CK 处理相比，分别显著增加了 5.80％、7.25％（$p<0.05$）。说明施加果树穴贮砖对骏枣枣头、二次枝具有促进萌发的作用，同时可显著增加二次枝节数和枣吊节数。

表 5 - 16　施加果树穴贮砖 80 d 后对骏枣新生枣头个数、新发二次枝个数、二次枝节数、枣吊节数的影响

处理	新生枣头个数	新发二次枝个数	二次枝节数	枣吊节数
T1	4.2±1.30a	7.4+1.14a	9.4±1.15a	14.6±0.84ab
T2	3.6±0.55ab	6.8±1.30ab	9.4±1.14a	14.8±0.71a
CK	2.4±0.54b	5.4±1.52b	7.8±0.84b	13.8±0.83b

5. 果树穴贮砖对骏枣植株各部位矿质元素吸收的影响

由表 5 - 17 可得，T1、T2 处理下的骏枣植株叶片、枣头、枣吊、二次枝、粗根、细根中的全 K、P 均显著高于 CK 处理；且叶片中全 K、P 含量均为最高，T1、T2 处理较 CK 处理分别显著提高了 9.35%、6.99%、9.98%、9.39%（$p < 0.05$）。三个处理下，叶片、枣吊中全 Mg 含量，T1 处理显著高于 T2、CK 处理（$p < 0.05$），同时粗根中全 Mg 含量三个处理间无显著差异（$p > 0.05$），其余均为 CK 显著高于 T1、T2（$p < 0.05$）。T1、T2、CK 处理下的叶片、枣头、枣吊中的全 Ca 含量均无显著差异（$p > 0.05$），而二次枝、细根、粗根中的全 Ca 含量均呈现 T1、T2 显著高于 CK 处理（$p < 0.05$）。T1、T2 处理下枣头、粗根中的全 B 含量较 CK 处理分别显著提高了 6.93%、5.90%、7.04%、6.73%（$p < 0.05$）；而 CK 处理下枣吊中全 B 含量显著高于 T1、T2 处理（$p < 0.05$），其余三个处理间则均无显著差异（$p > 0.05$）。T1、CK 处理下的粗根、细根中全 Fe 含量均显著高于 T2 处理，且 T1 与 CK 处理间无显著差异（$p > 0.05$）；其余处理中全 Fe 含量均呈现为 T1、T2 处理显著高于 CK 处理（$p < 0.05$）。

表 5 - 17　果树穴贮砖对骏枣植株叶片、枣头、枣吊、二次枝、粗根、细根中营养元素的影响

部位	处理	全 K (g/kg)	全 P (g/kg)	Mg (mg/kg)	Ca (mg/kg)	B (mg/kg)	Fe (mg/kg)
叶片	T1	23.62± 0.55a	5.62± 0.15a	5.28± 0.08a	41.39± 1.82a	69.84± 1.25a	0.51± 0.010a
	T2	23.11± 0.48a	5.59± 0.16a	4.58± 0.09b	40.57± 1.95a	69.34± 1.22a	0.47± 0.015ab
	CK	21.60± 0.63b	5.11± 0.13b	4.50± 0.10b	42.27± 1.11a	69.92± 1.23a	0.45± 0.030b
枣头	T1	13.32± 0.48a	1.92± 0.13a	1.25± 0.03b	14.65± 0.54a	21.92± 0.43a	0.21± 0.021a
	T2	13.19± 0.25ab	1.86± 0.08a	1.16± 0.04c	14.82± 0.25a	21.71± 0.42a	0.20± 0.015a
	CK	12.44± 0.42b	1.62± 0.13b	1.44± 0.05a	15.01± 0.12a	20.50± 0.47b	0.18± 0.015b
枣吊	T1	6.69± 0.09a	1.15± 0.04a	1.75± 0.06a	14.48± 0.67a	18.53± 1.01b	0.26± 0.015a
	T2	6.40± 0.13b	1.05± 0.06b	1.55± 0.07b	15.32± 0.63a	18.39± 0.64b	0.24± 0.020ab
	CK	5.79± 0.13c	0.97± 0.06b	1.47± 0.08b	14.46± 0.44a	21.25± 0.60a	0.22± 0.025b
二次枝	T1	10.24± 0.30a	2.15± 0.12a	2.69± 0.12a	11.92± 0.46a	26.18± 1.04a	0.20± 0.011a
	T2	9.16± 0.53ab	2.10± 0.10a	2.63± 0.13b	12.59± 0.47a	25.65± 1.37a	0.19± 0.020ab
	CK	8.83± 0.73b	1.92± 0.08b	3.06± 0.25a	10.92± 0.38b	25.47± 0.92a	0.17± 0.010b
细根	T1	5.23± 0.21a	2.07± 0.08a	2.73± 0.06a	20.59± 0.57a	32.29± 1.29a	1.79± 0.07a
	T2	5.16± 0.13a	1.90± 0.09b	2.84± 0.11a	18.90± 0.52b	32.10± 1.35a	1.63± 0.11b
	CK	4.37± 0.25b	1.72± 0.04c	2.50± 0.06b	18.07± 0.53c	31.53± 1.56a	1.87± 0.05a

（续）

部位	处理	全 K (g/kg)	全 P (g/kg)	Mg (mg/kg)	Ca (mg/kg)	B (mg/kg)	Fe (mg/kg)
粗根	T1	4.71± 0.23a	1.74± 0.09a	2.09± 0.05a	20.24± 0.42a	35.60± 0.75a	1.36± 0.13a
	T2	4.56± 0.20a	1.60± 0.08ab	2.07± 0.08a	20.18± 0.30a	35.50± 0.66a	1.14± 0.13b
	CK	3.90± 0.32b	1.46± 0.10b	2.08± 0.04a	18.42± 0.43b	33.26± 1.25b	1.33± 0.12a

（二）果树穴贮砖对骏枣土壤理化性质及相关酶活性的影响

1. 果树穴贮砖对骏枣不同土层一个灌水周期土壤含水量的影响

在骏枣土壤灌水后第 1、3、5、7、9 d 分别测定三个处理下不同土层的土壤含水量。由图 5-14 可知，三个处理下的 0～80 cm 土层的土壤含水量随灌水后天数增加均呈现不断下降的变化趋势，且土壤含水量随土层深度的增加均表现为不断减少的变化趋势。

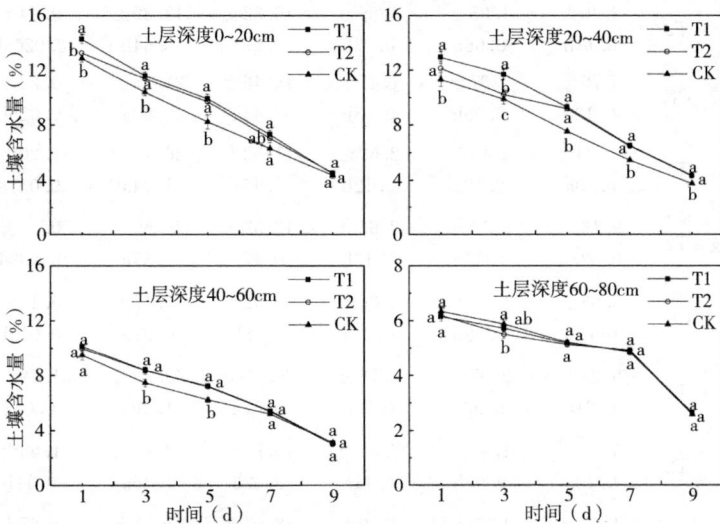

图 5-14　果树穴贮砖对骏枣不同土层一个灌水周期土壤含水量的影响

　　在土层深度 0～20 cm 时，各处理间在灌水后 1～7 d 内，均为 T1＞T2＞CK，且除了第 1 d 为 T1 处理显著高于 T2、CK 处理（$p<0.05$），其余第 3、5、7 d 均为 T1、T2 处理显著高于 CK 处理（$p<0.05$）；而在第 9 d，三个处理间均无显著差异（$p>0.05$）。

　　土层深度 20～40 cm 时，在土壤灌水后第 1～9 d 内，各处理下的土壤含水量均为 T1＞T2＞CK，且 T1、T2 处理均显著高于 CK 处理（$p<0.05$），同时在第 3 d，T1 处理显著高于 T2 处理（$p<0.05$），其余时间 T1、T2 处理间均无显著差异（$p>0.05$）。

　　在土层 40～60 cm 时，土壤灌水后第 1、7、9 d 内 T1、T2、CK 处理下的土壤含水量均无显著差异（$p>0.05$），而第 3、5 d 内 T1、T2 处理下的土壤含水量均显著高于 CK 处理（$p<0.05$）。

　　在土层 60～80 cm 时，在土壤灌水后第 3 d，T1、CK 处理下的土壤含水量显著高于 T2 处理（$p<0.05$），而其余时间三个处理间均无显著差异（$p>0.05$）。

　　说明施加果树穴贮砖对骏枣不同土层一个灌水周期的土壤含水量的显著变化主要体现在 20～40 cm 土层中和 0～20 cm 土层的第 1～7 d 内，且 T1 处理的效果更显著。

2. 果树穴贮砖对骏枣土壤 pH 的影响

　　施加果树穴贮砖可改善土壤的酸碱度。如图 5-15 可知，三个处理下的土壤 pH 随土壤深度增加呈现不断增加的变化趋势，在 0～60 cm 土层中，CK 处理的 pH 均为最高，而 T1 处理下的 pH 均为最低。在 0～20 cm 土层中，T1、T2 处理下 pH 较 CK 处理分别降低了 0.23、0.21，差异显著（$p<0.05$）；在 20～40 cm 土层中，T1 处理下 pH 较 T2、CK 处理分别降低了 0.11、0.22，差异显著（$p<0.05$）；同时 T2 处理与 CK 处理相比显著降低了 0.11。在 40～60 cm 土层中，T1、T2 处理下 pH 较 CK 处理分别降低了 0.12、0.11，差异显著（$p<0.05$）；在 60～80 cm 土层中，T1 处

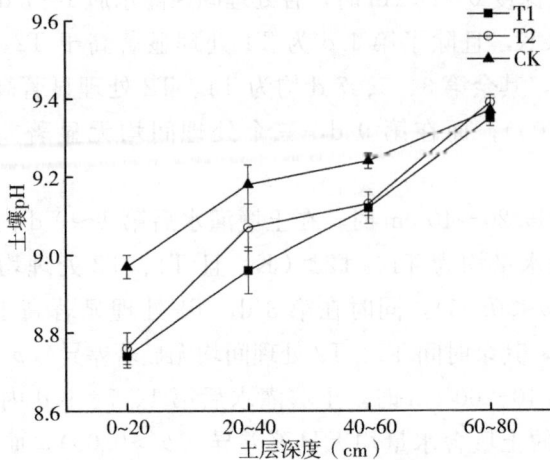

图 5-15 果树穴贮砖对骏枣土壤 pH 的影响

理下 pH 与 CK 相比降低了 0.02，差异不显著，且三个处理间均无显著差异（$p>0.05$）。

3. 果树穴贮砖对骏枣土壤碱解氮、有效磷的影响

由图 5-16A 可知，T1 处理在 0～80 cm 土层中碱解氮含量呈现先上升再下降的变化趋势，而 T2、CK 处理呈现随土层深度增加而不断降低的变化趋势。在 0～20 cm 土层中，T1、T2 处理下的碱解氮含量较 CK 处理分别增加了 9.14%、6.48%，且差异显著（$p<0.05$）；在 20～40 cm 土层中，T1 处理下的碱解氮含量最高为 33.42 mg/kg，且 T1、T2 处理显著高于 CK 处理，分别增加了 19.31%、9.43%（$p<0.05$）；在 40～60 cm 中，三个处理间均无显著差异（$p>0.05$）；在 60～80 cm 土层中，CK 处理显著高于 T1、T2 处理（$p<0.05$）。表明施加果树穴贮砖有利于骏枣 0～40 cm 土层中土壤碱解氮的积累。

由图 5-16B 可得，T1、T2 处理下的土壤有效磷含量随土壤深度增加呈现先上升再下降的变化趋势，而 CK 处理随土壤深度增加呈现不断减少的变化趋势。在 0～20、20～40、40～60 cm 土层中 T1、T2 处理下的土壤有效磷含量均显著高于 CK 处理（$p <$ 0.05）；在 20～40 cm 土层 T1、T2 处理下的土壤有效磷含量最高，与 CK 处理相比分别显著增加了 16.57%、14.69%（$p < 0.05$）；在 60～80 cm 土层中，三个处理间的土壤有效磷含量均无显著差异（$p > 0.05$）。说明施加果树穴贮砖可促进骏枣 0～60 cm 土层中土壤有效磷的积累。

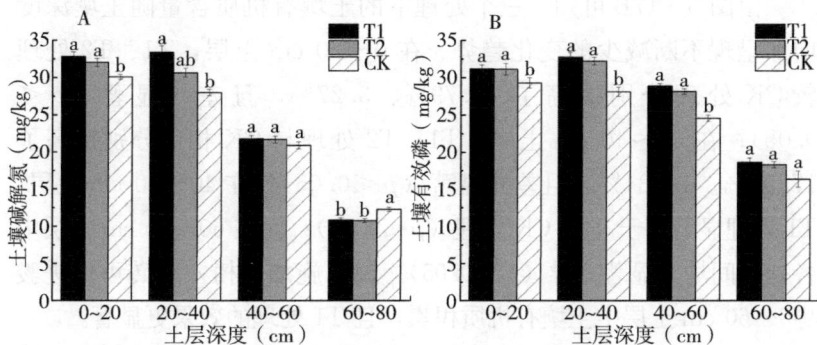

图 5-16　果树穴贮砖对骏枣土壤碱解氮、有效磷的影响

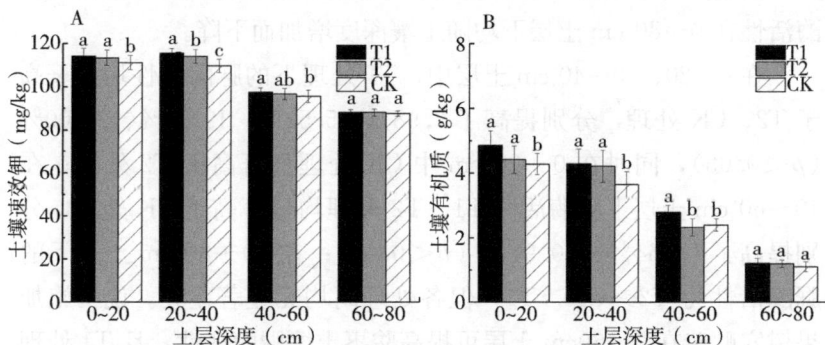

图 5-17　果树穴贮砖对骏枣土壤速效钾、有机质的影响

4. 果树穴贮砖对骏枣土壤速效钾、有机质的影响

施加果树穴贮砖对骏枣土壤速效钾有利作用主要体现在 0～60 cm 土层中，如图 5-17A 所示，在 60～80 cm 土层中各处理下

的土壤速效钾含量均差异不显著（$p>0.05$），其余土层中 T1 与 T2 处理均显著高于 CK 处理（$p<0.05$）。在 20～40cm 土层中 T1、T2 处理下的土壤速效钾含量最高，且较 CK 处理分别显著提高了 5.28％、3.89％（$p<0.05$），同时 T1 与 T2 处理间差异显著。表明施加果树穴贮砖可促进骏枣 0～60 cm 土层中土壤速效钾的积累。

由图 5-17B 可知，三个处理下的土壤有机质含量随土壤深度增加呈现不断减少的变化趋势。在 0～20 cm 土层，T1、T2 处理较 CK 处理分别提高了 13.79％、3.27％，且差异显著（$p<0.05$）；在 20～40 cm 土层，T1、T2 处理与 CK 相比分别提高了 17.53％、15.34％，且差异显著（$p<0.05$）；在 40～60 cm 土层，T1 处理显著高于 T2、CK 处理（$p<0.05$）；而在 60～80 cm 土层中各处理间均无显著差异（$p>0.05$）。说明施加果树穴贮砖可促进骏枣0～60 cm 土层中土壤有机质积累，且 T1 处理的效果更显著。

5. 果树穴贮砖对骏枣不同土层土壤相关酶活性的影响

由表 5-18 可知，三个处理下的脲酶、过氧化氢酶、酸性磷酸酶活性在 0～80 cm 土层下均随土壤深度增加而下降。

在 0～20、20～40 cm 土层中，T1 处理下的脲酶活性均显著高于 T2、CK 处理，分别提高了 7.98％、5.51％、19.23％、24.00％（$p<0.05$），同时在 0～20 cm 中 CK 处理显著高于 T2 处理；在 40～60 cm 土层下脲酶活性 T1、T2 处理均显著高于 CK 处理，分别提高了 13.64％、10.91％（$p<0.05$）；在 60～80 cm 土层下的脲酶活性为 T2＞CK＞T1，但各处理间均无显著差异。说明施加果树穴贮砖在 0～60cm 土层可提高骏枣土壤脲酶活性，且 T1 处理效果更显著。

在 0～20、20～40 cm 土层中的过氧化氢酶活性表现为 T1、T2 处理均显著高于 CK 处理，且较 CK 处理分别提高了 16.67％、12.50％、17.05％、9.68％（$p<0.05$）；而各处理下的过氧化氢

酶活性在 40～60 cm 和 60～80 cm 土层下分别为 T2＞T1＞CK、T1＞CK＞T2，但各处理间差异均不显著（p＞0.05）。表明施加果树穴贮砖对骏枣土层 0～40 cm 中过氧化氢酶活性有显著促进作用。

在 0～20 cm 和 20～40 cm 土层中，T1、T2 处理下的酸性磷酸酶活性显著高于 CK 处理，分别提高了 13.13％、11.08％、14.88％、11.93％（p＜0.05）；三个处理下的酸性磷酸酶活性在 40～60、60～80 cm 土层中均为 CK＞T2＞T1，但各处理间均无显著差异（p＞0.05）。表明施加果树穴贮砖对骏枣 0～40 cm 土层的酸性磷酸酶活性有明显促进作用。

表 5-18 果树穴贮砖对骏枣不同土层土壤酶活性的影响

土层深度（cm）	处理	脲酶 [mg/（g·24h）]	过氧化氢酶 [（mL/（g·20min）]	酸性磷酸酶（U/g）
0～20	T1	0.230±0.025a	0.280±0.040a	3.524±0.058a
	T2	0.213±0.020c	0.270±0.032a	3.460±0.048a
	CK	0.218±0.013b	0.240±0.034b	3.115±0.062b
20～40	T1	0.155±0.020a	0.254±0.009a	2.224±0.031a
	T2	0.130±0.013b	0.238±0.010b	2.167±0.023a
	CK	0.125±0.015b	0.217±0.010c	1.936±0.045b
40～60	T1	0.125±0.015a	0.205±0.007a	1.227±0.059a
	T2	0.122±0.012a	0.210±0.006a	1.230±0.061a
	CK	0.110±0.010b	0.202±0.005a	1.232±0.055a
60～80	T1	0.104±0.003a	0.109±0.003a	0.559±0.030a
	T2	0.106±0.002a	0.105±0.006a	0.565±0.025a
	CK	0.105±0.003a	0.107±0.004a	0.572±0.032a

6. 果树穴贮砖对骏枣根际土壤养分的影响

由表 5-19 可知，三个处理下的根际土壤中的碱解氮、有效磷、速效钾、有机质、全氮含量以及过氧化氢酶活性均呈现为 T1＞

T2＞CK，且除了有效磷含量，其余指标均为 T1、T2 处理显著高于 CK 处理（$p<0.05$），而 T1、T2、CK 处理下的有效磷含量各处理间均无显著差异（$p>0.05$）；在脲酶活性和酸性磷酸酶活性各处理表现为 CK＞T2＞T1，但各处理间的差异均不显著（$p>0.05$）。

表 5-19　果树穴贮砖对骏枣根际土壤理化性质的影响

土壤养分指标	T1	T2	CK
碱解氮（mg/kg）	38.63±1.11a	37.20±1.58ab	34.95±1.20b
有效磷（mg/kg）	35.74±1.96a	35.51±2.09a	33.25±1.57a
速效钾（mg/kg）	119.08±2.36a	118.99±1.66a	112.12±2.55b
有机质（g/kg）	4.94±0.13a	4.90±0.11a	4.39±0.14b
全氮（g/kg）	0.64±0.02a	0.63±0.03a	0.56±0.04b
脲酶 [mg/（g·24h）]	0.14±0.01a	0.15±0.03a	0.17±0.02a
过氧化氢酶 [mL/（g·20min）]	0.26±0.03a	0.25±0.02a	0.22±0.04b
酸性磷酸酶（U/g）	2.58±0.16b	2.63±0.17a	2.80±0.13a

7. 果树穴贮砖处理后骏枣根际土壤养分综合分析

对数据进行标准化处理结果见表 5-20。选取南疆沙地条件下骏枣根际土壤全氮含量、土壤有效磷含量、土壤碱解氮含量、土壤速效钾含量、土壤有机质、脲酶活性、过氧化氢酶活性、酸性磷酸酶活性 8 项指标数据进行主成分分析，以筛选出果树穴贮砖对骏枣根际土壤肥力影响效果最好的处理方法。

表 5-20　综合评价不同处理下骏枣土壤理化性质的标准化数据

处理	土壤全氮	有效磷	碱解氮	速效钾	有机质	脲酶	过氧化氢酶	酸性磷酸酶
T1	0.485 22	0.493 3	0.773 41	0.380 31	0.389 8	−0.625 01	0.324 44	−0.583 1

（续）

处理	土壤全氮	有效磷	碱解氮	速效钾	有机质	脲酶	过氧化氢酶	酸性磷酸酶
T2	0.381 24	0.367 86	−0.028 16	0.340 31	0.238 36	−0.267 87	0.432 59	−0.295 24
CK	−0.866 46	−0.861 16	−0.745 25	−0.720 62	−0.627 26	0.714 29	−0.757 03	0.878 34

　　综合评价土壤肥力的贡献率如表 5-21 所示，可以得知，主成分 1 各指标总和为较大的特征向量，达到 5.212，而累积解释方差为 77.513%；主成分 2 各指标特征值为 1.120，累积解释方差达到 95.166%。表明前 2 个主成分代表了 8 个原始指标 95.166% 的信息，所以主要提取前 2 个主成分进行综合评价。

表 5-21　主成分起始特征值

主成分	特征值（λ）	解释方差（%）	累积解释方差（%）
1	5.212	77.513	77.513
2	1.120	22.487	95.166

　　利用 SPSS 标准数据主成分分析产生的主成分载荷矩阵如表 5-22 所示，主成分 1 主要携带的是土壤全氮、有效磷、碱解氮、有机质、速效钾、酸性磷酸酶的信息，主成分 2 主要携带的是脲酶、过氧化氢酶的信息。

表 5-22　主成分初始因子荷载矩阵

生化指标	主成分 1	主成分 2
土壤全氮	0.745	−0.586
有效磷	0.654	0.624
碱解氮	0.844	0.264
速效钾	0.822	0.203
有机质	0.696	0.552

（续）

生化指标	主成分 1	主成分 2
脲酶	-0.408	0.743
过氧化氢酶	0.279	-0.708
酸性磷酸酶	-0.837	-0.107

通过骏枣根际土壤养分的标准化数值的计算，得出 T1、T2、CK 处理下骏枣根际土壤养分指标在 2 个主成分上的得分情况（表 5-23）。主成分 1 和主成分 2 中土壤肥力的表现情况为 T1 最佳。再根据两种主成分的贡献率，对三种处理对骏枣根际土壤养分的影响进行综合评价后排序结果为 T1＞T2＞CK。

表 5-23　不同处理下的根际土壤肥力综合排序

处理	主成分 1 得分	主成分 2 得分	土壤肥力	排序
CK	-2.517	-0.652	-1.571	3
T1	1.805	0.921	1.369	1
T2	-1.175	1.217	0.824	2

（三）果树穴贮砖对骏枣果实品质及产量的影响

1. 果树穴贮砖对骏枣横纵径的影响

由图 5-18A 可得，三个处理下的果实纵径均为随花后天数增加而增加的变化趋势。花后 15～36 d，除了在花后 22 d 为 CK 处理显著高于 T1、T2 处理，其余花后 15、29、36 d 三个处理之间的果实纵径均无显著差异（$p＞0.05$）；在花后 43 d，T1、T2 处理下的果实纵径显著高于 CK 处理，且分别增加了 9.94%、9.64%（$p＜0.05$）；在花后 43～78 d，T1、T2 处理下的果实纵径均显著高于 CK 处理（$p＜0.05$）；在花后 78 d，T1、T2 处理较 CK 处理分别显著增加了 10.72%、5.07%，且 T1 处理显著高于 T2 处理（$p＜0.05$）。表明施入果树穴贮砖对骏枣果实纵径的有利影响主要体现在果实生长的后期，且 T1 处理效果更显著。

由图 5 - 18B 可知，三个处理下的果实横径均随花后天数增加而增加。在花后 78 d，T1、T2 处理下的果实横径较 CK 处理分别显著增加了 9.91%、9.61%（$p < 0.05$）；在花后 29～43 d，除了花后 36 d 为 T1、T2 处理显著高于 CK 处理（$p < 0.05$），其余时间三个处理间均无显著差异（$p > 0.05$）；在花后 50 d，T1、T2 处理均显著高于 CK 处理（$p < 0.05$），且 T1、T2 处理间均无显著差异（$p > 0.05$）。说明施入果树穴贮砖对骏枣果实横径的促进作用主要表现在果实生长后期。

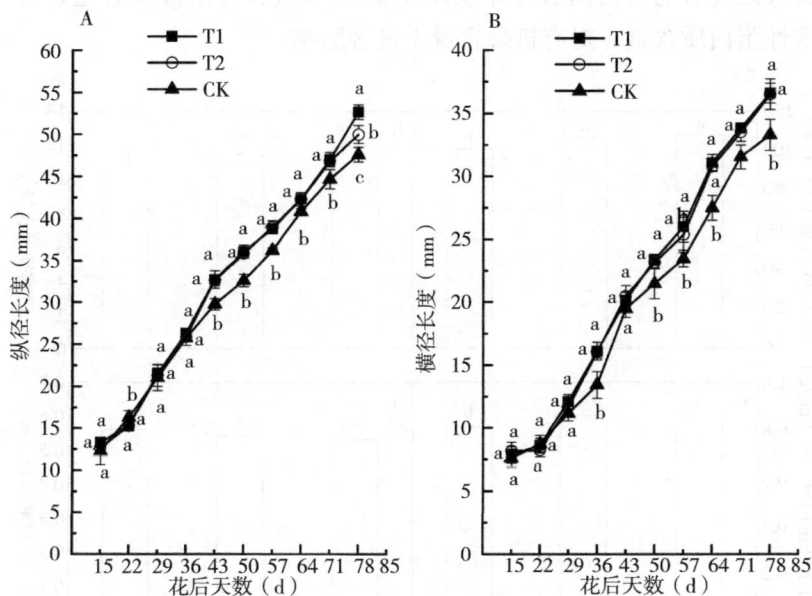

图 5 - 18　果树穴贮砖对骏枣果实横纵径的影响

2. 果树穴贮砖对骏枣果实维生素 C、可溶性糖、可溶性蛋白质、有机酸含量的影响

如图 5 - 19 可知，T1、T2 处理下的骏枣维生素 C 含量、可溶

性糖含量、可溶性蛋白质含量均显著高于 CK 处理。在 A 图中 T1 处理下的维生素 C 含量最高，CK 处理最低，且 T1、T2 处理下的骏枣维生素 C 含量与 CK 相比分别提高了 7.51%、5.73%，差异显著（$p<0.05$）。在 B 图中，T1、T2 处理下的可溶性糖含量均显著高于 CK 处理，且分别增加了 14.04%、9.36%（$p<0.05$）。在 C 图中，骏枣果实可溶性蛋白质含量表现为 T1>T2>CK，且 T1、T2 处理与 CK 处理相比分别显著提高了 7.41%、6.17%（$p<0.05$）。在 D 图中，T1、T2、CK 处理下骏枣有机酸含量为 CK>T2>T1，但各处理间均无显著差异（$p>0.05$）。表明施入两种果树穴贮砖后均可提高骏枣果实维生素 C 含量、可溶性糖含量、可溶性蛋白质含量，对有机酸含量无显著影响。

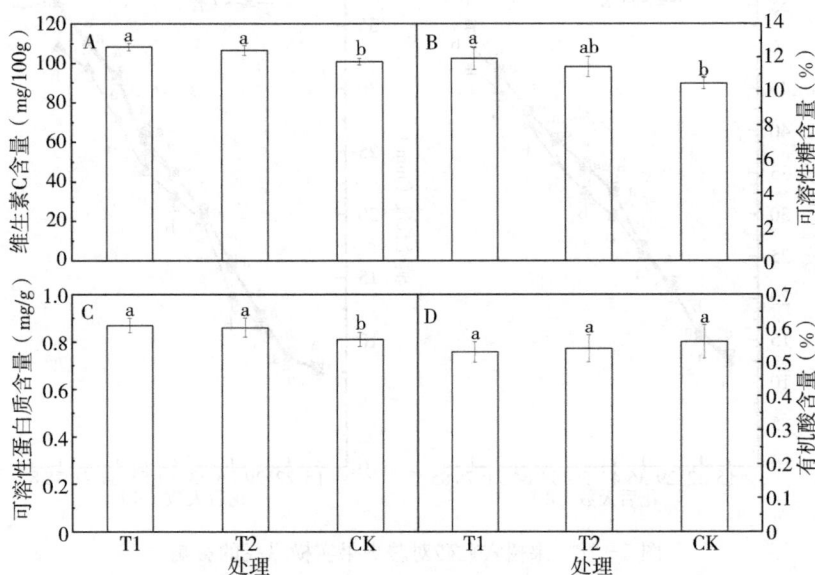

图 5-19　果树穴贮砖对骏枣果实维生素 C、可溶性糖、可溶性蛋白质、有机酸含量的影响

3. 果树穴贮砖对骏枣成熟期的果实品质的影响

由表 5-24 可得，三个处理在果实单果重、枣核重、果实横径、果实纵径、糖酸比方面均表现为 T1>T2>CK，且 T1、T2 处理下的单果重、枣核重、果实横径、果实纵径、糖酸比较 CK 处理分别显著提高了 14.68%、10.04%、19.35%、9.68%、9.91%、9.64%、10.72%、5.07%、15.58%、11.64%（$p<0.05$）；而在果形指数方面各处理间均无显著差异（$p>0.05$）。表明施加果树穴贮砖对骏枣果粒大小方面以及果重方面有显著增大效果，并且 T1 处理的效果更显著。

表 5-24　果树穴贮砖对骏枣成熟期果实品质的影响

品质指标	T1	T2	CK
单果重（g）	22.47±0.78a	21.60±1.25ab	19.63±1.49b
枣核重（g）	0.74±0.19a	0.68±0.17ab	0.62±0.13b
果实横径（mm）	36.60±0.78a	36.51±0.89a	33.30±0.92b
果实纵径（mm）	52.66±0.87a	49.97±1.08b	47.56±0.86c
果形指数	1.44+0.11a	1.41+0.09a	1.42+0.10a
糖酸比	6.75±0.71a	6.52±0.77a	5.84±0.60b

4. 果树穴贮砖对骏枣单株产量的影响

由图 5-20 可得，三个处理中 T1 处理下的单株产量最高，为 4.00～4.67 kg，CK 处理最低，为 3.60～4.07 kg；且 T1、T2 处理下的单株产量均显著高于 CK 处理，分别提高了 14.74%、12.78%（$p<0.05$）；但 T1 与 T2 处理之间无显著差异（$p>0.05$）。说明施加果树穴贮砖可提高骏枣鲜枣的单株产量，而 T1 处理效果略高于 T2 处理。

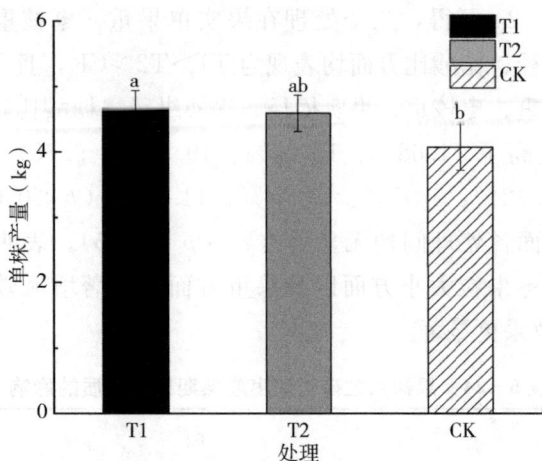

图 5 - 20　果树穴贮砖对骏枣单株产量的影响

（四）滴施氮素后果树穴贮砖对骏枣氮素吸收的影响

1. 果树穴贮砖对骏枣植株重要部位氮含量的影响

由图 5 - 21 可知，三个处理下的植株各部位全氮含量在叶片中最高，在粗根中的全氮含量最少。在二次枝和枣吊中，各处理间的全氮含量均无显著差异（$p > 0.05$），其余部位 T1、T2 处理均显著高于 CK 处理；在枣头中，T1、T2 处理较 CK 处理分别显著增加了 15.50%、15.25%（$p < 0.05$）；在叶片中，全氮含量表现为 T1＞T2＞CK，T1 处理与 T2、CK 处理相比分别显著提高了 6.76%、16.13%（$p < 0.05$），同时 T2 处理显著高于 CK处理，提高了 8.77%；在粗根、细根中，T1、T2 处理下的全氮含量较 CK 处理分别提高了 12.70%、11.72%、5.14%、4.83%，且差异显著（$p < 0.05$）。表明施加果树穴贮砖滴施氮素后可有利于骏枣植株的枣头、叶片、粗根、细根中氮含量的积累。

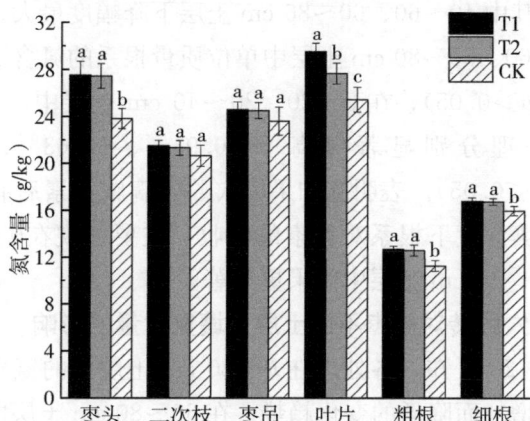

图 5-21　果树穴贮砖对骏枣植株重要部位全氮含量的影响

2. 果树穴贮砖对骏枣植株不同土壤深度下单位质量根系氮含量的影响

由图 5-22 可得，各处理在 0～20、20～40 cm 土层下的植株单位质量根系的氮含量均呈现为 T1＞T2＞CK，且 T1、T2 处理均显著高于 CK 处理；随着土壤深度不断增加单位质量根系的氮含量

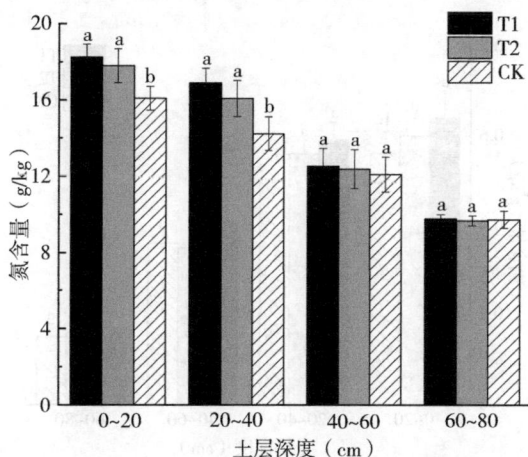

图 5-22　果树穴贮砖对骏枣不同深度下单位质量根系氮含量的影响

不断下降，其中 40～60、60～80 cm 土层下降幅度最大、趋势最明显。在 40～60、60～80 cm 土层中单位质量根系的氮含量表现均无显著差异（$p>0.05$）；在 0～20、20～40 cm 土层中，T1、T2 处理较 CK 处理分别显著提高了 10.94%、10.63%、18.76%、13.00%（$p<0.05$）。表明施加果树穴贮砖滴施氮素后有利于骏枣植株不同土壤深度下根系对氮素的吸收，主要体现在0～40 cm 土层，且在 20～40 cm 土层中效果更显著。

3. 果树穴贮砖对骏枣不同土层土壤氮含量的影响

由图 5-23 可知，各处理在 0～80 cm 土层中的氮含量均呈现随土层深度增加而降低的变化趋势。在 60～80 cm 土层中，各处理下的氮含量均无显著差异（$p>0.05$）；在 40～60 cm 土层中，T1 处理显著高于 T2、CK 处理，分别增加了17.14%、13.89%（$p<0.05$），而 T2 与 CK 之间无显著差异；在 20～40 cm 土层，T1、T2 处理下的氮含量较 CK 处理分别增加了 18.00%、12.00%，且均呈现显著差异（$p<0.05$）；在 0～20 cm 土层下氮含量为 T1、T2 处理均显著高于 CK 处理，且分别增加了 14.29%、7.14%

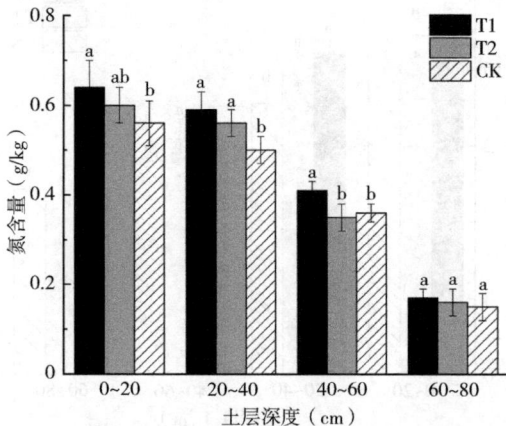

图 5-23　果树穴贮砖对骏枣不同土层土壤氮含量的影响

（$p < 0.05$）。说明施加果树穴贮砖后滴施氮肥有利于骏枣土壤 0～
60 cm 土层中氮含量的积累，且 T1 处理效果更显著。

4. 果树穴贮砖对骏枣根际土壤氮含量的影响

由图 5 - 24 可知，三个处理下的骏枣根际土壤全氮含量，其中
T1 处理含量最高、CK 处理最低，同时 T1、T2 处理均显著高于
CK 处理，分别提高了 14.29%、10.71%（$p < 0.05$），而 T1 与
T2 处理间差异不显著。说明施加果树穴贮砖并滴施氮素后可促进
骏枣根际土壤中氮的积累，且 T1 促进效果更好。

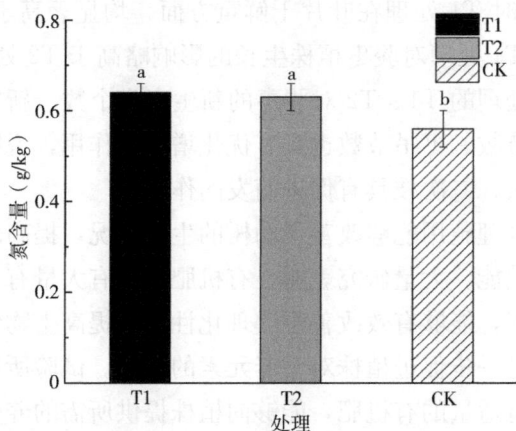

图 5 - 24　果树穴贮砖对骏枣根际土壤氮含量的影响

三、讨论

（一）果树穴贮砖对骏枣植株生长发育及养分吸收的影响

新疆的南疆和田地区属温带大陆性气候，昼夜温差大，日照充
足，土壤沙化，干旱少雨，比较适宜骏枣生长；骏枣属于该地区保
水保肥型特色林果业发展的重要经济作物之一。前人研究表明，水
肥因子是作物生长发育过程中的重要保障，并且也是影响其光合特
性的重要因素。合理的滴灌与施肥相结合可有效改善干旱区骏枣的
生长发育条件。本试验研究运用穴贮滴灌技术与穴贮肥技术，在前

人研究中得出，穴贮滴灌能够有效促进30～50 cm土层中根系的生长与下扎，进一步促进植株的生长发育；束怀瑞等研究发现，穴贮肥可以有效控制苹果树体平衡、提高枝质、促进连续成花。通过本试验所施加的果树穴贮砖的T1、T2处理80 d时间段内，在骏枣的新生枣头、枣吊以及二次枝、二次枝节间的长度中T1、T2处理在骏枣生长后期均显著高于CK处理，T1、T2生长较快。在施砖80 d后的骏枣叶片生长中，T1、T2处理在最大叶长、最大叶宽、叶面积方面均显著高于未施加果树穴贮砖的CK处理，且T1均略高于T2，同时T1处理在叶片干鲜重方面，均显著高于T2和CK处理；说明T1处理对骏枣植株生长的影响略高于T2处理。同时，果树穴贮砖处理的T1、T2对骏枣的新生枣头个数、新发二次枝个数、二次枝节数、枣吊节数也具有优化增加的作用，说明果树穴贮砖对骏枣枣头、二次枝具有促进萌发的作用。

有机肥合理施用能够改善梨幼树的生长状况，提高幼树养分含量及叶片的效能。大量研究表明，有机肥内含有大量有机质及植物所需营养元素，能够有效改善土壤理化性质，提高生物学活性和生物多样性，进一步促进植株对营养元素的吸收。试验所用到的果树穴贮砖内含有适量的有机肥，能够向植株提供所需的养分，促进其对营养元素的吸收。通过本试验研究得出，施加果树穴贮砖的T1、T2与CK相比均可显著提高骏枣的枣头、叶片、二次枝、枣吊、粗根、细根中的全K、全P含量；T1处理下叶片、枣吊中全Mg含量显著高于T2、CK处理，但在枣头、二次枝、细根中T1、T2对其全Mg含量有不同程度的抑制作用；T1、T2处理下的二次枝、细根、粗根中的全Ca含量显著高于CK，但对叶片、枣头、枣吊中全Ca含量无明显影响；T1、T2可显著提高枣头、粗根中的全B含量，但对枣吊中全B含量有抑制作用；T1、T2与CK相比可显著提高枣头、叶片、二次枝、枣吊中全Fe含量，同时粗根、细根中全Fe含量T1显著高于T2。

（二）果树穴贮砖对骏枣土壤理化性质及相关酶活性的影响

水分和养分的交互作用会影响干旱区植物产量和生理状况。土壤的水分利用会影响到植株的生理过程，进一步也对植株的生物量以及果实品质产生影响。万素梅等研究表明，合适的土壤水分下干旱区的红枣可产生较高净光合速率，提高其光合特性，进一步达到丰产的效果。本试验场地位于干旱区的沙地土壤，在此条件下，施入果树穴贮砖的 T1、T2 在土壤灌水一个周期 9 d 内，可显著提高灌水后第 1～7 d 内 0～20、20～40 cm 土层下的土壤含水量，且 T1 略高于 T2，40～60 cm 和 60～80 cm 土层因离果树穴贮砖较远所受到的影响较小；此试验材料果树穴贮砖本身有保水的作用，减少土壤水分的流失，促进植株对土壤水分的吸收。

土壤 pH 可直接或间接影响到作物的株高、叶片、根系、产量等，还可影响其叶绿素含量、酶活性等生理特性以及花青素含量、蛋白质、可滴定酸、可溶性固形物等果实品质性状。有研究发现，合适的土壤 pH 可促进植物的生长发育，但是过低或过高的 pH 会减少营养元素的生物有效性，进一步会导致植物体内某些元素营养失调，从而对植物的生长、品质及产量产生不利影响。本试验场地沙地土壤条件下，土壤盐碱化较为严重，土壤 pH 较高，对骏枣的生长产生一定的影响。施入果树穴贮砖 80 d 后，T1、T2 处理下 0～60 cm 土层下的土壤 pH 与 CK 相比均有不同程度的显著降低，说明果树穴贮砖的施入对沙地土壤 pH 有一定的改善作用。

土壤养分含量会直接影响作物的品质及产量。王巧仙等发现，水肥耦合效应可以有效提高土壤有效磷、全钾、速效钾等速效养分含量。通过本试验研究得出，施入果树穴贮砖的 T1、T2 处理下的 0～80 cm 土层，与 CK 相比 T1、T2 可显著提高 0～40 cm 土层下的土壤碱解氮含量以及 0～60 cm 土层下的土壤有效磷含量和速效钾含量，且 T1 均略高于 T2，60～80 cm 土层离果树穴贮砖较远，因此影响较小甚至无显著差异。

　　土壤有机质酸性基团可促进微量元素形成可溶性的络合物，增强微量元素有效性。适量增加土壤有机质，可以调节有效态的微量元素含量，进而提高土壤肥力，提高果实品质及产量。通过本试验研究果树穴贮砖的施入可充分提高沙地土壤中有机质含量，T1、T2 可显著提高 0～40 cm 土层下土壤有机质含量，且 T1 对 40～60 cm 土层下土壤有机质含量也有显著提高的作用。

　　土壤酶是一种催化剂，参与着土壤中各种生物化学反应，还间接或直接影响着土壤养分的循环和代谢。已有前人研究表明，土壤酶活性大小会影响土壤生态系统中生物化学反应过程中的相对强度，测定土壤酶活性的大小可以间接了解到某类物质在土壤中转化的实际情况，从而指导农业生产实践。本试验研究中测定 0～80 cm 土层下的土壤脲酶、过氧化氢酶、酸性磷酸酶活性，其三种酶活性均随土壤深度的增加而逐渐下降。但 T1、T2 与 CK 相比可显著提高 0～60 cm 土层下的土壤脲酶活性，也可显著增强 0～40 cm 土层下土壤过氧化氢酶和酸性磷酸酶活性，这可能是果树穴贮砖的施入可以保持周围沙地土壤水分和养分，达到改善土壤环境的作用。

　　土壤环境中水、气、热、肥 4 个因素进行相互作用，从而调控作物根际土壤环境，进一步影响根系的生长发育。张莉等研究表明，合理的土壤水肥气热耦合，可以改善土壤结构和土壤通气性，进一步达到改良根际土壤的效果，从而提高作物根系活力、水分利用率以及促进根系对肥料的吸收利用。本试验通过施入果树穴贮砖滴施氮肥后得出，T1、T2 可以显著提高骏枣根际土壤中的碱解氮、有效磷、速效钾、有机质、全氮含量以及过氧化氢酶活性，而在根际土壤有效磷含量以及脲酶、酸性磷酸酶活性方面各处理间均无明显差异。通过对骏枣根际土壤肥力主成分分析进行综合评价，将 8 个根际土壤养分指标进行分析，得到主成分得分和综合得分，最后得到的综合评价得分表现为 T1＞T2＞CK，得分越高说明土壤肥力越强。说明施加不同果树穴贮砖处理中，T1 处理对骏枣土壤养分的吸收效果更好。

（三）果树穴贮砖对骏枣果实品质及产量的影响

新疆产出的枣营养积累充分，果实着色好，颜色艳、含糖量高，品质优良，目前推广的品种营养价值和口感均比其他省份的好。新疆南疆地区降水少，气候干燥，光照充足，自然条件十分有利于红枣自然成熟和制干，形成了单产高，品质好的红枣经济产区。但也因为南疆地区沙地土壤条件，水分和养分得不到充分的调控对红枣产业有所影响。近年来，水肥调控在果树生产中的增产效应日益突显，单果质量和挂果量的共同构成决定着骏枣产量。朱宗瑛等发现，氮磷钾肥的合理增施可有效提高纽荷尔脐橙果实可溶性糖、蔗糖、葡萄糖、果糖和维生素 C 含量。通过本试验研究得出，所施加的果树穴贮砖 T1、T2 在骏枣花后 $15 \sim 78$ d 内，可显著增大花后 $43 \sim 78$ d 内果实纵径以及 $50 \sim 78$ d 内果实横径，说明施加果树穴贮砖对骏枣果实横纵径的影响主要是果实生长后期，给予果实生长中所需的养分；在骏枣维生素 C 含量、可溶性糖含量、可溶性蛋白质含量方面，T1、T2 可起到显著的提高作用，但在有机酸方面三个处理间无明显差异；在果实成熟期，T1、T2 对骏枣单果重、枣核重以及糖酸比均有增大、促进的作用，因此在单株产量上与 CK 相比施入果树穴贮砖也可起到显著提高鲜枣产量的作用，且 T1 略高于 T2。果树穴贮砖的施入可起到保持水分和养分的有效作用，进一步提高骏枣果实品质及单株产量。

（四）滴施氮素后果树穴贮砖对骏枣氮素吸收的影响

氮素是作物必需营养元素中需求量最大的元素。新疆南疆地区是我国干旱荒漠区，降水稀少，蒸发量大，土壤贫瘠，尤其沙地土壤中有效营养成分普遍缺乏，严重影响了南疆林果业的发展。已有前人研究表明，合理的施用氮肥可以提高土壤肥力，进一步提高红枣产量。本试验通过施入果树穴贮砖然后分时间段滴施氮肥后，T1、T2 可显著提高骏枣植株枣头、叶片、粗根、细根中氮含量，促进植株对氮的吸收，但在二次枝和枣吊的差异不明显，可能因为养分的供给还不全面；且 T1、T2 对 0～80 cm 土层下单位质量根系氮含量有着不同程度的影响，其中对 20～40 cm 土层下单位质量根系氮含量的影响最大，可起到显著增加的作用，可能由于果树穴贮砖的施入距 20～40 cm 土层较近，影响较大；同时 T1、T2 与 CK 相比对 0～60 cm 土层下土壤氮含量和根际土壤氮含量均起到了显著的提高作用，促进氮素在沙地土壤中积累。60～80 cm 土层因为离果树穴贮砖较远以及沙土地不保水保肥的劣势，对这一土层无法起到有效作用。

四、小结

在骏枣中施入果树穴贮砖，T1、T2 可显著促进新生枣头、枣吊、二次枝、二次枝节间、叶片的生长，同时可促进枣头、二次枝的萌发以及促进植株叶片、枣头、枣吊、二次枝、粗根、细根对矿物质营养元素的吸收；T1、T2 对 0～40 cm 土层下碱解氮含量、有机质含量、土壤含水量、过氧化氢酶活性、酸性磷酸酶活性均有显著提高作用，同时对 0～60 cm 土层下有效磷含量、速效钾含量、脲酶活性也有显著增加的作用，对 0～60 cm 土层下 pH 有显著降低作用，达到调节 pH 的效果；T1、T2 与 CK 相比可显著提高根际土壤中的碱解氮、速效钾、有机质、全氮含量以及脲酶活性。T1、T2 可显著增加鲜枣横径、纵径、单果重、枣核重，同时也可提高果实的可溶性蛋白质含量、维生素 C 含量、可溶性糖含量、单株产量、糖酸比。T1、T2 对骏枣不同土壤深度下单位质量根系全氮含量的影响主要体现在 0～40 cm 土层中；同时在 0～40 cm 土层下可显著提高土壤氮含量。

第四节　结　论

一、果树穴贮砖对南疆沙地条件下紫甜无核生长发育及氮素吸收的影响

通过地下穴贮滴灌技术与穴贮肥水技术的结合，本试验研究所施入的果树穴贮砖在紫甜无核 80 d 的生长过程中能够显著提高新梢长度、粗度和叶柄长度、粗度，以及促进叶片的生长。施入果树穴贮砖的 T1、T2 处理对植株重要部位营养元素的吸收也起到一定的作用，可显著提高新梢、粗根、细根，叶片中全 P、K 含量；对新梢、叶片、粗根中全 Ca 含量有显著提高的作用；对新梢、粗根、叶片中 Mg 的含量无明显促进作用；T2 对叶片和细根中的全 B 含量效果更显著，而 T1 对粗根中全 B 含量促进作用更显著；同时 T2 对新梢、叶片、细根中全 Fe 含量均有显著促进作用。

在紫甜无核土壤理化性质及相关酶活性方面，果树穴贮砖处理的 T1、T2 在土壤一个灌水周期中对 20~40 cm 土层中土壤含水量有显著促进作用，而对 0~20 cm 和 40~60 cm 土层中的土壤含水量起到不同程度的促进作用；T1、T2 可显著降低紫甜无核 0~60 cm 土层中 pH，起到调节酸碱度的有利作用；T1、T2 可显著提高 0~20、20~40 cm 土层中碱解氮含量、速效钾含量，且 T2 可显著提高 40~60 cm 土层中碱解氮含量和速效钾含量；T1、T2 对 0~20、20~40 cm 土层中有效磷含量有显著促进作用，且 T1 对 40~60、60~80 cm 土层中有效磷含量也有促进作用；T1、T2 可显著提高 20~40 cm 土层中有机质含量；T1、T2 对 0~60 cm 土层中脲酶活性和过氧化物酶活性均有显著提高的作用，但对酸性磷酸酶活性的作用主要体现在 0~40 cm 土层中；T1、T2 均可显著提高根际土壤中的碱解氮、速效钾、有机质、全氮含量以及脲酶活性、过氧化氢酶活性，且均显著高于 CK，同时 T2 对根际土壤

中酸性磷酸酶活性也有显著提高的作用。

在紫甜无核葡萄品质及产量方面，T1、T2 处理能够显著增加紫甜无核葡萄横径、纵径、单果重、果穗重，促使葡萄单果变大变长；T1、T2 对葡萄可溶性固形物含量、维生素 C 含量、可溶性糖含量、糖酸比、pH 等品质方面也起到了显著提高的作用，同时还降低了果实可滴定酸含量、果实硬度；对紫甜无核葡萄单株产量也具有显著提高的作用。

在紫甜无核的氮素吸收方面，T1、T2 处理能够显著提高紫甜无核植株新梢、叶片、粗根、细根部位全氮含量，促进氮的积累；T1、T2 对紫甜无核植株不同土壤深度下单位质量根系全氮含量的影响主要体现在 0～60 cm 土层中；T1、T2 在 20～40 cm 土层中对全氮含量的积累效果最为显著，同时也可显著提高紫甜无核根际土壤中全氮含量。

二、果树穴贮砖对南疆沙地条件下骏枣生长发育及氮素吸收的影响

穴贮滴灌和穴贮肥水相结合的果树穴贮砖施入骏枣中，在 80 d 的生长过程中，T1、T2 处理能够促进新生枣头、枣吊、二次枝、二次枝节间的生长，同时对叶片的生长以及对枣头、二次枝具有促进萌发的作用，也能够增加其二次枝节数和枣吊节数；T1、T2 显著促进了骏枣植株重要部位内的矿物质营养元素的累积；T1、T2 对骏枣植株叶片、枣头、枣吊、二次枝、粗根、细根中的全 K、P 含量均有显著提高的作用；T1 可显著增加叶片、枣吊中全 Mg 含量，但 T1、T2 对枣头、二次枝、细根中全 Mg 含量有不同程度的抑制作用；T1、T2 可显著提高二次枝、细根、粗根中的全 Ca 含量，同时对枣头、粗根中全 B 含量有显著促进作用，但对枣吊中全 B 含量有抑制作用；T1、T2 对叶片、枣头、枣吊、二次枝中全 Fe 含量也有显著促进作用。

　　骏枣的土壤理化性质及相关酶活性方面，T1、T2 处理对土壤一个灌水周期 20～40 cm 土层中土壤含水量具有显著提高的作用，对 0～20 cm 土层的第 1～7 d 内以及土壤含水量也有显著促进作用；T1、T2 能够显著降低骏枣 0～60 cm 土层中 pH，达到改善土壤酸碱度的效果；T1、T2 可显著提高 0～20、20～40 cm 土层中碱解氮含量、有机质含量，同时 T1 对 40～60 cm 土层中有机质含量也有一定的促进作用；T1、T2 对 0～60 cm 土层中有效磷含量、速效钾含量以及脲酶活性均有显著促进作用；同时 T1、T2 对 0～40 cm 土层中过氧化氢酶活性和酸性磷酸酶活性均有显著提高的作用；T1、T2 与 CK 相比，对骏枣根际土壤中的碱解氮、速效钾、有机质、全氮含量以及脲酶活性均有显著提高的作用。

　　在骏枣鲜枣品质及产量方面，T1、T2 处理能够显著增加骏枣横径、纵径、单果重、枣核重，使果实果个变大；同时对骏枣鲜枣可溶性蛋白质含量、维生素 C 含量、可溶性糖含量、糖酸比的果实品质具有显著提高的作用；对骏枣单株产量，T1、T2 也起到一定的提高作用。

　　在骏枣氮素吸收方面，T1、T2 处理能显著促进骏枣植株枣头、叶片、粗根、细根部位全氮含量的积累，但对二次枝、枣吊的全氮含量无明显的影响；T1、T2 可对 0～40 cm 土层下单位质量根系的全氮含量产生显著的促进作用；T1、T2 能够显著提高 0～40 cm 土层中土壤全氮含量，同时 T1 对 40～60 cm 土层中土壤全氮含量也具有显著增加的作用；在骏枣根际土壤中，T1、T2 对全氮含量也具有显著促进作用。

　　综上所述，果树穴贮砖的施入在南疆沙地土壤条件下可起到一定的保水保肥作用，T1、T2 均对紫甜无核葡萄、骏枣起到有利影响，促进植株对养分的吸收以及土壤中养分的积累；通过T1、T2 的处理效果表明，T1 更适合于骏枣，T2 更适合于紫甜无核葡萄。

参 考 文 献

白牡丹，付宝春，郝国伟，等，2021.8 个早熟梨品种在山西太谷的表现 ［J］.
中国果树，（8）：81-84.

班春果，2016. 土壤有机质对苹果幼树生长、生理及矿质元素吸收的影响
［D］. 杨凌：西北农林科技大学.

鲍士旦，2000. 土壤农化分析 ［M］. 3 版. 北京：中国农业出版社.

毕润霞，杨洪强，杨萍萍，等，2013. 地下穴灌对苹果冠下土壤水分分布及叶
片水分利用效率的影响 ［J］. 中国农业科学，46（17）：3651-3658.

陈红玉，卢桂宾，马光跃，等，2022. 土壤养分与冬枣果实品质关系的多元回
归分析 ［J］. 北方园艺，（3）：58-64.

陈俊伟，冯健君，秦巧平，等，2006.GA-3 诱导的单性结实'宁海白'白沙
枇杷糖代谢的研究 ［J］. 园艺学报，33（3）：471-476.

陈茜，梁成华，杜立宇，等，2009. 不同施肥处理对设施土壤团聚体内颗粒有
机碳含量的影响 ［J］. 土壤，41（2）：258-263.

董玉云，费良军，穆红文，2012. 施肥方式对膜孔点源入渗尿素转化特性的
影响 ［J］. 干旱地区农业研究，30（1）：8-11.

窦林清，孙利文，2018. 爱宕梨的优质高效栽培技术 ［J］. 落叶果树，50
（6）：55-57.

范国荣，刘勇，刘善军，等，2004. 氮素营养在落叶果树中利用的研究 ［J］.
江西农业大学学报，26（2）：191-195.

高洪军，彭畅，李强，等，2010. 长期施肥对黑土养分供应能力和土壤生产力
的影响 ［J］. 玉米科学，18（6）：107-110.

高智红，李艳，青霞，2018. 苹果园"穴贮肥水"技术要点 ［J］. 农民致富之
友，（16）：147.

葛枝，丁甜，刘东红，2013. 基于自动滴定仪测定水果可滴定酸含量样品前处理的简化 [J]. 中国食品与营养，19（6）：32-34.

关松荫，1986. 土壤酶及其研究法 [M]. 北京：中国农业出版社.

韩振海，陈昆松，2006. 实验园艺学 [M]. 北京：高等教育出版社：389-392.

何情，罗莉，李俊华，等，2017. 滴灌水分驱动穴施鸡粪对土壤酶活空间分布的影响 [J]. 中国土壤与肥料，（1）：111-118.

何秀峰，2020. 生物炭、有机肥不同处理对葡萄幼苗生长发育及根际环境的影响 [D]. 石河子：石河子大学.

侯红乾，刘秀梅，刘光荣，等，2011. 有机无机肥配施比例对红壤稻田水稻产量和土壤肥力的影响 [J]. 中国农业科学，44（3）：516-523.

侯乐峰，郭祁，郝兆祥，等，2017. 我国软籽石榴生产历史、现状及其展望 [J]. 北方园艺，（20）：196-199.

姜小凤，王淑英，丁宁平，等，2010. 施肥方式对旱地土壤酶活性和养分含量的影响 [J]. 核农学报，24（1）：136-141.

蒋宇，兰琦，赵丰云，等，2019. 滴灌方式对干旱区葡萄植株生长及果实品质的影响 [J]. 江苏农业科学，47（24）：87-92.

焦念超，苏胜利，2019. 爱宕梨秋冬季管理技术 [J]. 落叶果树，51（4）：61-62.

君广斌，查养良，2015. 果园节水节肥省工省力穴贮肥水技术 [J]. 山西果树，（1）：57.

康林峰，聂琼，张伟兰，等，2014. 南方地区抹梢对突尼斯软籽石榴着果率的影响 [J]. 中国南方果树，43（3）：112-113.

柯春光，2023. 地下滴灌系统在沙质土壤玉米上的应用研究 [J]. 陕西水利，（3）：178-181.

李波，孙君，魏新光，等，2020. 滴灌下限对日光温室葡萄生长、产量及根系分布的影响 [J]. 中国农业科学，53（7）：1432-1443.

李道西，2003. 罗金耀. 地下滴灌技术的研究及其进展 [J]. 中国农村水利水电，（7）：15-18.

李合生，2000. 植物生理生化实验原理和技术 [M]. 北京：高等教育出版社.

李佳纯，杨冠宇，王斐，等，2022. 梨矮生优系的筛选及其作中间砧对早酥梨幼树生长发育的影响 [J]. 西北农业学报, 31 (8): 998-1007.

李建明, 潘铜华, 王玲慧, 等, 2014. 水肥耦合对番茄光合、产量及水分利用效率的影响 [J]. 农业工程学报, 30 (10): 82-90.

李开峰, 张富仓, 祁有玲, 2000. 冬小麦根区土壤水肥空间耦合对根系生长及活力的影响 [J]. 干旱地区农业研究, 27 (3): 48-52.

李孟哲, 孟照刚, 程少丽, 2022. 早熟优质抗逆梨品种早酥梨的特征特性及栽培技术 [J]. 农业科技通讯, (12): 239-241.

李萧婷, 2022. 部分新疆梨品种开花生物学特性及对库尔勒香梨授粉的影响 [D]. 阿拉尔: 塔里木大学.

李燕青, 赵秉强, 李壮, 2017. 有机无机结合施肥制度研究进展 [J]. 农学学报, 07 (7): 22-30.

李志鹏, 赵业婷, 常庆瑞, 2014. 渭河平原县域农田土壤速效养分空间特征 [J]. 干旱地区农业研究, 32 (2): 163-170.

李忠芳, 徐明岗, 张会民, 等, 2010. 长期施肥和不同生态条件下我国作物产量可持续性特征 [J]. 应用生态学报, 21 (5): 1264-1269.

梁爱民, 2018. 冀北旱作玉米聚水节肥高效种植技术研究 [J]. 农业开发与装备, (12): 181-182.

梁瀛, 孔婷婷, 岳朝阳, 等, 2015. 和田石榴叶片主要矿质元素含量变化分析 [J]. 西南农业学报, 28 (6): 2661-2665.

梁振旭, 孙明德, 武阳, 等, 2021. 梨幼树到结果初期春施～ (15) N-尿素的利用及其在土壤的残留与损失 [J]. 园艺学报, 48 (1): 137-145.

林葆, 林继雄, 李家康, 1994. 长期施肥的作物产量和土壤肥力变化 [J]. 植物营养与肥料学报, 1 (1): 06-18.

凌贤炉, 2019. 滴灌条件下有机肥配施氮肥对砂质土壤供肥及玉米生长的影响 [D]. 银川: 宁夏大学.

刘洪光, 2018. 盐碱地滴灌葡萄土壤水盐养分运动机理与调控研究 [D]. 石河子: 石河子大学.

刘建新, 2018. 不同施肥方法对苹果树生长及其根区土壤养分状况的影响 [D]. 泰安: 山东农业大学.

刘思汝, 石伟琦, 马海洋, 等, 2019. 果树水肥一体化高效利用技术研究进展

[J]. 果树学报, 36 (3): 366-384.

刘婷, 谢彦明, 唐金朝, 等, 2022. 石榴产业融合的模式、瓶颈与对策研究
[J]. 中国林业经济, 173 (2): 44-48.

刘晓静, 冯宝春, 冯守千, 等, 2009. '国光'苹果及其红色芽变花青苷合成
与相关酶活性的研究 [J]. 园艺学报, 36 (9): 1249-1254.

刘尊方, 雷浩川, 雷蕾, 2022. 湟水流域土壤有机质和有效磷空间布局分析
[J]. 科学技术与工程, 22 (34): 15095-15102.

龙杰琦, 苗淑杰, 李娜, 等, 2022. 施用生物炭对黑土各组分有机质结构的影
响 [J]. 植物营养与肥料学报, 28 (5): 775-785.

吕齐, 2022. 果树穴贮砖对南疆沙地条件下两种果树生长发育及氮素吸收的
影响 [D]. 石河子: 石河子大学.

毛玉东, 梁社往, 何忠俊, 等, 2011. 土壤 pH 对滇重楼生长、养分含量和总
皂甙含量的影响 [J]. 西南农业学报, 24 (3): 985-989.

苗艳芳, 李生秀, 扶艳艳, 等, 2014. 旱地土壤铵态氮和硝态氮累积特征及其
与小麦产量的关系 [J]. 应用生态学报, 25 (4): 1013-1021.

苗艳芳, 李生秀, 徐晓峰, 等, 2014. 冬小麦对铵态氮和硝态氮的响应 [J].
土壤学报, 51 (3): 564-574.

莫思琪, 曹旖旎, 谭倩, 2022. 根系分泌物在重金属污染土壤生态修复中的
作用机制研究进展 [J]. 生态学杂志, 41 (2): 382-392.

秦岭, 魏钦平, 李瑞嘉, 等, 2005. 根区不同改土模式对葡萄根系生长的影响
[J]. 中国农学通报, 21 (7): 270-272.

秦嗣军, 张玉龙, 宣景宏, 等, 2015. 山地苹果园秸秆覆盖与穴贮肥水结合技
术 [J]. 北方果树, (5): 29-30.

秦嗣军, 2002. 双优山葡萄需肥规律及施肥效果的研究 [D]. 长春: 吉林农业
大学.

秦晓娟, 王军玲, 郝小丽, 等, 2013. 穴贮肥水对苹果生长发育和产量的影响
[J]. 北方果树, (5): 13-14.

任静, 刘小勇, 韩富军, 等, 2020. 供氮水平与地面覆沙对苹果幼树～(15)
N-尿素吸收分配及利用的影响 [J]. 农业工程学报, 36 (4): 135-142.

石肖肖, 2021. γ-聚谷氨酸对土壤水肥的调控作用及抗旱保苗效果研究 [D].

西安：西安理工大学.

史彦江，吴正保，谷量，等，2014. 不同氮磷钾配比追肥对幼龄骏枣生长及其产量和品质的影响 [J]. 中国土壤与肥料，(1)：42-47.

史彦江，俞涛，哈地尔·依沙克，等，2011. 枣粮（棉）间作系统枣树根系空间分布特征 [J]. 东北林业大学学报，39 (10)：59-64.

苏志峰，杨文平，杜天庆，等，2016. 施肥深度对生土地玉米根系根际土壤肥力垂直分布的影响 [J]. 中国生态农业学报，24 (2)：142-153.

孙小玲，许岳飞，马鲁沂，等，2010. 植株叶片的光合色素构成对遮阴的响应 [J]. 植物生态学报，34 (8)：989-999.

孙艳改，武志坚，2013. 玉露香梨引种表现及栽培技术 [J]. 果农之友，(12)：10.

孙志华，2011. 有机肥利用现状评价与农业废弃物堆肥化利用研究 [D]. 杨凌：西北农林科技大学.

唐德合，唐水娥，梁英民，2016. 山地果园覆膜结合穴贮肥水抗旱效果好 [J]. 西北园艺（果树），(6)：27.

田小红，高本虎，2022. 滴头抗负压堵塞标准测试系统浅析 [J]. 中国标准化，(17)：238-241.

铁万祝，王友富，罗关兴，等，2015. 四川攀西地区突尼斯软籽石榴引种表现 [J]. 中国热带农业，(5)：28-30.

童晓利，唐冬兰，韩金龙，等，2016. 突尼斯软籽石榴在南京地区适应性研究 [J]. 安徽农业科学，44 (6)：50-51.

王静，2020. 山东齐河爱宕梨简约化高产高效栽培技术 [J]. 特种经济动植物，23 (9)：48-52.

王利青，2021. 不同年代玉米品种籽粒灌浆特性对深松增密的响应机制研究 [D]. 呼和浩特：内蒙古农业大学.

王宁，苏一钧，帅高基，等，2015. 穴贮肥水对平欧杂种榛幼树生长的影响 [J]. 山西果树，(5)：3-5.

王苏珂，2018. 红皮梨新品种'早红玉'[J]. 北方果树，(1)：5.

王旺田，马静芳，张金林，等，2007. 一种新的葡萄叶面积测定方法 [J]. 果树学报，(5)：709-713.

王文，甄伟玲，占玉芳，等，2019. "早酥"梨新梢果实生长动态及相关性研究 [J]. 林业科技通讯，(10)：57-59.

王鑫，2020. 谷润生物有机肥在玉米田应用效果 [J]. 现代化农业，(1)：16-18.

王秀贞，杜义英，2010. 苹果优质高产管理技术 [J]. 现代农村科技，(9)：33.

王友华，许波，许海涛，2017. 生物炭对夏玉米形态指标、生理特性和产量性状的影响 [J]. 河南科技学院学报：自然科学版，45 (5)：1-7.

吴礼树，2011. 土壤肥料学 [M]. 北京：中国农业出版社.

吴世磊，2013. 有机肥和化肥配施对夏黑葡萄生长与品质的影响研究 [D]. 成都：四川农业大学.

肖深根，施晋杰，郑志华，等，2007. 根系分区施肥对黄瓜植株生长与果实产量的影响 [J]. 中国农学通报，8 (23)：256-259.

邢英英，张富仓，张燕，等，2014. 膜下滴灌水肥耦合促进番茄养分吸收及生长 [J]. 农业工程学报，30 (21)：70-80.

徐明岗，张旭博，孙楠，等，2017. 农田土壤固碳与增产协同效应研究进展 [J]. 植物营养与肥料学报，23 (6)：1441-1449.

许凤亭，2015. 有机肥与化肥配施对"巨玫"葡萄生长及品质的影响研究 [D]. 保定：河北农业大学.

许文其，宋时雨，杨昊霖，等，2018. 滴灌水肥一体化技术研究进展 [J]. 现代农业科技，713 (3)：196-197.

杨春霞，曹永强，张勇，2021. 果园清园物穴贮肥水式处理技术 [J]. 落叶果树，53 (2)：77-78.

杨青松，李晓刚，蔺经，等，2021. 江苏地区早熟梨主要病虫害绿色防控技术要点 [J]. 南方农业，15 (25)：44-47.

杨长明，杨林章，欧阳竹，2004. 不同养分与水分管理对水稻植株根系形态及其活力的影响 [J]. 中国生态农业学报，(4)：88-91.

姚振宪，张薇薇，张志强，等.2011. 我国滴灌发展历程回顾及建议 [C]. 多学科在现代农业建设中交叉运用技术研讨会论文汇编：65-71.

姚宗国，2014. 冬枣穴贮肥水管理技术 [J]. 现代农业科技，(8)：117-118.

叶尚红，张志明，陈疏影，2004. 植物生理生化实验教程［M］. 昆明：云南科技出版社.

叶子飘，胡文海，闫小红，等，2016. 基于光响应机理模型的不同植物光合特性［J］. 生态学杂志，35（9）：2544-2552.

于坤，郁松林，刘怀峰，等，2014. 地下穴贮滴灌系统的设计及其对'赤霞珠'葡萄生长和水分利用效率的影响［J］. 果树学报，31（3）：386-393.

于坤，郁松林，刘怀锋，等，2015. 滴灌方式对'赤霞珠'葡萄幼苗根冠功能的调控效应［J］. 应用生态学报，26（5）：1335-1342.

于坤，郁松林，刘怀锋，等，2015. 不同根区交替滴灌方式对赤霞珠葡萄幼苗根冠生长的影响［J］. 农业工程学报，31（4）：113-120.

于坤. 滴灌方式和水氮处理对酿酒葡萄幼苗生理特性和根系形态的影响［D］. 石河子：石河子大学.

俞双恩，朱兆通，戴振伟，1997. 我国节水型灌溉农业综述［J］. 水利水电科技进展，（01）：27-30＋68.

玉苏甫·阿不力提甫，2014. 新疆的梨种质资源评价及核心种质库构建［D］. 乌鲁木齐：新疆农业大学.

袁景军，张群虎，周晓明，2010. 二伽一系列腐殖酸有机肥在渭北旱地苹果园的应用效果［J］. 陕西农业科学，56（2）：3-5.

湛志勇，2016. 南疆生态绿化和林果业发展［J］. 中国科技信息，（23）：89-92.

张保玉，2009. 葡萄光合作用光响应曲线的研究［D］. 杨凌：西北农林科技大学.

张波，秦垦，戴国礼，等，2014. 不同产区宁夏枸杞果实的主成分分析与综合评价［J］. 西北农业学报，23（8）：155-159.

张超，2009. 山旱地果园"穴贮肥水"栽培技术［J］. 果农之友，（4）：27.

张芮，成自勇，王旺田，等，2014. 不同生育期水分胁迫对延后栽培葡萄产量与品质的影响［J］. 农业工程学报，30（24）：105-113.

张守仕，2016. 肥料袋控缓释对桃树氮素极性分配和器官发育的影响［D］. 泰安：山东农业大学.

张馨月，王寅，陈健，等，2019. 水分和氮素对玉米苗期生长、根系形态及分布的影响［J］. 中国农业科学，52（1）：39-49.

张兴国，胡笑涛，冉辉，等，2018. 不同施肥处理对温室葡萄园土壤速效养分

含量的影响 [J]. 排灌机械工程学报，36（11）：1187-1192.

赵丰云，杨湘，董明明，等，2017. 加气灌溉改善干旱区葡萄根际土壤化学特性及细菌群落结构 [J]. 农业工程学报，33（22）：119-126.

赵玲玲，张杰，刘艳，等，2011. 植物源有机肥配方设计及对梨幼树的营养效应 [J]. 中国农业科学，44（12）：2504-2514.

赵文东，满丽婷，孙凌俊，等，2010. 不同架式与负载量对红地球葡萄果实品质的影响 [J]. 中外葡萄与葡萄酒，（11）：20-22.

赵玉华，2017. 钙在葡萄中的积累规律及钙对果实品质和裂果的影响 [D]. 长沙：湖南农业大学.

周芳，赵玉霞，王文岩，等，2015. 局部根区水分胁迫下钙对冬小麦生长及养分吸收的影响 [J]. 干旱地区农业研究，33（1）：14-19.

周青云，王仰仁，孙书洪，2011. 根系分区交替滴灌条件下葡萄根系分布特征及生长动态 [J]. 农业机械学报，42（9）：59-63.

朱祖雷，黄华梨，张露荷，等，2019. 不同施钾量对'骏枣'产量、品质及光合特性的影响 [J]. 果树学报，36（12）：1693-1703.

邹琦，2000. 植物生理学实验指导 [M]. 北京：中国农业出版社.

Aishwarya R，Rachel P，2023. Comparative study on optimum moisture content and maximum dry density of sandy clay soil with basalt reinforced sandy clay soil [J]. MaterialsToday：Proceedings（243）：106428.

Alam M Z，Carpenter-Boggs L，Hoque M A，et al.，2020. Effect of soil amendments onantioxidant activity and photosynthetic pigments in pea crops grown in arsenic contaminated soil [J]. Heliyon，6（11）：e5475.

Ansari A A，2008. Effect of vermicompost and vermiwash on the productivity of spinach（Spinacia olerace），turnip（Brassica compestris）and potato （Solanum tuberosum）[J]. World Journal of Agricultural Sciences，4（3）：333-336.

Argentine M D，Owens P K，Olsen B A，2007. Strategies for the investigation and controlof process-related impurities in drug substances [J]. Advanced Drug Delivery Reviews，59（1）：12-28.

Aujla M S，Thind H S，Buttar G S，2007. Fruit yield and water use efficiency of eggplant (Solanum melongema L.) as influenced by different quantities of nitrogen and water applied through drip and furrow irrigation [J]. Scientia Horticulturae (Amsterdam), 112: 14-148.

Aydinsakir K, 2018. Yield and quality characteristics of drip-irrigated soybean under different irrigation levels [J]. Agronomy Journal, 110: 1473-1481.

Balotf S, Kavoosi G, Kholdebarin B, 2016. Nitrate reductase, nitrite reductase, glutamine synthetase, and glutamate synthase expression and activity in response to different nitrogen sources in nitrogen-starved wheat seedlings [J]. Biotechnol Appl Biochem, 63 (2): 220-229.

Barrington S, Choinière D, Trigui M, et al. , 2002. Effect of carbon source on compost nitrogen and carbon losses [J]. Bioresource Technology, 83 (3): 189-194.

Bendinga G D, Turnera M K, 2004. Microbial and biochemical soil quality indicators and their potential for differentiating areas under contrasting agricultural management regimes [J]. Soil Biology & Biochemistry, 36: 1785-1792.

Bhattacharyya R, Kundu S, Prakash V, et al. , 2008. Sustainability under combined application of mineral and organic fertilizers in a rainfed soybean-wheat system of the indian himalayas [J]. European Journal of Agronomy, 28 (01): 33-46.

Bi J F, Wang X, Chen Q Q, et al. , 2015. Evaluation indicator of explosion puffing Fuji apple chips quality from different Chinese origins [J]. LWT-Food Science and Technology, 60 (2): 1129-1135.

Brunner I, Herzog C, Galiano L, et al. , 2019. Plasticity of Fine-Root Traits Under Long-Term Irrigation of a Water-Limited Scots Pine Forest [J]. Frontiers in Plant Science, 10: 701-707.

Bu X, Xue J, Zhao C, et al. , 2017. Nutrient leaching and retention in riparian soils as influenced by rice husk biochar addition [J]. Soil Science, 182 (7): 241-247.

Chaudhury J, Mandal U, Sharma K L, et al. , 2005. Assessing soil quality under long-term rice-based cropping system [J]. Communications in Soil Science and Plant Analysis, 36 (9-10): 1141-1161.

Cheng Y, Wang J, Mary B, et al., 2013. Soil pH has contrasting effects on gross and net nitrogenmineralizations in adjacent forest and grassland soils in central alberta, Canada [J]. Soil Biology and Biochemistry, 57 (3): 848-857.

Cranie J M, Wedin D A, Chapin F S, 2003. Relationship between the structure of root systems and resource use for 11 North American grassland plants [J]. Plant Ecology, (165): 85-100.

Drew, MC, Saker IR, 1978. Nutrient supply and the growth of the sentinel root system in barley. (Ⅲ) Compensatory increases in growth of lateral roots, and in rates of phosphate uptake, in response to localized supply of phosphate [J]. Exp. Botany, (29): 435-445.

Du T S, Kang S, Zhang J H, et al., 2018. Deficit irrigation and sustainable water-resource strategies in agriculture for China's food security [J]. Journal of Experimental Botany, (8): 2253-2269.

Esteban M A, Villanueva M J, Lissarrague J R, 1999. Effect of irrigation on changes in berry composition of tempranillo during maturation. Sugars, organic acids, and mineral elements [J]. American Journal of Enology and Viticulture, 50: 418-434.

Evans J P, Zaitchik B F, 2008. Modeling the large-scale waterbalance impact of different irrigation systems [J]. Water Resources Research (44), W08448.

Fishelson G, Rymon D, 1989. Adoption of agricultural innovations: The case of drip irrigation of cotton in Israel [J]. Technological Forecasting and Social Change, 35 (4), 375-382.

Flores José Henrique Nunes, Faria Lessandro Coll, Rettore Neto Osvaldo, et al., 2021. Methodology for Determining the Emitter Local Head Loss in Drip Irrigation Systems [J]. Journal of Irrigation and Drainage Engineering, 147 (1), 06020014.

Fraga H, García C A I, Santos J A, 2018. Viticultural irrigation demands under climate change scenarios in Portugal [J]. Agric. Water Manage (196), 66-74.

Germaine K J, Chhabra S, Song B, et al. , 2010. Microbes and sustainable production of biofuel crops: a nitrogen perspective [J]. Biofuels, 1 (6): 877-888.

Goel P, Singh A K, 2015. Abiotic Stresses Down regulate Key Genes Involved in Nitrogen Uptake and Assimilation in Brassica juncea L [J]. PLOS ONE, 10 (11): 1-17.

Gowing J, 2018. Drip irrigation for agriculture: Untold stories of efficiency, innovation and development [J]. The Journal of Development Studies, 54: 1275-1276.

Guo Ya, Tan Jinglu, 2015. Recent advances in the application of chlorophyll a fluorescence from photosystem $\rm II$ [J]. Photochemistry and photobiology, 91 (1): 1-14.

Harris L J, Berry E D, Blessington T, et al. , 2013. A Framework for Developing Research Protocols for Evaluation of Microbial Hazards and Controls during Production That Pertain to the Application of Untreated Soil Amendments of Animal Origin on Land Used To Grow Produce That May Be Consumed Raw [J]. Journal of Food Protection, 76 (6): 1062-1084.

Hazarika B N, Anasri S, 2010. Effect of integrated nutrient management on growth and yield of banana cv. Jahaji [J]. Indian Journal of Horticulture, 67 (2): 270-273.

Hou Y, Wang Z, Ding H, et al. , 2019. Evaluation of suitable amount of water and fertilizer for mature grapes in drip irrigation in extreme arid regions [J]. Sustainability, 11 (7): 2063.

Hu Y, Zhang Y, Yu W, et al. , 2018. Novel Insights into the Influence of Seed Sarcotesta Photosynthesis on Accumulation of Seed Dry Matter and Oil Content in Torreya grandis cv. "Merrillii" [J]. Frontiers in Plant ence, 38 (8): 21-79.

Hu Yang, Jingping Yang, Yamin Lv, et al. , 2014. SPAD Values and

Nitrogen Nutrition Index for the Evaluation of Rice Nitrogen Status [J]. Plant Production Science, 17 (1): 81-92.

Hunsaker D J , Elshikha D M, Bronson K F, 2019. High guayule rubber production withsubsurface drip irrigation in the US desert Southwest [J]. Agricultural Water Management, (220): 20-25.

Ibragimov N, Evett S R, Esanbekov Y, et al. , 2007. Water use efficiency of irrigated cotton in Uzbekistan under drip and furrow irrigation [J]. Agric. Water Manage, 90: 112-120.

Iivonen S, Rikala R, Vapaavuori E, 2001. Seasonal root growth of Scots pine seedlings in relation to shoot phenology, carbohydrate status, and nutrient supply [J]. Canadian Journal of Forest Research, 31 (9): 1569-1578.

J. M. Robles, P. Botía, J. G Pérez-Pérez, 2016. Subsurface drip irrigation affects trunk diameter fluctuations in lemon trees, in comparison with surface drip irrigation [J]. Agricultural Water Management, (165): 11-21.

Jibin Li, 2018. Solitary Waves, Periodic Peakons and Pseudo-Peakons of the Nonlinear Acoustic Wave Model in Rotating Magnetized Plasma [J]. International Journal of Bifurcation and Chaos, 28 (4): 33-40.

Jinyang W, Pengli L, Asad R, et al. , 2021. Physiological response and evaluation of melon (Cucumis melo L.) germplasm resources under high temperature and humidity stress at seedling stage [J]. Scientia Horticulturae, 288 (4): 77-86.

Job Teixeira de Oliveira J T, Roque C G, de Oliveira R A, et al. , 2019. Inter-relationships of Resistance to Penetration, Moisture and Soil Organic Matter with Irrigated Bean Yield in Mato Grosso do Sul, Brazil [J]. Journal of Experimental Agriculture International, (1): 11-16.

Juan Sui, Jiandong Wang, Shihong Gong, et al. , 2015. Effect of Nitrogen and Irrigation Application on Water Movement and Nitrogen Transport for a Wheat Crop under Drip Irrigation in the North China Plain [J]. Water, 7 (11): 6651-6672.

Julien O, Stefanie T, Andrea B, et al. , 2011. Nitrogen turnover in soil and global change [J]. FEMS microbiology ecology, 78 (1): 3-16.

Kaiqiong Teng, Junzhou Li, Lei Liu, et al. , 2014. Exogenous ABA induces drought tolerance in upland rice: the role of chloroplast and ABA biosynthesis-related gene expression on photosystem Ⅱ during PEG stress [J]. Springer Berlin Heidelberg, 36 (8): 432-435.

Kaiser M, Ellerbrock R H, 2005. Functional characterization of soil organic matter fraction different in solubility originating from a long-term field experiment [J]. Geoderma, 127 (3): 196-206.

Karlberg L, Rockstrom J, Annandale J G, et al. , 2007. M. Low-cost drip irrigation-a suitable technology for southern Africa? An example with tomatoes using saline irrigation water [J]. Agric. Water Manage, (89): 59-70.

Kazufumi Zushi, Shingo Kajiwara, Naotaka Matsuzoe, 2012. Chlorophyll a fluorescence OJIP transient as a tool to characterize and evaluate response to heat and chilling stress in tomato leaf and fruit [J]. Scientia Horticulturae, (148): 39-46.

Kenji S, Ryohei S, Akiko Y, et al. , 2023. Aerial roots of the leafless epiphytic orchid Taeniophyllum are specialized for performing crassulacean acid metabolism photosynthesis [J]. The New phytologist, (3): 43-49.

Kiboi M, Fliessbach A, Muriuki A, et al. , 2022. Data on the response of Zea Mays L. and soil moisture content to tillage and soil amendments in the sub-humid tropics [J]. Data in Brief, 43: 108381.

Lakshmikala K. , Babu B. Ramesh, Babu M. Ravindra, et al. , 2022. Studies on efficacy of liquid and carrier based biofertilizers on residual soil and plant NPK uptake and microbial count in tomato (Solanum lycopersicum L.) [J]. Journal of Eco-friendly Agriculture, 17 (2): 11-12.

Les Levidow, Daniele Zaccaria, Rodrigo Maia, et al. , 2014. Improving water-efficient irrigation: Prospects and difficulties of innovative practices [J]. Agric. Water Manage, 146.

Lesleigh Force, Christa Critchley, Jack J S, et al. , 2003. New fluorescence parameters for monitoring photosynthesis in plants [J]. Photosynthesis Research, 78 (1): 17-33.

Li J, Zhang H, Xie W, et al. , 2024. Elevated CO_2 increases soil redox potential by promoting root radial oxygen loss in paddy field [J]. Journal of Environmental Sciences, (136): 11-20.

Li T, Zhang J, 2017. Effect of pit irrigation on soil water content, vigor, and water use efficiency within vineyards in extremely arid regions [J]. Scientia Horticulturae, (218): 30-37.

Machado R M A, Oliveira M R J, Portas C A M, 2013. Tomato root distribution, yield and fruit quality under subsurface drip irrigation [J]. Plant and Soil, (255): 333-341.

Malek K, Adam J, Stockle C, et al. , 2018. When should irrigators invest in more water-efficient technologies as an adaptation to climate change? [J]. Water Resources Research, 54 (11): 8999-9032.

Marinari S , Masciandaro G, Ceccanti B, et al. , 2007. Evolution of soil organic matter changes using pyrolysis and metabolic indices: a comparison between organic and mineral fertilization [J]. Bioresour Technol, 98 (13): 2495-2502.

Mark Coleman, 2007. Spatial and temporal patterns of root distribution in developing stands of four woody crop species grown with drip irrigation and fertilization [J]. Plant and Soil, 299 (1/2): 195-213.

Mugnai S, Masi E, Azzarello E, et al. , 2012. Influence of long-term application of green waste compost on soil characteristics and growth, yield and quality of grape [J]. Compost Science Utilization, 20 (1): 29-33.

Muscolo A, Marra F, Canino F, et al. , 2022. Growth, nutritional quality and antioxidant capacity of lettuce grown on two different soils with sulphur-based fertilizer, organic and chemical fertilizers [J]. Scientia Horticulturae, 305 (2): 43-46.

Myburgh P A, 2012. Comparing irrigation systems and strategies for table grapes in the weathered granite-gneiss soils of the Lower Orange River region

[J]. South African Journal for Enology & Viticulture, 33 (2): 184-197.

Ozaktan H, Doymaz A, 2022. Mineral composition and technological and morphologicalperformance of beans as influenced by organic seaweed-extracted fertilizers appliedin different growth stages [J]. Journal of Food Composition and Analysis, 114: 104741.

Peng M, Ping F, Zhiyuan Y, et al. , 2022. Increasing the contents of paddy soil available nutrients and crop yield via optimization of nitrogen management in a Wheat-Rice rotation system [J]. Plants, 11 (17): 44-49.

Perez F J, Gomez M, 2000. Possible role of soluble invertase in the gibberellic acid berry-sizing effect in Sultana grape [J]. Plant Growth Regulation, 30 (2): 111-116.

Pirjo P S, Lauri J, Ilkkap L, 2009. Cereal yield trends in northern european conditions: Changes in yield potential and its realisation [J]. Field Crops Research, 110 (01): 85-90.

Qiping S, Xipan W, Yang L, et al. , 2022. StLTO1, a lumen thiol oxidoreductase in *Solanum tuberosum* L. , enhances the cold resistance of potato plants [J]. Plant Science, 325 (2): 34-37.

Regmi A P, Ladha J K, Pathak H, et al. , 2002. Yield and soil fertility trends in a 20-year rice-rice-wheat experiment in nepal [J]. Soil Science Society of America Journal, 66 (3): 857-867.

Rene Morlat, 2008. Long-term additions of organic amendments in a loire valley vineyard on a calcareous sandy soil. Ⅱ. Effects on root system, growth, grape yield, and foliar nutrient status of a cabernet franc vine [J]. American Journal of Enology and Viticulture, 59 (4): 364-374.

Ribeiro P L, Bamberg A L, Dos Santos Pereira I, et al. , 2022. Water treatment residualsfor ameliorating sandy soils: Implications in environmental, soil and plant growth parameters [J]. Geoderma (407): 115537.

Ribeiro P L, Bamberg A L, Dos Santos Pereira I, et al. , 2022. Water treatment residuals for ameliorating sandy soils: Implications in environmental, soil and plant growth parameters [J]. Geoderma (407): 115537.

Rochette P, Angers D A, Chantigny M H, et al. , 2013. Ammonia volatilization and nitrogenretention: how deep to incorporate urea [J]. Journal of Environmental Quality, 42 (6): 1635-1642.

Sadras V O, Hayman P T, Rodriguez D, et al. , 2017. Interactions between water and Nitrogen in Australian cropping systems: physiological, agronomic, economic, breeding and modelling perspectives [J]. Crop and Pasture Science, 67 (10): 1019-1053.

Sakakibara H, 2006. Cytokinins activity, biosynthesis, and translocation [J]. Annual Review of Plant Physiology and Plant Molecular Biology, 57: 431-449.

Schansker Gert, Srivastava Alaka, Strasser Reto J, 2003. Characterization of the 820-nm transmission signal paralleling the chlorophyll a fluorescence rise (OJIP) in pea leaves. [J]. Functional plant biology : FPB, 30 (7): 785-796.

Sepaskhah A R, Ahmadi S H, 2010. A review on partial root-zone drying irrigation [J]. International Journal of Plant Production, 4 (4): 1735-6814.

Shaban A E A, El-Motaium R A, Badawy S H, et al. , 2019. Response of mango tree nutritional status and biochemical constituents to boron and nitrogen fertilization [J]. Journal of Plant Nutrition, 42 (20): 16-24.

Sharma K L, Mandal U K, Srinivas K, et al. , 2005. Long-term soil management effects on crop yields and soil quality in a dryland Alfisol [J]. Soil and Tillage Research, 83 (2): 246-259.

Sheha R R, El-Shazly E A A, Roushdy A F, et al. , 2023. Sorption and transport characteristics of europium on sandy soils [J]. Applied Radiation and Isotopes, (194): 110690.

Song H, Wang J, Zhang K, et al. , 2020. A 4-year field measurement of N_2O emissions from a maize-wheat rotation system as influenced by partial organic substitution for synthetic fertilizer [J]. Journal of Environmental Management, 263 (3): 4-8.

Srikant K, Srinivasamurthy C A, Siddaramappa A, et al. , 2000. Direct and residual effect of enriched composts, FYM, vermicompost and fertilizers on properties of an alfisols [J]. Journal of the Indian Society of Soil Science, 48 (3): 496-499.

Sun K, Gao Y, Guo X, et al., 2022. The enhanced role of atmospheric reduced nitrogendeposition in future over East Asia-Northwest Pacific [J]. Science of The Total Environment, (833): 155146.

Tomasi D, Battista F, Gaiotti F, et al., 2015. Influence of soil on root distribution: implications for quality of tocai friulano berries and wine [J]. South African Journal Of Enology And Viticulture, (66): 363-372.

Velasco R, Zharkikh A, Affourtit J, et al., 2010. The genome of the domesticated apple (Malus × domestica Borkh.) [J]. Nature Genetics, 42 (10): 833-839.

Villa A, Eckersten H, Gaiser T, et al., 2022. Aggregation of soil and climate input data canunderestimate simulated biomass loss and nitrate leaching under climate change [J]. European Journal of Agronomy, (141): 126630.

Vories E D, Tacker P L, Lancaster S W, et al., 2008. Subsurface drip irrigation of cornin the United States Mid-South [J]. Agricultural Water Management, 96 (6): 912-916.

Walkley B, San Nicolas R, Sani M, et al., 2016. Synthesis of stoichiometrically controlled reactive aluminosilicate and calcium-aluminosilicate powders [J]. Powder Technology (297): 17-33.

Wang Y Y, Hsu P K, Tsay Y F, 2012. Uptake, allocation and signaling of nitrate [J]. Trends in Plant Science, 17 (8): 458-467.

Wang Y, Liu L, Wang Y, et al., 2019. Effects of soil water stress on fruit yield, quality and their relationship with sugar metabolism in 'Gala' apple [J]. Scientia Horticulturae, 258 (3): 33-37.

Wang Z, Fan B, Guo L, 2019. Soil salinization after longterm mulched drip irrigation poses a potential risk to agricultural sustainability [J]. European Journal of Soil Science (70): 20-24.

Water and Irrigation; Reports fromCukurova University highlight recent findings in water and irrigation (Yield and quality response of surface and subsurface drip-irrigated eggplant and comparison of net returns) [J]. Agriculture Week, 2018 (7): 14-18.

Water Resources; Meybod university researchers have published new data on water resources (Projection of water supply and demand in yazd province using the general regional equilibrium pattern) [J]. Ecology Environment & Conservation, 2020 (9): 8-14.

Weiler C S, Merkt N, Hartung J, et al. , 2019. Variability among young table grape cultivars in response to water deficit and water use efficiency [J]. Agron. Basel (9): 135.

Xiuzhang W, Qi B, Guotao S, et al. , 2022. Application of homemade organic fertilizer for improving quality of apple fruit, soil physicochemical characteristics, and microbial diversity [J]. Agronomy, 12 (9): 6-11.

Yoshikuni N, 1994. ALS (acidic lithium sulphate) decomposition method (part iv) Kjeldahl determination of nitrogen in heterocyclic ring compounds containing nitrogen nitrogenbond [J]. Talanta, 41 (1): 89-92.

Zhang L, Zhang W J, Xu M G, et al. , 2009. Effects of long-term fertilization on change of labile organic carbon in three typical upland soils of China. [J]. Scientia Agricultura Sinica, 42 (5): 1646-1655.

Zhang L, Gao L, Zhang L, et al. , 2012. Alternate furrow irrigation and nitrogen level effects on migration of water and nitrate-nitrogen in soil and root growth of cucumber in solar-greenhouse [J]. Scientia Horticulturae, 138 (2): 43-49.

Zhang M, Ma D, Ma G, et al. , 2017. Responses of glutamine synthetase activity and gene expression to nitrogen levels in winter wheat cultivars with different grain protein content [J]. Journal of Cereal Science (74): 187-193.

Zhang Z X, Cai Z Q, Liu G Z, et al. , 2017. Effects of fertilization on the growth, photosynthesis, and biomass accumulation in juvenile plants of three coffee (Coffea arabica L.) cultivars [J]. Photosynthetica, 55 (1):

134-143.

Zhao J, Ni T, Li Y, et al., 2014. Responses of Bacterial Communities in Arable Soils in a Rice-Wheat Cropping System to Different Fertilizer Regimes and Sampling Times [J]. Plos one, 9 (1): e85301.

Zheng L, Gao C, Zhao C, et al., 2019. Effects of brassinosteroid associated with Auxin and Gibberellin on apple tree growth and gene expression patterns [J]. Horticultural Plant Journal, 5 (3): 35-41.

Zhou X, Wang R, Gao F, et al., 2019. Apple and maize physiological characteristics and water-use efficiency in an alley cropping system under water and fertilizer coupling in Loess Plateau, China [J]. Agricultural Water Management, 221 (1): 11-17.

Zhou Z, Gan Z, Shang Z, et al., 2013. Effects of long-term repeated mineral and organic fertilizer applications on soil organic carbon and total nitrogen in a semi-arid cropland [J]. European Journal of Agronomy, 45 (45): 20-26.

Zhu L, Yang H, Zhao Y, et al., 2019. Biochar combined with montmorillonite amendments increase bioavailable organic nitrogen and reduce nitrogen loss during composting [J]. Bioresource Technology (294): 122224.